JIDIAN XUANXIU XIANGMU JIAOCHENG

机电选修项目教程

（第一分册）

主　编　汤　俊　朱　延

副主编　贡建霞　凌明霞　施小芳

参　编　徐　培　巫　秀　曹存明

江苏大学出版社
JIANGSU UNIVERSITY PRESS
镇　江

图书在版编目(CIP)数据

机电选修项目教程. 第一分册 / 汤俊，朱延主编
. — 镇江 ：江苏大学出版社，2016.9
ISBN 978-7-5684-0311-5

Ⅰ. ①机… Ⅱ. ①汤… ②朱… Ⅲ. ①机电工程－实验－教材 Ⅳ. ①TH-33

中国版本图书馆 CIP 数据核字(2016)第 219761 号

机电选修项目教程(第一分册)

主　　编/汤　俊　朱　延
责任编辑/吴蒙蒙
出版发行/江苏大学出版社
地　　址/江苏省镇江市梦溪园巷 30 号(邮编：212003)
电　　话/0511-84446464(传真)
网　　址/http://press.ujs.edu.cn
排　　版/镇江华翔票证印务有限公司
印　　刷/扬中市印刷有限公司
经　　销/江苏省新华书店
开　　本/787 mm×1 092 mm　1/16
印　　张/17.25
字　　数/412 千字
版　　次/2016 年 9 月第 1 版　2016 年 9 月第 1 次印刷
书　　号/ISBN 978-7-5684-0311-5
定　　价/48.00 元

如有印装质量问题请与本社营销部联系(电话:0511-84440882)

前　言

“大众创业、万众创新”是中国经济提质增效升级的有力引擎。人才是创业创新，推动经济社会发展最活跃的因素。在创业创新的大潮中，学生能力的培养是关键，因此学校教育要着重于培育学生开阔的思维、勤勉乐观的性格品质、良好的沟通能力和强烈的社会责任感。

江苏省润州中等专业学校作为一所国家级重点职业学校和江苏省高水平现代化职业学校，本着“以服务发展为宗旨，以促进就业为导向”的原则，为拓宽学生就业渠道，拓展学生知识基础，提升学生的创业创新能力，进行了多种形式的教学改革尝试，其中之一是由机电、电气运行与控制、电子技术应用、数控、通信等类专业学生，在中职二年级下学期和三年级上学期的选修课学习中，本着自愿优先、适度调配的原则，自主选择一门拓展性专业项目课程选修学习。江苏省润州中等专业学校利用现有设备和教师资源，开设了CAD、数控车铣、车工、钳工、维修电工、电子装配和维修、机电一体化、液压气动等项目课程，形成了一种“理实一体小班化”的教学模式。该项目的教学内容，则由本校专业骨干教师牵头选定，根据教学实际和社会需求，确定具体项目为载体，融入相关专业技能和专业基础知识，构成一套完整的教学内容体系。经过几年的运行，“专业课理实一体小班化”教学形成了一套适合学生成长的有效教学模式和管理机制，并取得了良好的教学效果，受到了教育界同行的肯定和好评。

为了更有效地开展这种模式的教学，巩固教学改革成果，相对稳定教学内容，我校组织了多位骨干教师，成立了教材编写组，大家充分酝酿、集思广益，编写了本教材。编写过程中，教师们在平时教学积累的基础上，总结了几年来的教学经验，进一步参阅大量的教辅资料，把各项目的基础知识和技能紧密融合，以中职学生专业认知规律为知识编排顺序，以模块化项目为知识单元，汇编成了该教材。

本书由江苏省润州中等专业学校汤俊、朱延担任主编，贡建霞、凌明霞、施小芳担任副主编。具体分工为：模块一由贡建霞、巫秀编写，模块二由凌明霞、徐培、曹存明编写，模块三由施小芳编写。

由于编者水平和经验所限，书中难免欠缺之处，恳请读者批评指正。

编　者

2016 年 7 月

目 录

模块一 电子 1

项目一 识别与检测常用电子元器件 3

任务一 万用表的使用 3

任务二 电阻、电容的识别与检测 7

任务三 晶体管的识别与检测 13

项目二 万用表安装与调试 19

任务一 电烙铁焊接技能 19

任务二 焊接五角星 25

任务三 万用表的组装与调试 27

项目三 简单直流稳压电源的制作与检测 31

任务一 示波器、低频信号发生器的使用 31

任务二 二极管整流电路 33

任务三 稳压可调直流电源的制作与检测 38

项目四 门铃的制作与调试 42

任务一 认识电路 42

任务二 电路的制作与调试 46

项目五 数字钟的安装与调试 48

任务一 数字钟的工作原理 48

任务二 数字钟电路的安装 51

任务三 数字钟的故障检修 52

项目六 收音机的组装与调试 53

任务一 收音机的组装与焊接 53

任务二 收音机的故障排除 56

项目七 SMT 焊接 58

任务一 表面安装元件的识别与焊接 58

任务二 贴片收音机的组装与焊接 63

模块二 电工 67

项目一 安全用电及文明生产 69
任务一 安全用电常识 69
任务二 触电与急救的基本知识 71
任务三 文明生产 73
项目二 常用电工工具及仪表的使用 75
任务一 常用电工工具的使用 75
任务二 常用电工仪表的使用 78
项目三 常用低压电器 82
任务一 低压开关 82
任务二 熔断器 87
任务三 主令电器 89
任务四 交流接触器 92
任务五 继电器 95
项目四 三相异步电动机点动控制线路 99
任务一 认识点动控制线路 99
任务二 安装点动控制线路 101
项目五 三相异步电动机自锁正转控制线路 105
任务一 认识接触器自锁正转控制线路 105
任务二 安装接触器自锁正转控制线路 106
项目六 三相异步电动机连续与点动混合正转控制线路 110
任务一 认识连续与点动混合正转控制线路 110
任务二 安装连续与点动混合正转控制线路 112
项目七 三相异步电动机正反转控制线路 116
任务一 认识接触器联锁正反转控制线路 116
任务二 认识按钮联锁正反转控制线路 118
任务三 认识按钮、接触器双重联锁正反转控制线路 120
项目八 顺序控制线路 125
任务二 认识两台电动机顺序启动、逆序停止控制线路 125
任务二 安装两台电动机顺序启动、逆序停止控制线路 127
项目九 自动往返控制线路 131
任务一 认识自动往返控制线路 131
任务二 安装工作台自动往返控制线路 133
项目十 Y－△降压启动控制线路 137
任务一 认识Y－△降压启动控制线路 137
任务二 安装Y－△降压启动控制线路 139

模块三 CAD 143

项目一 AutoCAD 绘图工作界面 145

任务一 熟悉 AutoCAD 绘图工作界面 145

项目二 直线平面图形的绘制及编辑 160

任务一 直线图形的绘制——凳子 160

任务二 直线图形的绘制及编辑——汗衫 164

项目三 圆弧平面图形的绘制及编辑 170

任务一 圆弧平面图形的绘制——闹钟 170

任务二 圆弧平面图形的绘制及编辑——木偶 177

项目四 多段线及多边形图形的绘制及编辑 185

任务一 多段线构成平面图形的绘制——吊兰 185

任务二 正多边形图形的绘制及编辑——十瓣花 188

项目五 矩形图形的绘制及编辑 197

任务一 矩形图形的绘制——木围栏 197

项目六 倾斜图形的绘制及编辑 205

任务一 绘制及编辑倾斜图形 205

项目七 块的创建与文字的书写 213

任务一 创建块及使用块属性——表面粗糙度 213

任务二 创建文字样式及单行文字 220

项目八 尺寸标注 225

任务一 标注样式创建及线性标注 225

任务二 圆弧的标注 231

项目九 绘制线框模型 234

任务一 绘制带孔的直三棱柱线框模型 234

任务二 绘制带孔的梯形线框模型 238

项目十 绘制基本实体模型 242

任务一 绘制桌子 242

任务二 绘制圆珠笔 248

项目十一 三维建模——拉伸实体 251

任务一 绘制沙发 251

任务二 绘制羽毛球拍 255

项目十二 二维图形创建实体——旋转 259

任务一 绘制旋转实体 259

任务二 编辑实体——剖切、切割 262

模块一

电子

项目一 识别与检测常用电子元器件

打开收音机、电视机、音响等电器的后盖，就会看到各种各样的电子元器件安装在电路板上，它们如同家庭里的各个成员一样，都各司其职地工作着。这些元器件的质量直接影响着电器产品的正常运行。对这些元器件进行选择、检测及质量判别是电类专业工作人员及电子爱好者必备的基本技能。

任务一 万用表的使用

◎ 知识要点

1. 万用表的结构。
2. 万用表的工作原理。

◎ 技能要点

掌握万用表的使用方法。

任务描述

万用表是一种多功能、多量程的便携式电工仪表，可以测量直流电流、直流电压、交流电流、交流电压和电阻等物理量，是检测元器件及电路必不可少的常用工具。

本任务是学会使用万用表。

相关知识

1. 万用表的类型

万用表是共用一个表头，集电压表、电流表和欧姆表于一体的仪表。常见的万用表有指针式和数字式两种，如图 1.1-1 所示。指针式万用表是以表头为核心部件的多功能测量仪表，测量值由表头指针指示读取；数字式万用表的测量值由液晶显示屏直接以数字的形式显示，读取方便，有些还带有语音提示功能。

(a) 指针式万用表

(b) 数字式万用表

图 1.1-1 万用表

2. 万用表的结构

万用表由表头、测量电路及转换开关 3 个主要部分组成。

(1) 表头

万用表的表头是灵敏电流计,是测量的显示装置。表头上的表盘印有多种符号、刻度线和数值。符号 A-V-Ω 表示这只电表是可以测量电流、电压和电阻的多用表。表盘上印有多条刻度线,其中右端标有“Ω”的是电阻刻度线,其右端为零,左端为∞,刻度值分布是不均匀的。符号“-”或“DC”表示直流,“~”或“AC”表示交流,“≂”表示交流和直流共用的刻度线。刻度线下的几行数字是与选择开关的不同挡位相对应的刻度值。

表头上还设有机械零位调整旋钮,用以校正指针在左端零位。

(2) 测量线路

测量线路是用来把各种被测量转换到适合表头测量的微小直流电流的电路,它由电阻、半导体元件及电池组成。测量线路能将各种不同的被测量(如电流、电压、电阻等)、不同的量程,经过一系列的处理(如整流、分流、分压等)统一变成一定量限的微小直流电流送入表头进行测量。

(3) 选择开关

万用表的选择开关是一个多挡位的旋转开关,用来选择测量项目和量程。一般的万用表测量项目包括:mA——直流电流;V(-)——直流电压;V(~)——交流电压;Ω——电阻。每个测量项目又划分为几个不同的量程以供选择。

万用表除了以上 3 部分,还有表笔和表笔插孔,表笔分为红、黑两支。使用时应将红色表笔插入标有“+”号的插孔,黑色表笔插入标有“-”号的插孔。

3. MF47 型万用表

(1) MF47 型万用表的结构

各种型号万用表的外形不尽相同,图 1.1-2 为 MF47 型万用表面板图,它由提把、表头、测量选择开关、欧姆挡调零旋钮、表笔插孔、晶体管插孔等部分构成。万用表表头下部的机械调零旋钮用以校准表针的机械零位。

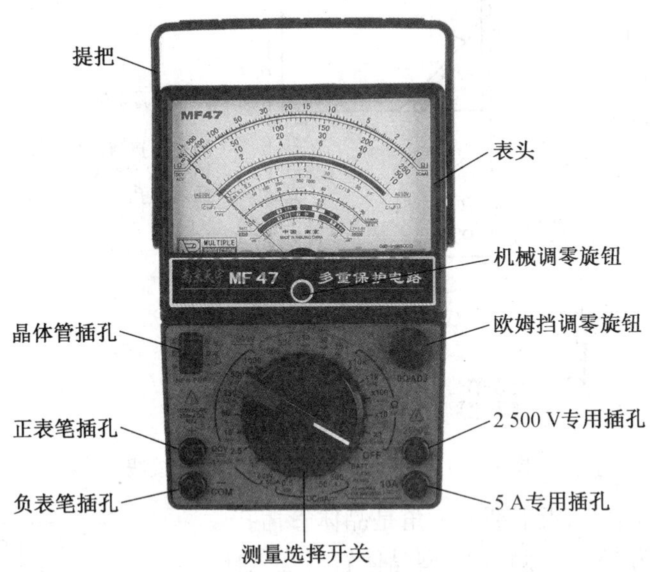

图 1.1-2 MF47 型万用表面板图

如图 1.1-3 所示,表头中的 6 条刻度线,从上往下依次是:电阻刻度线、电压电流刻度线、晶体管 β 值刻度线、电容刻度线、电感刻度线和电平刻度线。面板下部中间是测量选择开关,只须转动旋钮即可选择各量程挡位,使用方便。

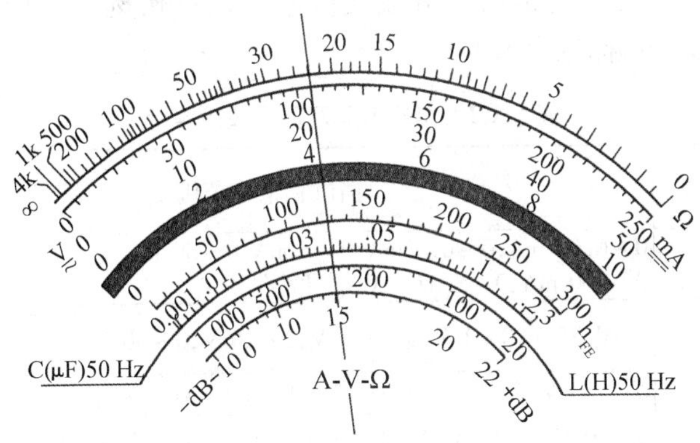

图 1.1-3 万用表的标尺示例

如图 1.1-4 所示,MF47 型万用表共有 4 个表笔插孔,面板左下角有正、负表笔插孔,习惯上将红表笔插入正插孔,黑表笔插入负插孔。面板右下角有 2 500 V 和 5 A 专用插孔,当测量 1 000 ~2 500 V 交、直流电压时,正表笔应改为插入 2 500 V 专用插孔;当测量 500 mA ~5 A 直流电流时,正表笔应改为插入 5 A 专用插孔。面板下部右上角是欧姆挡调零旋钮,用于校准欧姆挡的“0 Ω”指示。

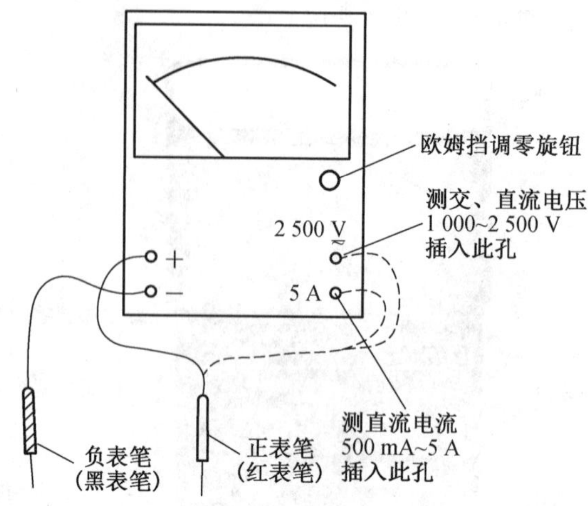

图 1.1-4 2 500 V 和 5 A 专用插孔接线

如图 1.1-2 所示,面板下部左上角是晶体管插孔。该插孔左边标注为"N",检测 NPN 型晶体管时插入此孔;右边标注为"P",检测 PNP 型晶体管时插入此孔,如图 1.1-5 所示。

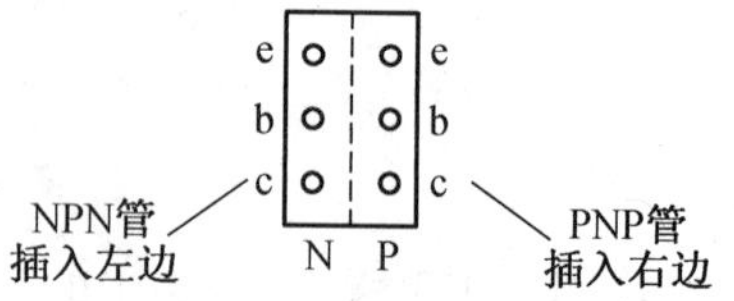

图 1.1-5 晶体管插孔

(2) MF47 型万用表的主要技术指标

万用表的主要技术指标有测量种类、量程、电压灵敏度、准确度等。电压灵敏度是以直流或交流电压挡每伏刻度对应的内阻来表示的。MF47 型万用表的技术指标见表 1.1-1。

表 1.1-1 MF47 型万用表技术指标

测量种类	挡位数	挡位和量程范围	准确度等级
直流电流	6	0~0.05 mA,0~0.5 mA,0~5 mA,0~50 mA, 0~500 mA,0~5 A(5 A 专用插孔)	2.5
直流电压	9	0~0.25 V,0~1 V,0~2.5 V,0~10 V,0~50 V,0~250 V	2.5
		0~500 V,0~1 000 V,0~2 500 V(2 500 V 专用插孔)	5
交流电压	6	0~10 V,0~50 V,0~250 V,0~500 V,0~ 1 000 V, 0~2 500 V(2 500 V 专用插孔)	
直流电阻	5	R×1 Ω 挡(0~4 kΩ),R×10 Ω 挡(0~40 kΩ), R×100 Ω 挡(0~400 kΩ),R×1 kΩ 挡(0~4 MΩ),R×10 kΩ 挡(0~40 MΩ)	2.5
音频电平	5	10 V 挡(10~22 dB),50 V 挡(4~36 dB), 250 V 挡(18~50 dB),500 V 挡(24~56 dB), 100 V 挡(30~62 dB)	
晶体管直流电流放大倍数	1	h_{FE}挡(β:0~300)	
电感	1	10 V 挡(20~1 000 H)	
电容	1	10 V 挡(0.001~0.3 μF)	

任务实施

1. 准备工作

由于万用表种类型式很多,在使用前要做好测量的准备工作。

(1) 熟悉转换开关、旋钮、插孔等的作用,“ ┌┐ ”表示水平放置,“ ⊥ ”表示垂直使用。

(2) 了解刻度盘上每条刻度线所对应的被测电量。

(3) 检查红色和黑色两支表笔所接的位置是否正确,红表笔插入“ + ”插孔,黑表笔插入“ - ”插孔。如用交、直流 2 500 V 测量端,在测量时黑表笔不动,将红表笔插入高压插口。

(4) 进行机械调零,旋动万用表面板上的机械零位调整螺钉,使指针对准刻度盘左端的“0”位。

2. 万用表使用的注意事项

(1) 每次使用完万用表后,应拔出表笔。

(2) 万用表用完后,将转换开关置于交流电压最高挡或空挡,以防止下次开始使用时不慎烧坏万用表。

(3) 若长时间搁置不用,应将万用表中的电池取出,以防止电池电解液渗漏而腐蚀万用表内部电路。

(4) 平时要保持万用表干燥、清洁,严禁震动与机械冲击。

任务二 电阻、电容的识别与检测

◎ 知识要点

1. 电阻、电容的识别。
2. 电阻、电容的检测。

◎ 技能要点

掌握电阻、电容的识别与检测方法。

任务描述

日常生活中,电阻、电容是组成电路必不可少的电子元器件。那么,电阻、电容有什么样的特点,又如何对它们进行区分,本任务将对这些问题一一介绍。

相关知识

1. 电阻

(1) 电阻的外形与符号

电阻元件的基本特征是消耗能量,基本参量是电阻值(R),单位为欧姆(Ω)、千欧(kΩ)

和兆欧(MΩ),它们之间的换算关系是:1 $\Omega = 10^{-3}$ $k\Omega = 10^{-6}$ MΩ。电阻与电源不同,它没有极性(正、负极),因此在电路中可以任意连接。电阻的文字符号为“R”,图形符号为“ —▭— ”。电阻的常见外形如图 1.1-6 所示。

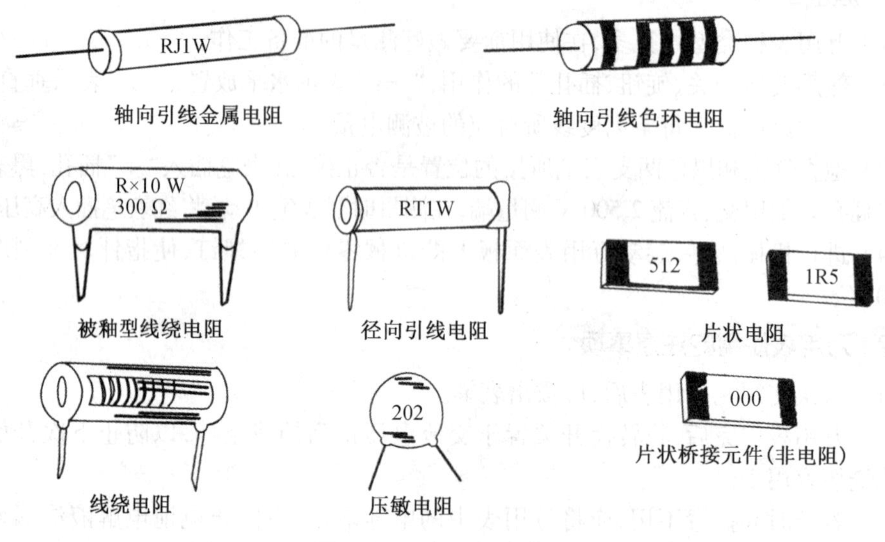

图 1.1-6　电阻常见外形

(2) 电阻的识别

① 文字直接标注法

文字直接标注法就是直接印出阻值,如 1.5 kΩ 的电阻上印有“1.5k”或“1k5”字样。另外,通过电阻上所标的字母可以判断电阻的材料,见表 1.1-2。

表 1.1-2　电阻字母与材料的对应关系

符号	T	J	X	H	Y	C	S	I	N
材料	碳膜	金属膜	线绕	合成膜	氧化膜	沉积膜	有机实心	玻璃釉膜	无机实心

② 色环标志

小功率电阻,特别是 0.5 W 以下的碳膜和金属膜电阻,多用表面色环表示标称阻值,每一种颜色代表一个数字,在工程上叫作色码。电阻阻值的色环表示有三色环、四色环和五色环 3 种,其含义如图 1.1-7 所示。对于四色环电阻,用 3 个色环来表示阻值(前两环代表有效值,第三环代表乘上的次方数),用 1 个色环表示误差。五色环电阻一般是金属膜电阻,为更好地表示精度,用 4 个色环表示阻值,另一个色环表示误差。表 1.1-3 是色环颜色意义对照表,图 1.1-8 给出的是 27 kΩ 和 1.75 Ω 两个电阻的色环表示示例。

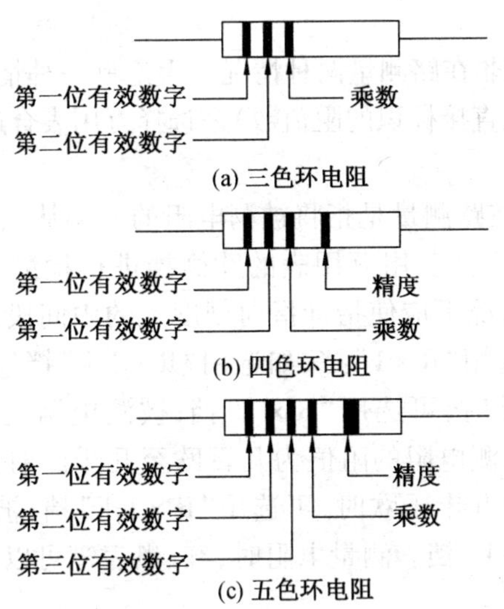

(a) 三色环电阻

(b) 四色环电阻

(c) 五色环电阻

图 1.1-7 三色环、四色环和五色环电阻标志含义

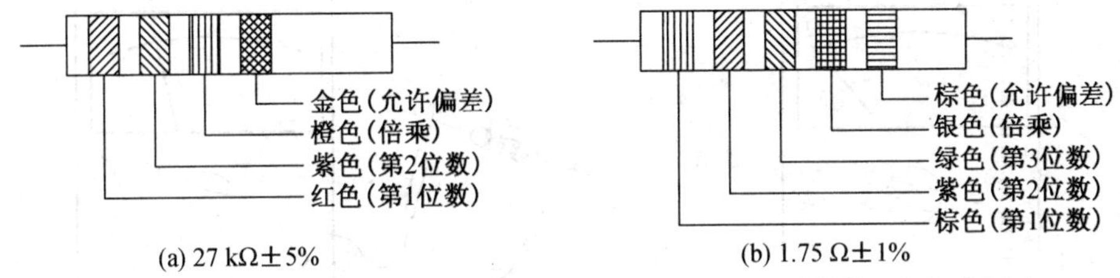

(a) 27 kΩ±5%　　(b) 1.75 Ω±1%

图 1.1-8 四色环和五色环电阻表示示例

表 1.1-3 四色环电阻色环标志法

色环颜色	有效数字	倍乘数	允许误差
黑	0	$\times 10^{0}$	
棕	1	$\times 10^{1}$	±1%
红	2	$\times 10^{2}$	±2%
橙	3	$\times 10^{3}$	
黄	4	$\times 10^{4}$	
绿	5	$\times 10^{5}$	±0.5%
蓝	6	$\times 10^{6}$	±0.25%
紫	7	$\times 10^{7}$	±0.1%
灰	8	$\times 10^{8}$	
白	9	$\times 10^{9}$	
金		$\times 10^{-1}$	±5%
银		$\times 10^{-2}$	±10%

(3) 电阻的检测

电阻的测量分在路和非在路测量两种情况。无论哪一种情况,测量之前都应根据对被测电阻的估测(如色环、直接标识的阻值数)来选择万用表合适的量程。

① 非在路测量

如图 1.1-9 所示,非在路测量是指将被测电阻的一端从电路板上焊开,然后再进行测量,这无疑是最准确的方法。用万用表的欧姆挡进行检测,欧姆挡的量程应视电阻阻值的大小而定。一般情况下应使指针指向刻度盘的中间段,以提高测量精度。例如测量 20 Ω 的电阻时,应选用“R×1”挡,如选用“R×1 k”挡,其读数精度极差;被测电阻的阻值为几欧至几十欧时,可选用“R×1”挡;被测电阻的阻值为几十欧至几百欧时,可选用“R×10”挡;被测电阻的阻值为几百欧至几千欧时,可选用“R×100”挡;被测电阻的阻值为几千欧至几十千欧时,可选用“R×1 k”挡;被测电阻的阻值在几十千欧以上时,应选用“R×10 k”挡。测量电阻时,红、黑表笔可以不加区分,这不影响测量结果。

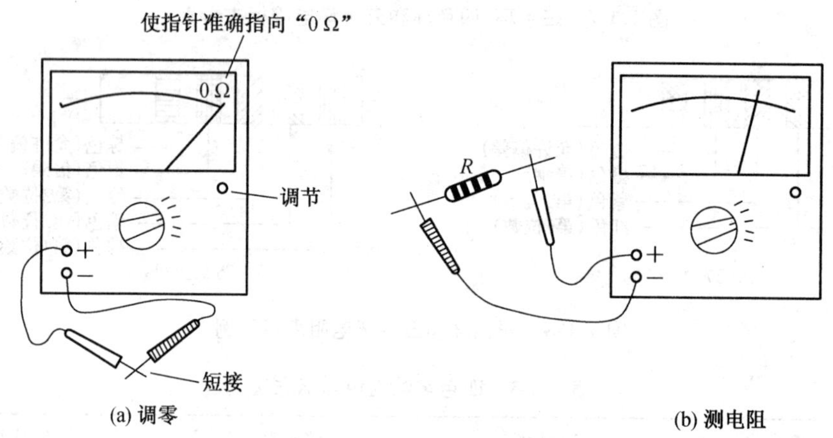

(a) 调零 (b) 测电阻

图 1.1-9 电阻的检测

② 在路测量

在路测量电阻阻值,只能用来判断电阻的好坏,而不能具体说明电阻量的变化,因为在路测量时电阻阻值会受到与其并联的其他电阻、晶体二极管、晶体三极管的影响。但这种方法方便、迅速,是维修人员判断故障的常用方法。

2. 电容

(1) 常用电容外形与符号

电容容量的国际单位是法拉(F),常用单位有微法(μF)、皮法(pF)。换算关系为:$1\ F=10^6\ \mu F=10^{12}\ pF$。常用电容外形与符号如图 1.1-10 所示。

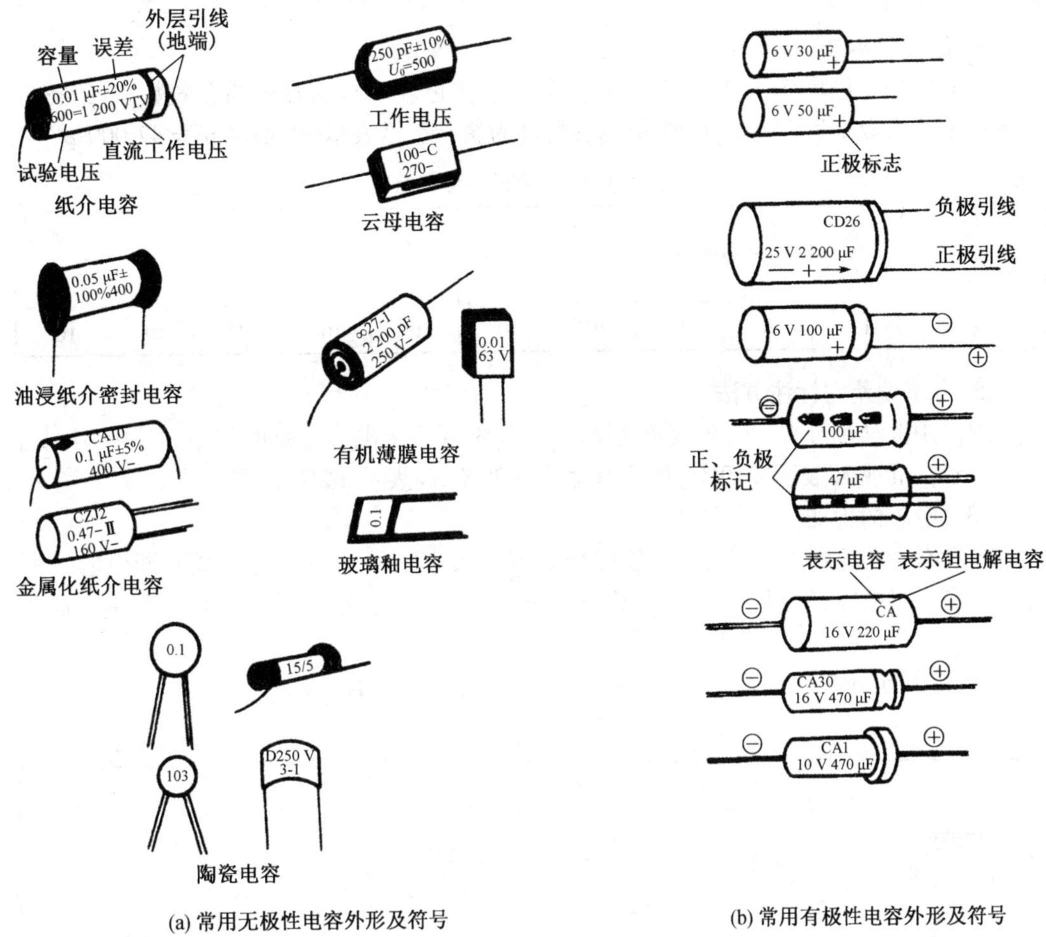

(a) 常用无极性电容外形及符号

(b) 常用有极性电容外形及符号

图 1.1-10 常用电容外形及符号

(2) 电容的识别

① 电容的标注方法

a. 直标法。

主要用在体积较大的电容上，标注的内容有多有少。一般情况下，标称容量、额定电压及允许偏差这 3 项参数大都标出，当然，也有体积太小的电容仅标注容量这一项，标注较齐的电容通常有标称容量、额定电压、允许偏差、电容型号、商标、工作温度及制造日期等。

b. 数码表示法。

通常采用三位数码表示，前两位表示有效数字，第三位表示有效数字后零的个数，单位为 pF。例如，201 表示 200 pF，第三位若是 9，则电容量是前两位有效数字乘以 10^{-1}，如 229 表示 22×10^{-1} pF。

c. 字母表示法。

使用的标注字母有 4 个，即 p，n，μ，m，分别表示 pF，nF，μF，mF，用 2 ~ 4 个数字和一个字母表示电容量，字母前为容量的整数，字母后为容量的小数。如 1p5，3n9 分别表示

1.5 pF,3.9 nF。

d. 色环表示法。

一般使用三色环标注,见表 1.1-4。第一、二位色环表示电容量的有效数字,第三位色环表示有效数字后面零的个数,如电容色环为黄、紫、橙表示 47×10^3 pF = 47 000 pF。

表 1.1-4 电容的色环表示

颜色	棕	红	橙	黄	绿	蓝	紫	灰	白	黑
有效数字	1	2	3	4	5	6	7	8	9	0
倍乘数	10^1	10^2	10^3	10^4	10^5	10^6	10^7	10^8	10^9	10^0

② 容量偏差的标注方法

常采用罗马字母Ⅰ,Ⅱ,Ⅲ或英文字母 J,K,M,G 表示电容容量的偏差。其中,Ⅰ或 J 表示 ±5%,Ⅱ或 K 表示 ±10%,Ⅲ或 M 表示 ±20%,G 表示 ±2%。

(3) 电容的检测

在没有专用仪器的情况下,一般用普通万用表来估计电容的容量或判断电容的好坏。电容常见故障是开路失效、短路击穿、漏电或电容量变化,下面对电容检测进行简单介绍。

① 利用万用表表针摆动情况检测电容的好坏,参见表 1.1-5。

表 1.1-5 电容检测

量程选择	正 常	断路损坏	短路损坏	漏电现象	备注
×10 k(<1 μF) ×1 k(1~100 μF) ×100(>100 μF)	先向右偏转,再缓慢向左回归	表针不动	表针不回归	$R<500$ kΩ	重复检测某一电容时,每次都要将被测电容短路一次

用万用表两表笔分别接触电容引脚,测得的电阻值越大越好,一般在几百千欧至几千千欧;若测得的电阻值很小甚至为零,说明电容内部已经短路。电容断路是指电容内部的引线与极板断开,用万用表欧姆挡检测时,指针不动;电容击穿就是指电容内部介质材料被损坏后,两极板之间出现短路现象,用万用表欧姆挡检测,其指针指示为 0;电容漏电是指电容两极板间介质的绝缘性能下降,存在漏电阻,电容量减小,此时用万用表欧姆挡检测,其电阻值不定,电阻值随漏电的加大而减小。

② 电解电容极性的判别。

当电解电容极性标注不明确时,可通过测量其漏电流的方式来判断正、负极性,如图 1.1-11 所示,万用表调至"R×100"或"R×1 k"挡,先测量电解电容的漏电阻值,再对调红、黑表笔测量第二个漏电阻值,最后比较两次的测量结果。在漏电阻值较大的测量中,黑表笔接的一端表示电解电容的正极,红表笔接的一端表示电解电容的负极。

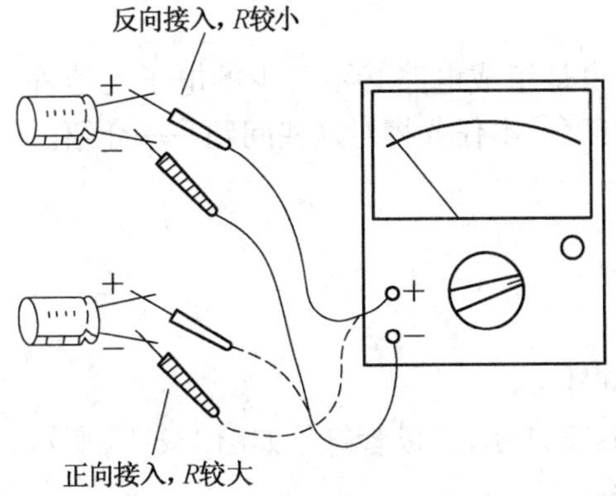

图 1.1-11 判别电解电容极性

任务实施

(1) 识别色环电阻,并将结果填入表 1.1-6。

表 1.1-6 色环电阻识别结果

由色环写出电阻值			由电阻值写出色环		
色环	阻值	误差	阻值	误差	色环
红-黄-黑-金			510 Ω	±10%	
棕-红-金-银			0.5 Ω	±5%	
黄-紫-黑-金			47 kΩ	±2%	
紫-绿-红-金			1 Ω	±1%	
棕-黑-黑-银			2 MΩ	±10%	

(2) 认识各种电容,说出其类型、标称容量、误差等。

任务三 晶体管的识别与检测

◎ 知识要点

1. 认识晶体管。
2. 了解晶体管的类型。

◎ 技能要点

掌握晶体管的检测方法。

任务描述

日常生活中,晶体管也是组成电路必不可少的电子元器件。那么,晶体管有什么样的特点,如何对它们进行区分,本任务将对这些问题一一介绍。

相关知识

1. 二极管

(1)二极管实物和符号

二极管实物如图 1.1-12 所示,二极管符号如图 1.1-13 所示。

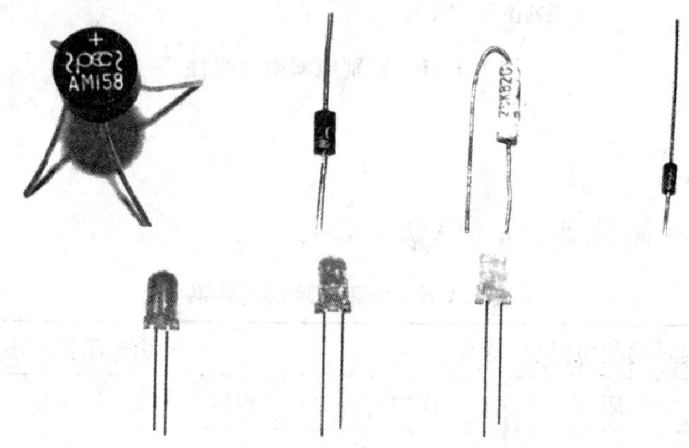

图 1.1-12　二极管实物图

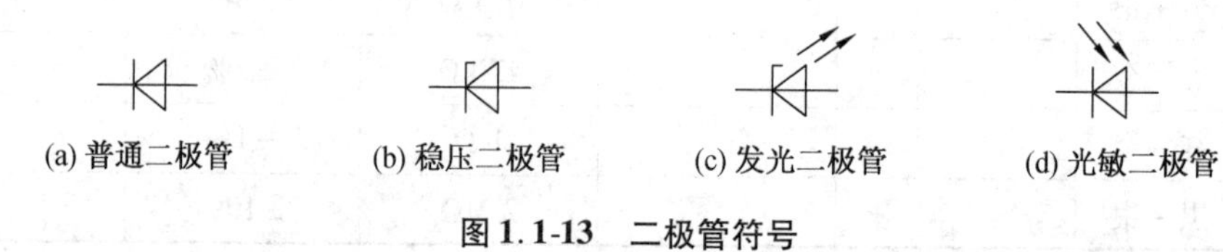

图 1.1-13　二极管符号

(2)二极管的识别与简单检测

二极管的两管脚有正、负极之分。二极管图形符号(图 1.1-14 a)中,竖短杠一端为负极。二极管实物中,有的将图形符号印在二极管上标示出极性(图 1.1-14 b);有的在二极管负极一端印上一道色环作为负极标记(图 1.1-14 c);有的二极管两端形状不同,平头为正极,圆头为负极(图 1.1-14 d),使用中应注意识别。

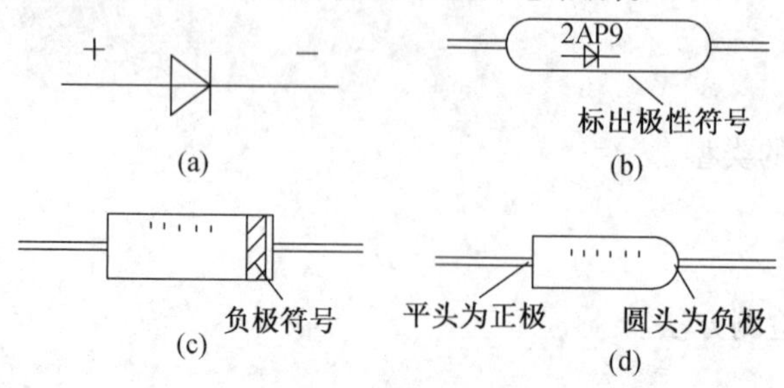

图 1.1-14　二极管的极性

① 识别和检测管脚。二极管可用万用表进行管脚识别和检测。将万用表置于“R×1 k”或“R×10 k”挡，两表笔分别接到二极管的两端，如果测得的电阻值较小，则为二极管的正向电阻，这时与黑表笔(即表内电池正极)相连接的是二极管正极，与红表笔(即表内电池负极)相连接的是二极管负极，如图 1.1-15 所示。如果测得的电阻值很大，则为二极管的反向电阻，这时与黑表笔相接的是二极管负极，与红表笔相接的是二极管正极，如图 1.1-16 所示。

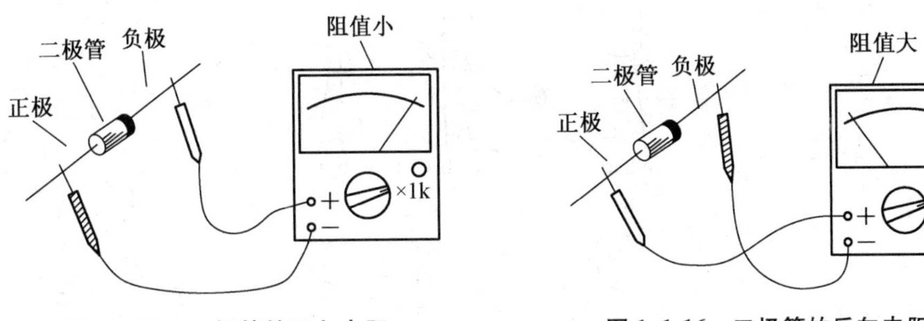

图 1.1-15 二极管的正向电阻　　图 1.1-16 二极管的反向电阻

② 测试分析。若测得二极管正、反向电阻值都很大，则说明其内部断路；若测得二极管正、反向电阻值都很小，则说明其内部有短路故障；若两者差别不大，则说明此管失去了单向导电的功能。

2. 三极管

(1) 三极管外形和符号

常见三极管外形如图 1.1-17 所示。

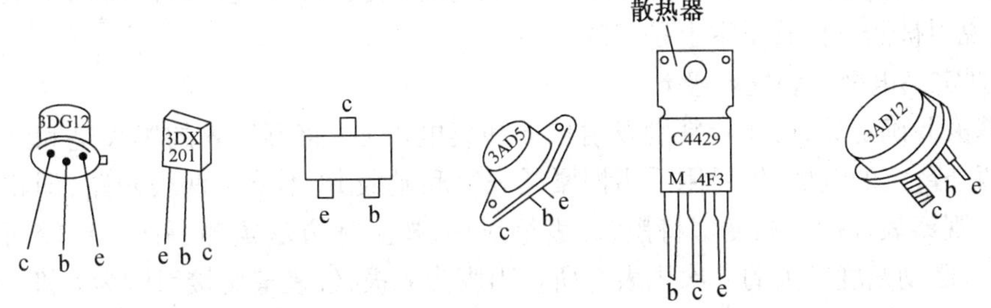

图 1.1-17 常见三极管的外形

三极管的文字符号为“VT”，图形符号如图 1.1-18 所示。图形符号中发射极的箭头方向就是发射极实际电流的方向。

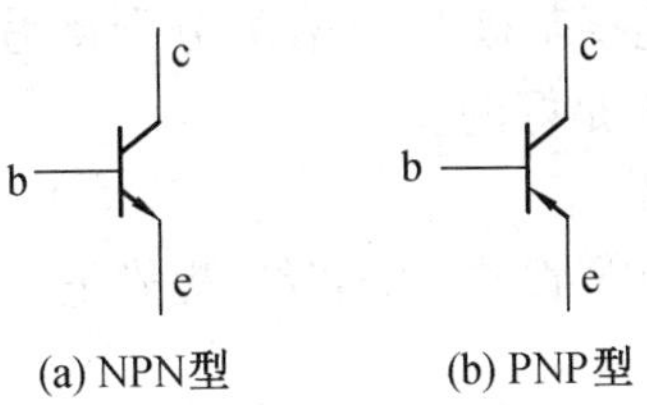

图 1.1-18 三极管符号

(2) 三极管的识别与简单检测

① 三极管具有三根管脚,分别是基极 b、发射极 e 和集电极 c,使用中应区分清楚。一般而言,三极管的管脚排列是有规律的,如图 1.1-19 所示,但有些三极管的管脚排列位置依其品种、型号及功能等不同而异,特别是塑封管的管脚排列有很多形式,应用者很难一一记清楚,使用时应查阅产品手册或相关资料。

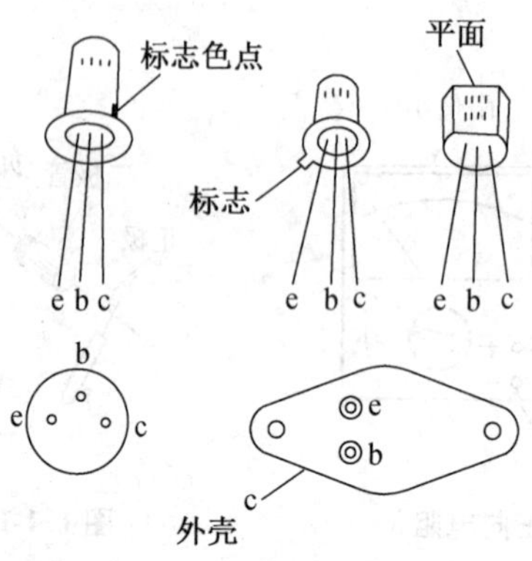

图 1.1-19 三极管的管脚排列规律

② 用万用表识别和检测三极管管脚。

NPN 管的检测步骤如下:

a. 判定基极,将万用表置于"R×1 k"挡。

如图 1.1-20 a 所示,先用黑表笔接某一管脚,红表笔分别接另外两管脚,测得两个电阻值;再将黑表笔换接另一管脚,重复以上步骤,直至测得两个电阻值都很小,这时黑表笔所接的是基极 b;改用红表笔接基极 b,黑表笔分别接另外两管脚,测得两个电阻值应都很大,说明被测三极管基本上是好的。

b. 判定集电极 c 和发射极 e。

当基极 b 确定后,可接着判别发射极 e 和集电极 c。将万用表的黑表笔和红表笔分别接触两个待定的电极,然后用手指捏紧黑表笔和基极 b(不能将两极短路,即相当于接一电阻),观察表针摆动幅度。将黑、红表笔对调,按上述方法重测一次。比较两次表针摆动幅度,摆动幅度较大的一次黑表笔所接引脚为 c 极,红表笔所接引脚为 e 极。

PNP 管的检测步骤如下:

a. 判定基极,将万用表置于"R×1 k"挡。

如图 1.1-20 b 所示,先用红表笔接某一管脚,黑表笔分别接另外两管脚,测得两个电阻值。再将红表笔换接另一管脚,重复以上步骤,直至测得两个电阻值都很小,这时红表笔所接的是基极 b;改用黑表笔接基极 b,红表笔分别接另外两管脚,测得两个电阻值应都很大,说明被测三极管基本上是好的。

b. 判定集电极 c 和发射极 e。

检测集电极和发射极按 NPN 管的方法将红、黑表笔对调即可。

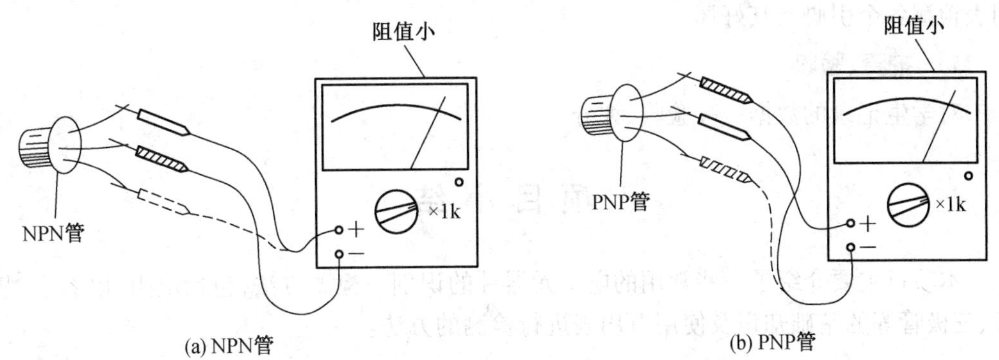

图 1.1-20 检测 NPN 管和 PNP 管

③ 测量三极管的放大倍数。用具有“β”或“h_{FE}”挡的万用表测量。万用表置于“h_{FE}”挡,如图 1.1-21 所示,将三极管插入测量插座(基极插入 b 孔,另两管脚随意插入),记下 β 读数;再将另两管脚对调后插入,也记下 β 读数。两次测量中,β 读数大的那一次管脚插入是正确的。测量时需注意 NPN 型管和 PNP 型管应插入各自相应的插座。

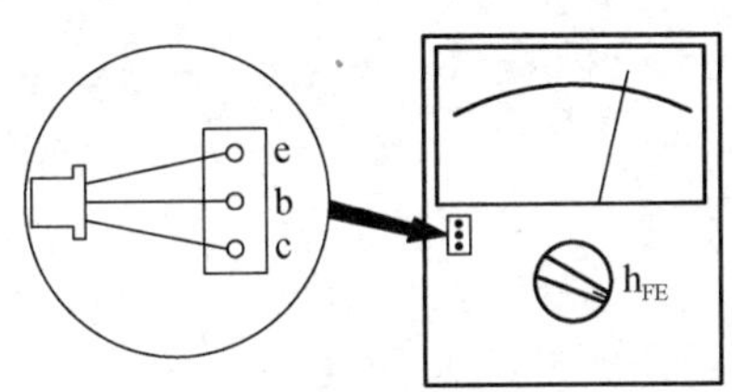

图 1.1-21 测量晶体三极管放大倍数

任务实施

1. 任务准备

准备工具:电烙铁、焊锡丝、斜口钳、尖嘴钳、镊子、松香等。

准备材料:电感、电容、电阻、二极管、三极管、万用表。

2. 识别与检测

(1) 识别电阻。用数标法、色环法识别电阻。练习识别 5 个不同的电阻,并用万用表检测电阻值,相互比较阻值误差。

(2) 识别电容。认识不同的电容(瓷片电容、电解电容、涤纶电容),判断电容的极性并检测电容好坏。练习识别 5 个不同的电容,对其分类,并用万用表检测电解电容的好坏。

(3) 识别二极管。认识不同的二极管(稳压二极管、整流二极管、普通二极管),判断二极管的极性并检测二极管的好坏。练习识别 5 个不同的二极管,对其分类,并用万用表检测二极管的极性及其好坏。

(4) 识别三极管。认识不同的三极管型号(9011,9012,8050,8550),判断三极管的各个引脚,并用万用表判断三极管好坏。练习识别 5 个不同的三极管,识别型号,并用万用表检测各个引脚及其好坏。

3. 抽查、验收

对学生记录的数据一一验收、评分。

项 目 小 结

本项目主要介绍了一些常用的电子元器件的识别与检测方法,包括电阻、电容、二极管、三极管等的基础知识及使用万用表进行检测的方法。

项目二 万用表安装与调试

万用表又称为复用表、多用表、三用表、繁用表等，是电力电子等部门不可缺少的测量仪表。它是一种多功能、多量程的测量仪表，以测量电压、电流和电阻为主要目的。万用表按显示方式不同分为指针万用表和数字万用表。一般万用表可测量直流电流、直流电压、交流电流、交流电压、电阻和音频电平等，有的还可以测电容量、电感量及半导体的一些参数（如β）等。

任务一 电烙铁焊接技能

◎ 知识要点

焊接方法。

◎ 技能要点

掌握手工焊接操作基本技能。

任务描述

本任务是在印制电路板上用废电阻、晶体管、集成块等元器件（部分可用铜丝、导线等）进行施焊和拆焊训练（1 000 个以上焊点）。

相关知识

1. 焊接基础知识

焊接是金属连接的一种方法。电子装配时使用的主要焊接方法是钎焊，就是在固体待焊材料之间，熔入比待焊材料金属熔点低的焊料，使焊料进入待焊材料之中，并发生化学变化，从而使待焊材料与焊料实现永久连接。

电子电路中焊接的方式有多种，各种方式的适用性不尽相同。在小批量的生产和维修中，多采用手工电烙铁焊接；成批或大量生产时则采用浸焊和波峰焊等自动化焊接。在此主要介绍手工电烙铁焊接，常用的焊接工具与材料如下：

（1）电烙铁

电烙铁是进行手工焊接最常用的工具，它是根据电流通过加热器件产生热量的原理而制成的。其标称功率$P=U^2/R$，其中$U=220$ V，R为电烙铁的内阻，即烙铁心的电阻值。由此式可看出，电烙铁的功率越高，其内阻值越小。电烙铁的标称功率有 20，35，50，

75,100,150,200,300 W 等,应根据需要进行选用。

(2) 焊料

焊料由易熔金属构成,焊接时熔化,与待焊金属材料结合,在待焊材料表面形成合金层,将待焊材料连接在一起。整机装配、维修时焊料多采用锡铅焊料,其配比为含锡63%、铅37%,又称为共晶焊锡,共晶点的温度为183 ℃。其优点为:① 焊点温度低,降低了元器件、印制线路板等被焊物件受热损坏的概率;② 由于共晶焊锡可以由液体直接变成固体,减少了焊点冷却过程中元器件松动而出现的虚焊;③ 共晶焊锡的抗拉强度和抗剪切强度高。

(3) 焊剂

焊剂是焊接时添加在焊点上的化合物,它是进行锡铅焊所必需的辅助材料,焊接时待焊材料表面首先要涂覆焊剂。为了方便,有的焊料中已加入了焊剂,如松香心焊锡丝等。焊剂的作用:① 利用熔化时焊剂的活化性,溶解待焊材料表面的氧化物和杂物;② 焊接时,焊剂熔化后在焊料和待焊材料表面形成一层薄膜,隔绝了与外界空气的直接接触,防止待焊材料和焊料在加热高温下与空气中的氧气发生氧化反应;③ 可减小熔化后焊料表面的张力,增加其流动性,有助于润湿而形成良好的焊点。通常在手工电烙铁焊接中,多选用松香做助焊剂。

2. 手工电烙铁焊接与拆焊技术

(1) 待焊材料的预加工

为了便于安装和焊接,在安装前要预先把元器件的引脚弯曲成一定的形状,如图1.2-1 所示。在没有专用工具加工时,可使用尖嘴钳和镊子等工具将引脚加工成形。

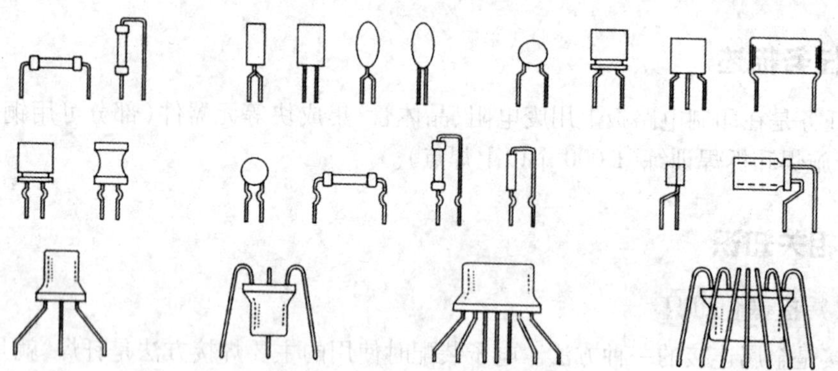

图 1.2-1 元器件引脚形式

(2) 电烙铁和焊料握持方法

焊接时,电烙铁的握持方法因人而异,可以灵活掌握。图 1.2-2 是几种常见的电烙铁握法。图 1.2-2 a 适用于用大功率电烙铁焊接大批焊件时,图 1.2-2 b 适用于弯形烙铁头或较大的电烙铁,图 1.2-2 c 适用于小功率电烙铁。

焊料的一般拿法如图 1.2-3 所示,其中图 1.2-3 a 为连续焊接时的拿法,图 1.2-3 b 为断续焊接时的拿法。

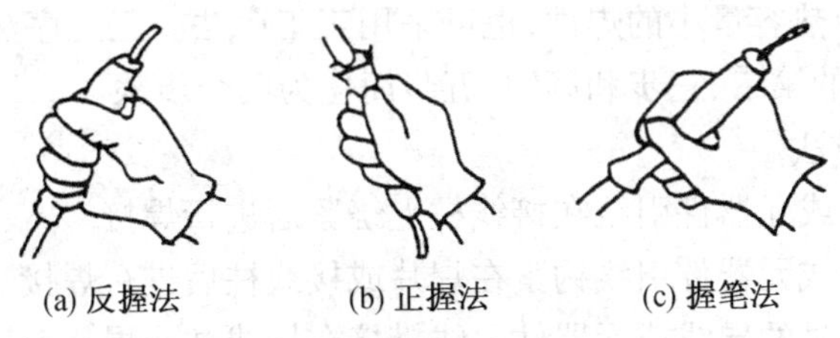
(a) 反握法　(b) 正握法　(c) 握笔法

图 1.2-2　电烙铁的 3 种握持方法

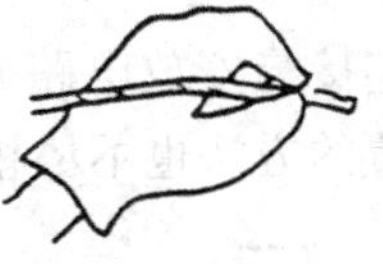
(a) 连续焊接时的拿法　(b) 断续焊接时的拿法

图 1.2-3　焊料的一般拿法

(3) 焊接步骤

在各方面的条件都准备好以后,就可以进行焊接了。在手工电烙铁焊接中,对初学者而言,可采用五工序法来进行,如图 1.2-4 所示。

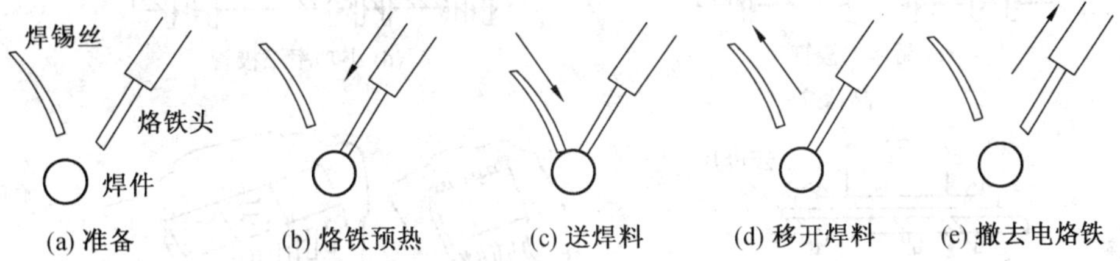

(a) 准备　(b) 烙铁预热　(c) 送焊料　(d) 移开焊料　(e) 撤去电烙铁

图 1.2-4　焊接五工序法

① 准备。将加热好的电烙铁(烙铁头上应熔化有一部分焊料)和带有助焊剂的焊料对准已经预加工好的待焊材料。

② 烙铁预热。用电烙铁加热待焊接处,要掌握好烙铁头的角度,使焊点与烙铁头的接触面积大一些且应有一定压力。

③ 送焊料。待焊材料加热到一定温度后,从烙铁头的对面送上焊料并熔化焊料。

④ 移开焊料。当焊料熔化到一定量后,移开焊料。

⑤ 撤去电烙铁。当焊接点上的焊料接近饱满、焊剂尚未完全挥发、焊点最光亮、流动性最强的时候,应迅速撤去电烙铁。正确的方法:电烙铁迅速回带一下,同时轻轻旋转一下朝焊点 45°方向迅速撤去。要掌握好电烙铁撤去的时间,如果停止填充焊料后仍继续加热,则本来已充分吸收成型的焊料就会流淌,从而造成焊点太大,表面粗糙、拉尖,失去金属光泽;如果填充焊料时加热时间过短,则焊点不能充分润湿,造成松香焊、虚焊等不完全焊接。

对于一般焊点来说,从烙铁预热待焊材料到移开的总焊接时间应在 3 s 左右,太短焊料熔化不充分;太长则会烫伤元器件及线路板。对大焊点可适当延长焊接时间。对于焊接技术较为熟练者或热容量小的焊件,也可采用三工序法。三工序法与五工序法较为相似,只是将五工序法的第二、三步和第四、五步简化为两个步骤。

(4) 手工焊接方法

① 绕焊:将导线或元器件引线在接线柱上绕紧后进行焊接。

② 钩焊:将导线或元器件引线钩紧在焊片或接线柱后进行焊接。

③ 搭焊:将加工过的导线或元器件引线搭接在接线柱或焊片上进行焊接。

④ 插焊:将导线或元器件引线插入孔形接点中进行焊接。

(5) 印制线路板的焊接

印制线路板是用来连接与安放电路元器件的材料,在印制线路板上,各元器件由于各自外形、条件不同,摆置的方法也不尽相同,如图 1.2-5 所示。

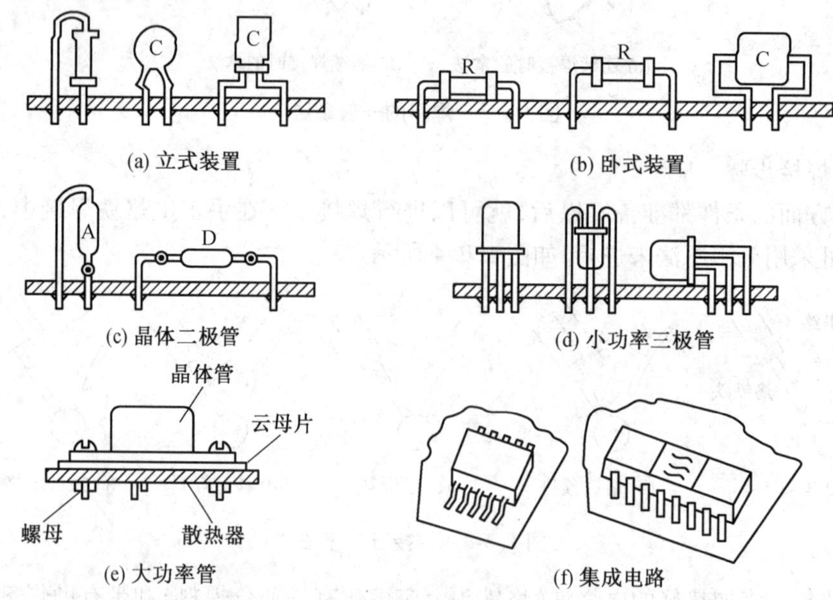

图 1.2-5 各种元器件的装置方法

① 电阻成型

a. 立式成型

先用镊子将电阻两头拉直;再用 ϕ0.3 mm 的钟表螺丝刀作固定面将电阻的引线弯成半圆形即可。

注意:阻值色环(第一条色环)向上。

b. 卧式成型

先用镊子将电阻两头拉直;再用镊子在离电阻本体约 1 ~ 2 mm 处将引线弯成直角。

② 电容成型

a. 瓷片电容成型

先用镊子将电容引线拉直,再向外弯成 60°倾斜即可。

b. 电解电容成型

先用镊子将电容引线拉直,体积小的电容则需向外弯成 60°倾斜。成型体积大的电容一般为卧式插装。用镊子或整形钳在离电容本体约 5 mm 处分别将两引线向外弯成 90°。

③ 二极管成型

a. 立式成型

用镊子将二极管引线两头拉直;再用 ϕ0.3 mm 的钟表螺丝刀作固定面将塑封二极管的负极(标记向上),引线弯成半圆形即可。

玻璃封装二极管在成型时,需离开二极管本体(标记向上)约 2 mm 处,将其负极引线弯成型。

b. 卧式成型

用镊子将二极管两引线拉直,在离二极管本体约 1 ~2 mm 处分别将其两引线弯成直角。

④ 三极管成型

a. 直排式插装成型

先用镊子将三极管的 3 脚引线拉直,分别将两边引线向外弯成 60°倾斜即可。

b. 直跨式插装成型

先用镊子将三极管的 3 脚引线拉直,然后将中间的引线向前或向后弯成 60°倾斜即可。

在对印制线路板进行焊接时,最好选用 20 ~40 W 的电烙铁,烙铁头的形状应以不损伤印制线路为原则,并适当增加烙铁头的接触面积,最好选用凿形的烙铁头并将棱角部分锉圆。焊接时烙铁头不能对印制板施加太大的压力,以防止焊盘受压翘起。可以用大拇指、食指和中指 3 个手指握住烙铁手柄,小指垫在印制板上支撑烙铁,以便自由调整接触角度、接触面积、接触压力,使待焊材料均匀受热。在对双面印制板的金属化孔上焊接时,要将整个元器件都充分浸透焊料,焊接加热时间应长一些。

(6) 拆焊技术

在装配与修理中,有时需要将已经焊接的连线或元器件拆除,这个过程就是拆焊。在实际操作上,拆焊比焊接难度更大,更需要用恰当的方法和必要的工具,才不会损坏元器件或破坏原焊点。

对印制线路板上焊接元件的拆焊,与焊接一样,动作要快,对焊盘加热时间要短,否则将烫坏元器件或导致印制线路板铜箔起泡剥离。根据被拆除对象的不同,常用的拆焊方法有分点拆焊法、集中拆焊法和间断加热拆焊法 3 种。印制线路板上的电阻、电容、普通电感、连接导线等只有两个焊点,可用分点拆焊法先拆除一端焊接点的引线,再拆除另一端焊接点的引线并将元件(或导线)取出。拆焊方法如图 1.2-6 所示。

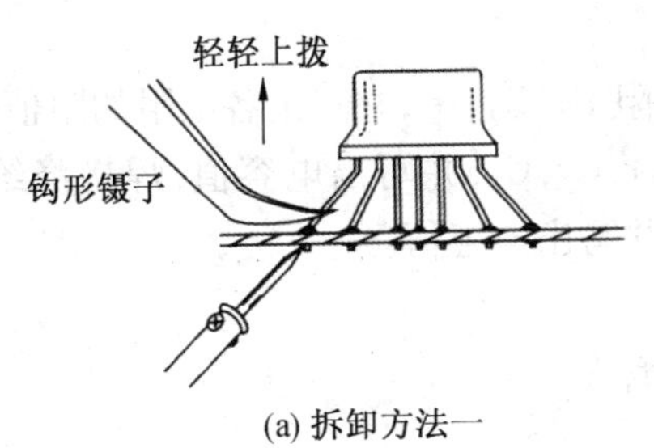

(a) 拆卸方法一

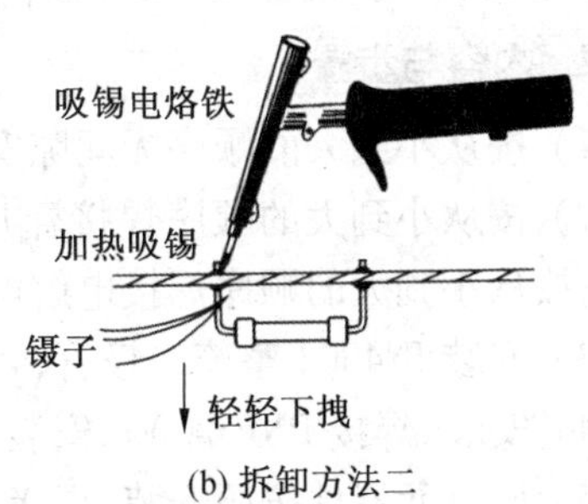

(b) 拆卸方法二

图 1.2-6 拆焊方法

3. 焊点检验

良好焊接的条件:待焊材料具有清洁的金属表面;加热到最佳焊接温度;金属扩散时产生金属化合物合金。

对形成焊点的质量要求,应包括电接触良好、机械性能好和美观3个方面。待检验的焊点如图1.2-7所示,焊点质量分析见表1.2-1。

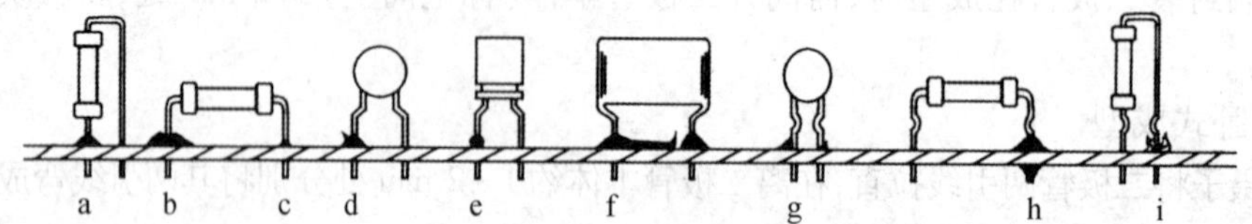

图1.2-7 焊点质量

表1.2-1 焊点质量分析

焊点	特点	产生原因
a	优良焊点	
b	焊料过多,焊料面呈凸形	焊料撤离过迟
c	焊料过少,焊料未形成平滑面,焊点机械强度差	焊料撤离过早
d	焊点外表不光滑,有毛刺	焊接时间过长,电烙铁撤离角度不当
e	焊点过于饱满,多为虚焊,电路不能正常工作	焊料未浸润焊点,焊件表面清洁不好
f	焊点拖尾,容易造成短路	焊料过多,电烙铁撤离方向不对
g	焊点不完整,机械强度不够	焊料流动性差,焊件加热不足
h	焊料反面渗出过多	电烙铁过热
i	焊料凝固成松散的豆渣形状,强度低,导电性差	焊料未凝固前焊点处有抖动

任务实施

1. 器材

电烙铁、烙铁架、镊子、尖嘴钳、螺丝刀、刮线刀、吸锡器、捅针、印制电路板(或万能板)、万用表、焊锡、铜丝或导线、阻容元件、晶体管等。

2. 内容与步骤

(1) 按从小到大的顺序无间隙安装、焊接电阻 R_1,R_2,…,并写出各电阻的阻值。

(2) 按从小到大的顺序焊接瓷片电容 C_1,C_2,C_3,C_4,并写出电容值;焊接涤纶电容 C_5,C_6;按从小到大的顺序焊接电解电容 C_7,C_8,并写出电容值。

(3) 安装IN4004整流二极管,45°焊接。

(4) 安装、焊接PNP管 V_1,安装、焊接NPN管 V_2。

(5) 所有元器件按照安装、焊接工艺操作。

3. 考核

考核标准见表 1.2-2。

表 1.2-2 考核标准

考核项目	要求	评分标准	配分(分)	扣分	得分
操作规范、文明安全	严格遵守电业安全操作规程;工作台工具、器件摆放整齐	违反安全操作规程,扣 1 ~ 7 分;工具、器件不整齐,扣 1 ~ 3 分	10		
元器件检测	安装前要求对元器件进行测试,性能指标符合要求,能准确识别元器件的引脚,正确使用	电阻、电容、三极管检测,每个 1 分	30		
准备工作	15 min 内完成所有元器件的清点、检测及调换	规定时间以外更换元器件,扣5 分/个	20		
焊接质量	正确使用工具进行焊接,焊点均匀、可靠,无连焊、漏焊、虚焊,印制板表面干净	1. 焊点外观光滑、圆润,印制板、元器件干净,完好无损,得 30 分 2. 焊点不好,但无连焊、漏焊、虚焊等,得 20 分 3. 有连焊、漏焊、虚焊等不良焊点,在 20 分基准下每处扣 2 分	30		
时间	90 min	提前正确完成,每 5 min 加 2 分;超过定额时间,每 5 min 扣 2 分	10		

任务二 焊接五角星

◎ 知识要点

焊接方法。

◎ 技能要点

掌握手工焊接操作基本技能。

任务描述

本任务是完成图 1.2-8 所示五角星的焊接。

图 1.2-8 五角星

相关知识

导线和接线端子的焊接方法有绕焊、钩焊、搭焊等,如图 1.2-9 所示。

(1) 绕焊

绕焊是把经过上锡的导线在接线端子上缠一圈,用钳子拉近缠牢后进行焊接,绝缘层不要接触端子,导线一定要留 1 ~ 3 mm 为宜。

(2) 钩焊

钩焊是将导线端子弯成钩形,钩在接线端子上并用钳子夹紧后施焊。

(3) 搭焊

搭焊是把经过镀锡的导线搭到接线端子上施焊。

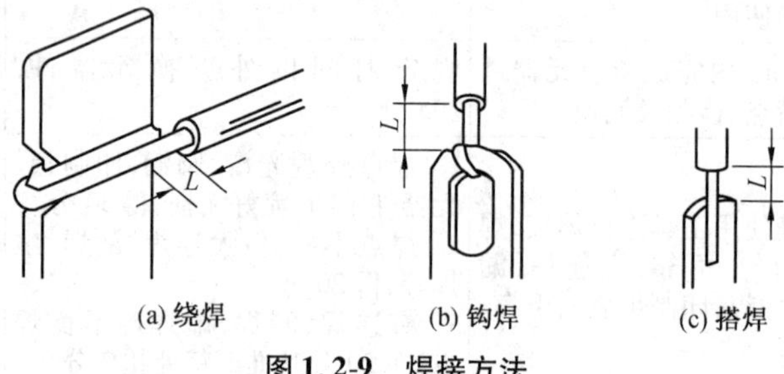

图 1.2-9 焊接方法

项目实施

1. 器材

电烙铁、烙铁架、镊子、尖嘴钳、螺丝刀、万用表、焊锡、铜丝或导线等。

2. 内容与步骤

(1) 按图 1.2-8 所示立体五角星,剪切裸铜线,将 $\phi 0.8$ mm 的裸铜线拉直、整形、进行剪裁,以备焊接。

(2) 各角都采用钩焊,节点处搭焊,并应进行两面焊接。

(3) 立体五角星两面连接采用钩焊。

3. 考核

考核标准见表 1.2-3。

表 1.2-3 考核标准

考核项目	要 求	评分标准	配分(分)	扣分	得分
安全文明生产	严格遵守电业安全操作规程;工作台工具、器件摆放整齐	违反安全文明生产规程扣 5 ~ 10 分	10		
搭焊	焊点大小适中,无毛刺、虚焊、漏焊,有光泽;整形规范,绕形紧密,搭接位置正确	搭焊、绕焊、钩焊各 15 处,每错一处扣 2 分	30		
绕焊			25		
钩焊			25		
时间	2 h	每超时 5 min,扣 5 分,最多扣 10 分	10		

任务三 万用表的组装与调试

◎ 知识要点

万用表的结构和原理。

◎ 技能要点

1. 万用表的组装。
2. 万用表测量电压、电流、电阻。
3. 万用表的故障分析、排除。

任务描述

充分熟练掌握万用表的使用方法是电子技术的最基本技能之一。本任务是完成MF47模拟万用表的组装与调试。

相关知识

万用表的相关知识及万用表的使用方法已在项目一中介绍,此处不再赘述。

任务实施

MF47型万用表印制电路图如图1.2-10所示。该万用表的线路板采用印制电路,除了表头与电池,其他电气元件全部安装在印制电路板上。印制电路板与外部的连接线仅6根(两根表头线,两根9 V电池扣线,两根1.5 V电池夹连接线)。印制电路板一面是印制电路和连接元器件的焊盘布线图,另一面是画有各种元器件图形符号与文字符号的装配位置图,按照图安装非常方便。该万用表的转换开关是由静触点、动触点(电刷)和旋钮(含旋转轴)3部分组成的,其中静触点是直接印制在印制电路中,如图1.2-10所示的中央部分。

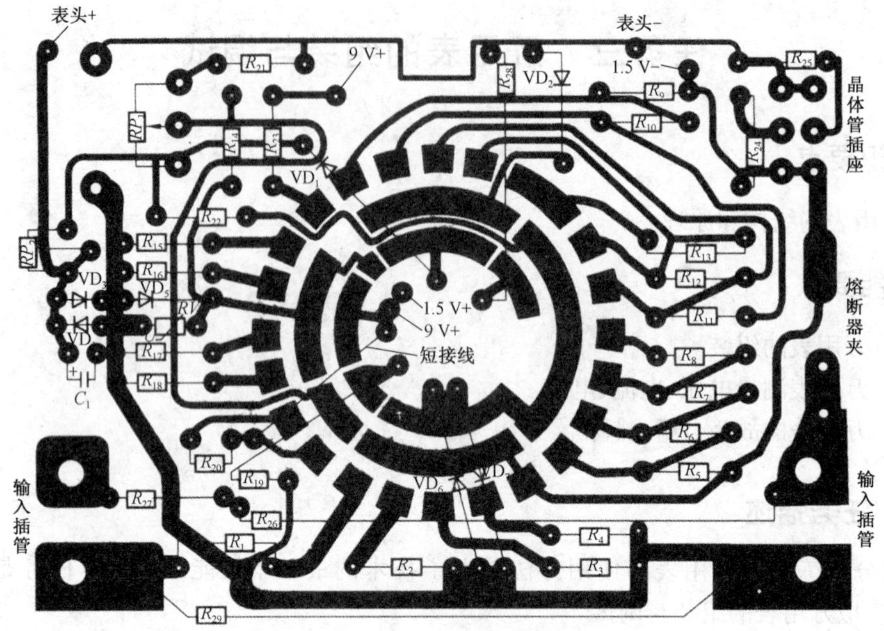

图 1.2-10 万用表印制电路图(安装图)

1. 器材

(1) 电烙铁、烙铁架、镊子、尖嘴钳、螺丝刀、焊锡、铜丝或导线等电子焊接用工具与材料。

(2) 万用表散件若干套。

(3) 检测工具。

2. 内容与步骤

(1) 准备工作

一套万用表中配套材料很多,大致可分 4 类:电气元件、电气材料、塑料配件和标准件。认识这些元件和配件,并了解它们的性能和作用。

① 根据清单清点所有元器件和材料,并检查外观是否完好。

② 检查表头内阻和灵敏度是否符合要求。检查表头是否有机械方面的故障,轻轻晃动表头,观察表针能否自由摆动;用一字形螺钉旋具调节表头的机械调零螺钉,观察表针能否在零位附近跟随转动。

③ 检查电路板是否有断裂、少线和短路等问题存在。

④ 测试电阻、电解电容、二极管等电气元件,并核对电阻阻值,认清电解电容和二极管的正负极等。

(2) 面板的装配

① 粘贴面板上面膜。首先拔出万用表面板上的转换开关旋柄,并清洁面板表面灰尘,然后揭下面膜背面不干胶保护膜,将面膜贴到面板的相应位置上。注意贴面膜时一定要仔细,定位要准确,一次粘贴不成功,再贴将很困难。

② 安装转换开关旋柄。先将两个小弹簧放入面板与转换开关轴孔对称排列的2个(不通)孔中,再将2个钢珠分别摆在弹簧上,小心插入波段开关转轴,稍用力下压至听到“咔嗒”一声,最后将轴用挡圈用力推入转轴槽口内锁住,使转轴与面板成为一整体。这时旋转转换开关旋柄应能轻松地自由转动,并能听到清脆的“嗒嗒”声。

③ 安装表头。将表头用螺钉固定在面板上。

(3) 焊接印制电路板上的元件和配件

焊接顺序是先焊接紧贴在电路板上的元件,再焊接高出电路板的元件,其顺序如下:

① 焊接连接线。

② 焊接二极管。焊接时注意二极管的极性。

③ 焊接电阻。焊接时注意电阻的阻值必须无误。

④ 焊接电位器、可调电阻和电解电容等。焊接电解电容时极性必须安装正确。

⑤ 焊接4只表笔输入插管。

⑥ 安装和焊接熔断器夹。

⑦ 安装和焊接晶体管插座,先将6只晶体管插脚插入插座后,安装到电路板的相应位置,露出插座的插脚部分,分别再穿入电路板的6个孔中。插座安装到位后,再将6个插脚焊接在电路板上。

(4) 整机装配

① 安装电路板。将电路板卡在面板里。

② 安装1.5 V电池夹。用一根红导线和一根黑导线分别焊在1.5 V的两个电池夹的焊位上,两个电池夹卡在面板的卡槽内,注意电池的正负极,接红线的为正极,将红、黑两根引线再分别焊到电路板的对应焊盘上。

③ 焊接9 V电池扣。将9 V电池扣的两根导线分别焊到电路板的对应焊盘上(红导线接正极,黑导线接负极)。

④ 焊接表头线。焊接时注意表头的正负极。

⑤ 安装转换开关电刷。将电刷安装到转换开关旋钮转轴上,电刷的电极方向应与旋柄的指向一致,用螺母将其固定好。

⑥ 安装调零电位器旋钮。

⑦ 安装万用表提把。

⑧ 安装后盖。用两只螺钉将后盖固定好。

(5) 故障分析与排除

① 分析与排除万用表表头故障。

② 分析与排除各测量挡位故障。

4. 考核

考核标准见表1.2-4。

表1.2-4 考核标准

考核项目	要求	评分标准	配分(分)	扣分	得分
操作规范、文明安全	操作方法正确,无不安全、不礼貌行为	一次错误扣2分,出事故全扣,重大事故取消考核	10		
元器件检测	安装前要求对元器件进行测试,性能指标符合要求,能准确识别元器件的引脚,正确使用	出错或人为损坏元器件,一次扣5分,扣完为止	20		
焊接质量	正确使用工具进行焊接,焊点均匀、可靠,无连焊、漏焊、虚焊,印制板表面干净	1. 焊点外观光滑、圆润,印制板、元器件干净,完好无损,得20分 2. 焊点不好,但无连焊、漏焊、虚焊等,得10分 3. 有连焊、漏焊、虚焊等不良焊点,在10分基准下每处扣2分,扣完为止	20		
装配质量、产品性能	按装配图安装,元器件装配正确无误,外观整齐规范,满足性能要求	1. 装配正确,整齐规范,各项性能均好,得40分 2. 装配正确,但不整齐,具有给定的功能,但指标不好,得30分 3. 装配有错误,未成功,在30分基准下每处扣5分,扣完为止	40		
故障分析与排除	故障分析正确,排除方法得当	酌情扣分	10		

项目小结

本项目主要介绍了焊接的相关知识和方法,以及万用表的原理。通过本项目的学习,能够完成万用表的安装与调试。

项目三 简单直流稳压电源的制作与检测

当今社会人们极大地享受着电子设备带来的便利，而所有电子设备都有一个共同的电路——电源电路。大到超级计算机，小到袖珍计算器，所有的电子设备都必须在电源电路的支持下才能正常工作。可以说电源电路是一切电子设备的基础，没有电源电路就不会有种类如此繁多的电子设备。

任务一 示波器、低频信号发生器的使用

◎ 知识要点

示波器、低频信号发生器原理。

◎ 技能要点

掌握示波器、信号发生器的使用方法。

任务描述

示波器、信号发生器是被广泛使用的电子测量仪器。利用示波器能观察各种不同信号幅度随时间变化的波形曲线，还可以测试各种不同的电量，如电压、电流、频率、相位差、调幅度等。利用信号发生器可以产生各种频率、各种幅度的三角波、正弦波、脉冲信号。本任务是了解示波器和信号发生器的基本原理并掌握其使用方法。

相关知识

1. 双踪示波器

(1) 面板

双踪示波器面板及各控制机件的功能如图 1.3-1 所示。

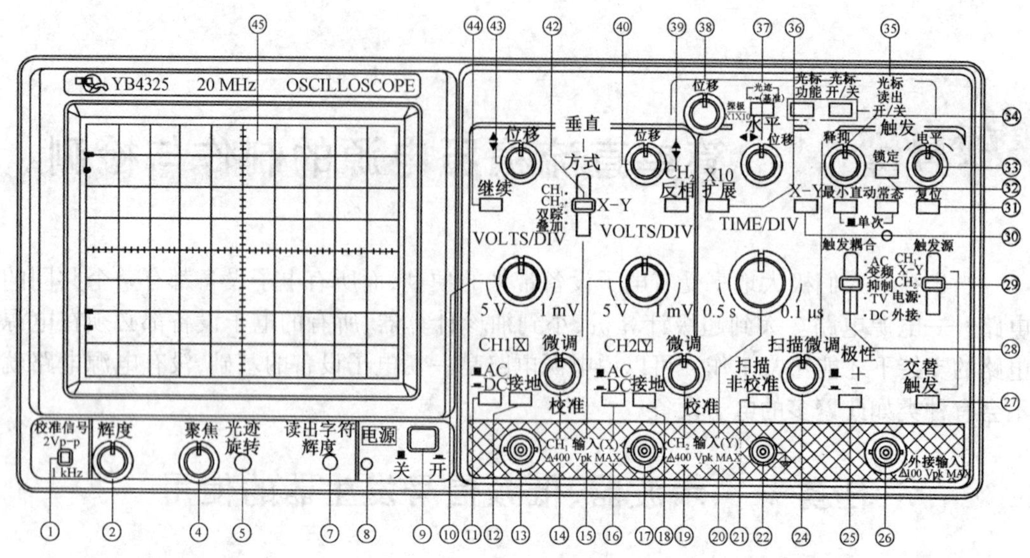

图 1.3-1 双踪示波器的面板图

(2) 基本使用原则

① 改变显示波形的垂直方向的大小。如果是 CH1 的信号波形,调节衰减开关(VOLTAGS/DIV)10;如果是 CH2 的信号波形,调节衰减开关 15。

② 调节波形的垂直位置。调节垂直位移(POSITION)旋钮,40 用于移动 CH1 信号的波形,43 用于移动 CH2 信号的波形。

③ 调节波形在水平方向的个数。调节主扫描时间系数选择开关(TIME/DIV)20。

④ 如果波形左右移动,调整与触发有关的各种机件。

(3) 注意事项

① 示波器正常使用温度在 0 ~ 40 ℃。使用时不要将其他仪器或杂物挡住示波器的通风孔,以免影响散热,造成仪器过热而损坏。

② 使用时示波器的辉度不要过高,因为过亮的光点或扫描轨迹会使操作者感到刺眼,而且这样的光点或扫描轨迹长时间停留在同一位置上会导致示波管荧光屏涂层灼伤。

③ 不要加过高的输入电压。一般示波器对于信号的输入都有额定的最高允许电压范围(≤400 V)。用户应根据示波器技术说明书上规定的范围使用。

④ 示波器使用时不要频繁地开、关电源。一般在工作开始前就打开示波器,工作结束后才关闭示波器。

⑤ 注意不要用探极拖拉示波器。

2. 低频信号发生器

低频信号发生器能产生 1 Hz ~ 1 MHz 的正弦信号(一般应用频率范围在 20 Hz ~ 200 kHz),是工厂和实验室中用于调试相应频率段放大器等电子线路及电子设备的信号源。

（1）面板

低频信号发生器面板如图 1.3-2 所示。

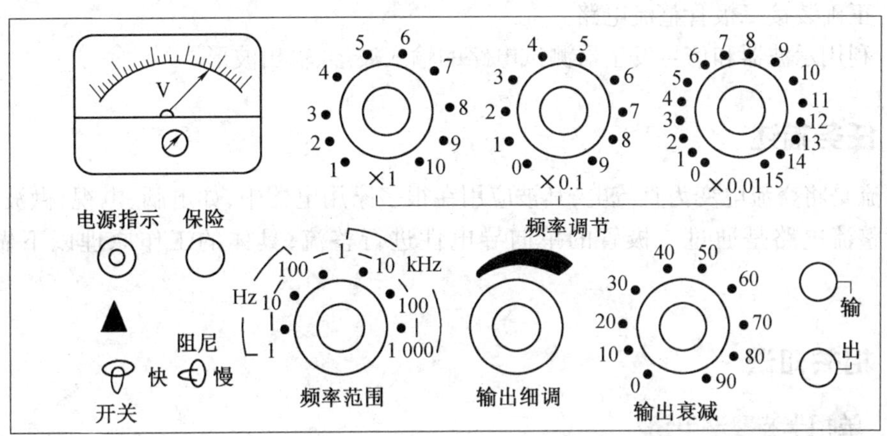

图 1.3-2 低频信号发生器的面板图

（2）使用的注意事项

① 接入 220 V/50 Hz 交流电源，开机后预热 10 min，以使仪器产生较稳定的频率，这时再将输出信号引出。

② 当信号发生器接入被调试的电子线路且与其他电子仪器同时使用时，应注意共地。同时应特别注意信号发生器的输出信号端不能对地短路，否则会损坏信号发生器。

③ 当信号发生器经衰减器输出时，注意其不能带负载，只能提供电压信号。

任务实施

用示波器测量低频信号发生器的输出信号：

（1）调节低频信号发生器面板上的有关旋钮，使输出信号为某个要求的频率和电压值（如 2 kHz，1 V）。

（2）用示波器观察和测量低频信号发生器的输出信号的频率、周期和幅值，并与低频信号发生器面板上的指示表的指示值相比较，看是否一致。

提示

低频信号发生器面板上的电压表指示的是输出信号电压的有效值，示波器测量的是信号电压的幅值，比较时需要进行换算。

任务二 二极管整流电路

◎ 知识要点

二极管整流电路的工作原理。

◎ 技能要点

1. 正确装接二极管整流电路。
2. 利用示波器和信号发生器测试电路的输入波形、输出波形。

任务描述

整流是将交流电变为直流电,其被应用在很多家用电器中,如电脑、电视、微波炉等。二极管整流电路是通过二极管的单向导电性进行整流,具体的工作原理以下做简单介绍。

相关知识

1. 单相半波整流电路

(1) 电路图

单相半波整流电路及波形如图 1.3-3 所示。图 1.3-3 a 中,V 为整流二极管,把交流电变成脉动直流电;T 为电源变压器,把 u_1变成整流电路所需的电压 u_2。

(2) 工作原理

设 u_2为正弦波,波形如图 1.3-3 b 所示。

① u_2正半周时,A 点电位高于 B 点电位,二极管 V 正偏导通,则 $u_L \approx u_2$。

② u_2负半周时,A 点电位低于 B 点电位,二极管 V 反偏截止,则 $u_L \approx 0$。

由波形可见,u_2一周期内,负载只有单方向的半个波形,这种大小波动、方向不变的电压或电流称为脉动直流电。上述过程说明,利用二极管单向导电性可把交流电 u_2变成脉动直流电 u_L。由于电路仅利用 u_2的半个波形,故称为半波整流电路。

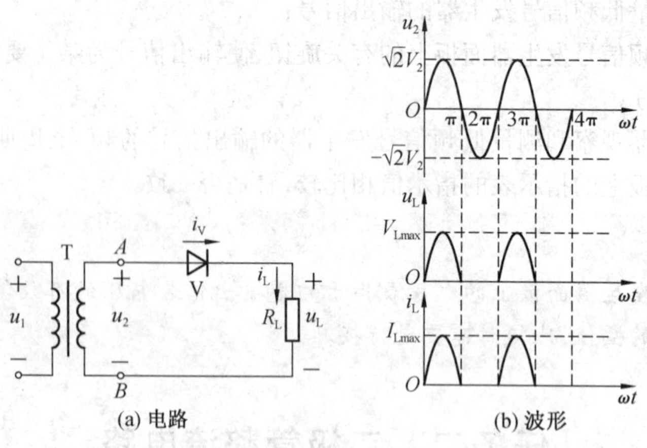

图 1.3-3 单相半波整流电路及波形图

(3) 负载和整流二极管上的电压和电流

① 负载电压为

$$V_L = 0.9V_2$$

② 负载电流为

$$I_L = \frac{V_L}{R_L} = \frac{0.9V_2}{R_L}$$

③ 二极管的平均电流为

$$I_V = \frac{1}{2} I_L$$

④ 二极管承受的反向峰值电压为

$$V_{RM} = 2\sqrt{2}V_2$$

2. 单相桥式全波整流电路

(1) 电路图

单相桥式全波整流电路及波形图如图 1.3-4 所示。$V_1 \sim V_4$为整流二极管,电路为桥式结构。

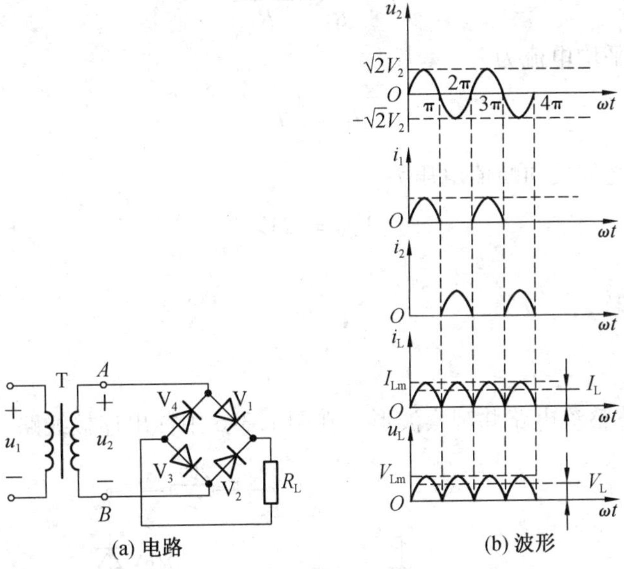

(a) 电路 (b) 波形

图 1.3-4 单相桥式全波整流电路及波形图

(2) 工作原理

① u_2正半周时,如图 1.3-5 a 所示,A 点电位高于 B 点电位,则 V_1,V_3导通(V_2,V_4截止),i_1自上而下流过负载 R_L。

② u_2负半周时,如图 1.3-5 b 所示,A 点电位低于 B 点电位,则 V_2,V_4导通(V_1,V_3截止),i_2自上而下流过负载 R_L。

由波形图 1.3-4 b 可见,u_2一周期内,两组整流二极管轮流导通产生的单方向电流 i_1 和 i_2叠加形成了 i_L,于是负载得到全波脉动直流电压 u_L。

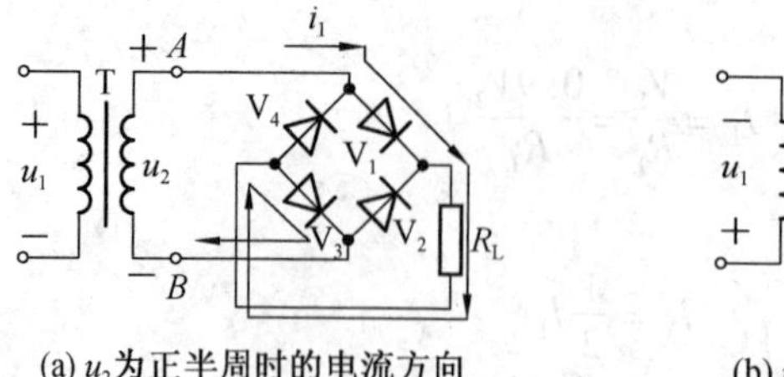

图 1.3-5　单相桥式全波整流电路工作原理

(3) 负载和整流二极管上的电压和电流

① 负载电压为

$$V_L = 0.9V_2$$

② 负载电流为

$$I_L = \frac{V_L}{R_L} = \frac{0.9V_2}{R_L}$$

③ 二极管的平均电流为

$$I_V = \frac{1}{2}I_L$$

④ 二极管承受的反向峰值电压为

$$V_{RM} = \sqrt{2}V_2$$

任务实施

1. 内容

(1) 连接半波整流电路并观察波形。在图 1.3-6 中标出连接线路。

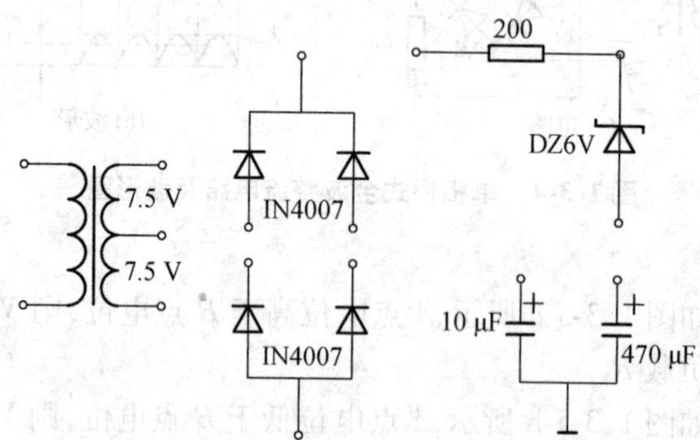

图 1.3-6　半波整流电路连接

(2) 连接全波整流电路并观察波形。在图 1.3-7 中连接线路。

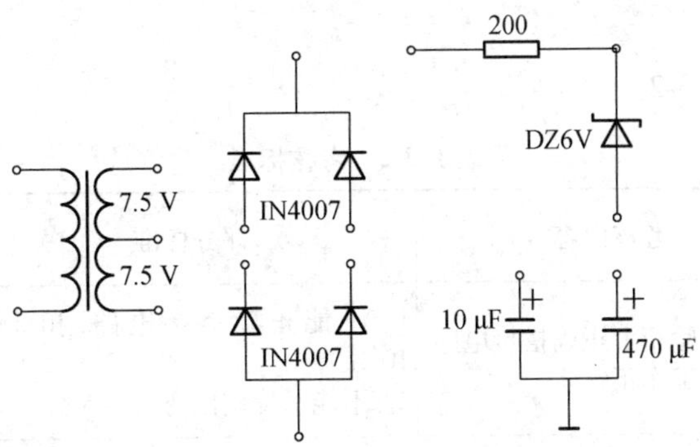

图 1.3-7 全波整流电路连接

2. 步骤

(1) 按电路图 1.3-3 a 和图 1.3-4 a 分别在图 1.3-6 和图 1.3-7 中画出连接线，并在实验箱上连接实物。

(2) 将 U_2 =7.5 V 左右的工频交流信号接入电路，用数字万用表的交流挡测出 U_2 的值，用示波器观察 U_2 的波形，并将观察结果填入表 1.3-1 中。

(3) 用数字万用表的直流挡测出 R_L 两端的电压值 U_L，并通过示波器观察 U_L 的波形，填入表 1.3-1 中。

提示

测试各电压值与观察波形不能同时进行。

表 1.3-1 结果记录表

电路形式	电压 U_2 值	U_L 值	U_L'值	输入波形 U_2	输出波形 U_L
半波整流电路					
全波整流电路					

3. 考核

考核标准见表 1.3-2。

表 1.3-2 考核标准

项目	考核内容	评分标准	配分(分)	扣分	得分
半波整流电路搭接与调试	1. 在实验箱上正确搭接电路 2. 电路工作正常	1. 不能正确搭接电路,扣 5 ~ 10 分 2. 不能正确调试,扣 1 ~ 5 分	15		
全波整流电路搭接与调试	1. 在实验箱上正确搭接电路 2. 电路工作正常	1. 不能正确搭接电路,扣 5 ~ 10 分 2. 不能正确调试,扣 1 ~ 5 分	20		
电路测试	1. 正确使用万用表测各元件两端电压 2. 正确使用示波器测电路的波形	1. 不能正确使用万用表测电压,扣 5 ~ 20 分 2. 不能正确使用示波器测波形,扣 5 ~ 20 分	60		
安全文明操作	1. 工作台上工具摆放整齐 2. 严格遵守安全文明操作规程	1. 工作台表面不整洁,扣 1 ~ 2 分 2. 违反安全文明操作规程,酌情扣 1 ~ 5 分	5		

任务三 稳压可调直流电源的制作与检测

◎ 知识要点

稳压电源电路及其工作原理。

◎ 技能要点

正确装接电路,并能完成稳压电源的电路调试。

任务描述

设计一种输出电压连续可调的集成稳压电源,输出电压在 1.25 ~ 37 V 之间连续可调,最大输出电流可达 1.5 A。要求制作产品并调试。

相关知识

直流稳压电源是一种将 220 V 工频交流电转换成稳压输出的直流电压的装置,它需要变压、整流、滤波、稳压 4 个环节才能完成,如图 1.3-8 所示。

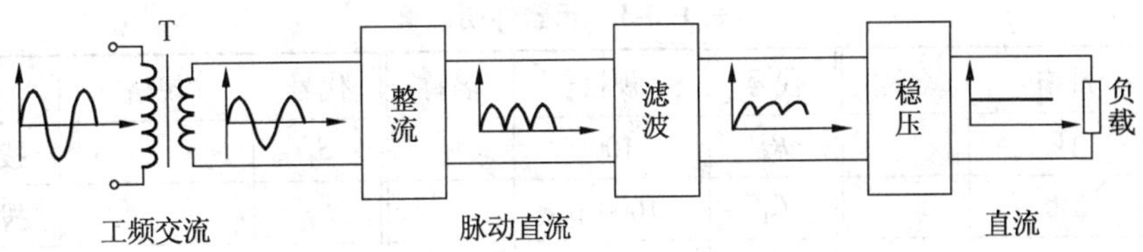

图 1.3-8 直流稳压电源方框图

(1) 电源变压器

电源变压器是降压变压器，它将电网 220 V 交流电压变换成符合需要的交流电压，并送给整流电路，变压器的变比由变压器的副边电压确定。

(2) 整流电路

整流电路利用单向导电元件，把 50 Hz 的正弦交流电变换成脉动的直流电。

整流电路常采用二极管单相全波整流电路，如图 1.3-9 所示。在 u_2 的正半周内，二极管 D_1，D_4 导通，D_3，D_2 截止；在 u_2 的负半周内，D_3，D_2 导通，D_1，D_4 截止。正、负半周内都有电流流过负载电阻 R_L，且方向是一致的。电路的输出波形如图 1.3-10 所示。

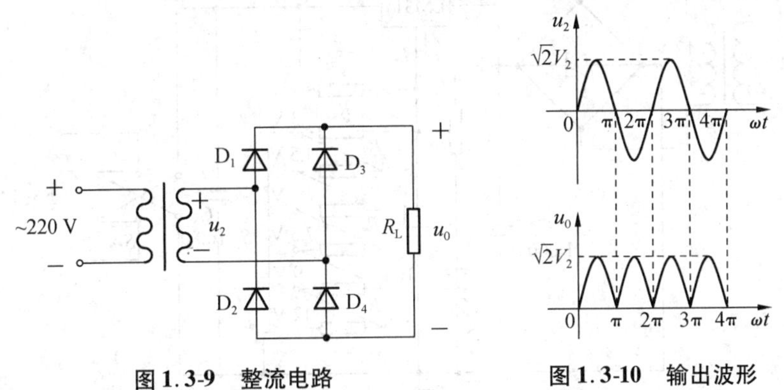

图 1.3-9 整流电路　　**图 1.3-10 输出波形**

(3) 滤波电路

滤波电路可以将整流电路输出电压中的交流成分大部分加以滤除，从而得到比较平滑的直流电压。

(4) 稳压电路

稳压电路的功能是使输出的直流电压稳定，不随交流电网电压和负载的变化而变化。

任务实施

1. 设备

电烙铁、烙铁架、镊子、尖嘴钳、螺丝刀、印制电路板、万用表、焊锡、铜丝或导线等。

2. 步骤

(1) 识别与检测元器件。若有元器件损坏，请说明情况。元器件明细见表 1.3-3。

表 1.3-3 元器件明细

代号	规格	名称	代号	规格	名称	代号	规格	名称
R_1	1k		R_8	100		S_1		拨动开关
R_2	240		C_1	1000 μ		S_2		拨动开关
R_3	120		C_2	10 μ				变压器
R_4	120		C_3	100 μ				十字电源线
R_5	120		I_C	LM317				外壳
R_6	120		D		发光管			螺钉(3)
R_7	150		ZQ		整流桥			

(2) 按电路图及装配图(图 1.3-11)安装元器件。其中电阻 $R_2 \sim R_6$ 立装,电解电容 C_3 卧装后焊接。

(3) 元器件全部安装焊接完成后,安装变压器,并将外壳安装完成。

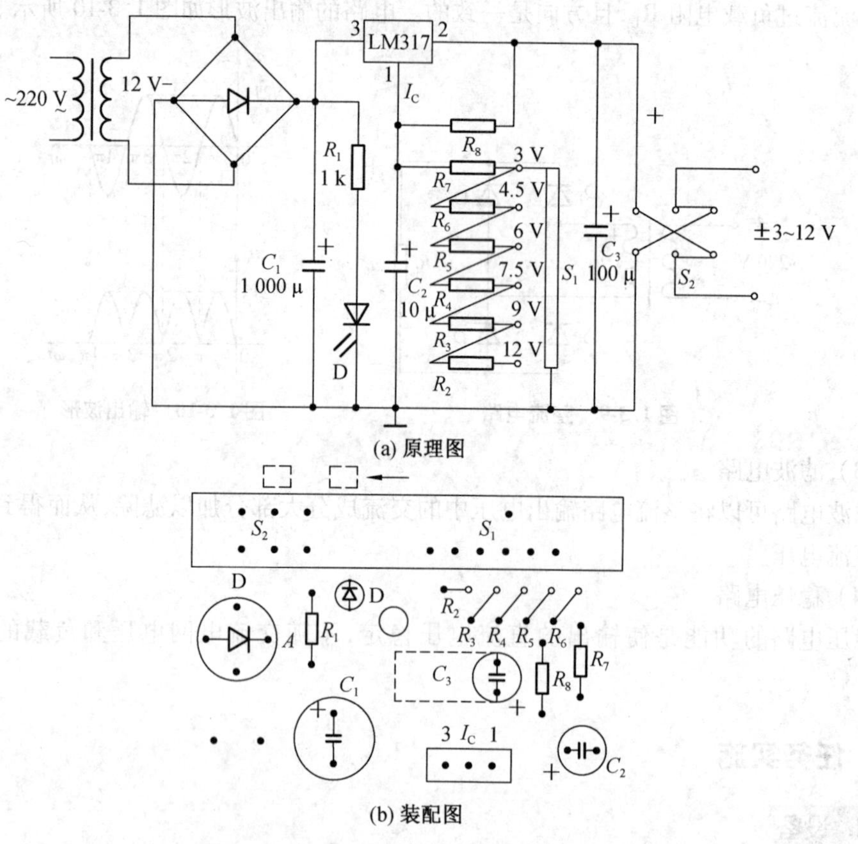

(a) 原理图

(b) 装配图

图 1.3-11 稳压可调直流电源原理图、装配图

3. 注意事项

(1) 整流桥的长脚为正输出,接印制板 A 点。

(2) 电路装接时,整流管、电解电容极性不能接错,以免损坏元器件,甚至烧毁电路。

(3) 电路装接好之后,才可通电,也不能带电改装电路。

4. 考核

考核标准见表1.3-4。

表1.3-4 考核标准

项目	内容	考核要求	扣分标准	配分(分)	扣分	得分
实训态度	1. 实训的积极性 2. 安全操作规程的遵守情况	积极参加实训,遵守安全操作规程和劳动纪律,有良好的职业道德和敬业精神	违反安全操作规程扣10分;不遵守实习纪律扣3分	30		
元器件的识别与检测	1. 元器件识别 2. 元器件检测	能正确识别元器件;会用万用表检测元器件	不能识别元器件,每个扣1分;不会检测元器件,每个扣1分	20		
电路的制作	按电路图连接电路	能正确连接电路,二极管及稳压管、电容的极性连接正确	电路装接不规范,每处扣1分;电路接错,每处扣5分;走线不美观,酌情扣分	30		
电路的调试	1. 自耦变压器的调试 2. U_0,I_0 的调试	仪器、仪表使用正确;能进行 U_2,U_0,I_0 的调试;能排除电路故障	仪器仪表使用错误,每次扣2分;不会对 U_2,U_0,I_0 调试,每处扣3分;数据记录、处理错误,每次扣1分	20		

注:各项配分扣完为止。

项目小结

本项目介绍了示波器、低频信号发生器的使用,二极管整流电路,以及稳压可调直流电源的电路及其工作原理、制作和检测。

项目四 门铃的制作与调试

“叮咚”门铃音色优美,现在有不少家庭都已安装了这种门铃。利用一块555集成电路可以逼真地模拟出“叮咚”声,故可用它制作门铃。

任务一 认识电路

◎ 知识要点

1. 门铃电路的组成。
2. 门铃电路的工作原理。

◎ 技能要点

正确识别集成电路,会检测扬声器。

任务描述

根据门铃电路图在万能板上连接电路,首先需要能正确地认识与检测各个元件,并知道门铃电路的工作原理。

相关知识

1. NE555引脚排列和引脚功能

NE555内部含有2个电压比较器,1个分压器,1个RS触发器,1个放电晶体管和1个功率输出级。NE555电路引脚如图1.4-1所示。

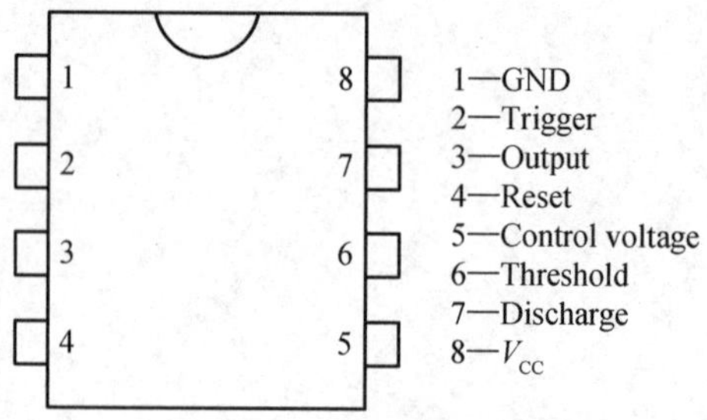

图1.4-1 NE555电路引脚图

NE555各引脚功能如下:

Pin 1（接地）：地线或共同接地，通常被连接到电路共同接地。

Pin 2（触发点）：这个引脚的作用是触发 NE555 使其启动时间周期。触发信号上缘电压须大于(2/3) V_{CC}，下缘须低于(1/3) V_{CC}。

Pin 3（输出）：当时间周期开始，NE555 输出比电源电压少 1.7 V 的高电位；周期结束，输出 0 V 左右的低电位。高电位时的最大输出电流约为 200 mA 。

Pin 4（重置）：一个低逻辑电位送至这个脚位时，会重置定时器和使输出回到一个低电位。它通常被接到正电源或忽略不用。

Pin 5（控制）：这个接脚准许由外部电压改变触发和闸限电压。当计时器经营在稳定或振荡的运作方式下，这输入能用来改变或调整输出频率。

Pin 6（重置锁定）：重置锁定并使输出呈低态。当这个接脚的电压从(1/3) V_{CC}电压以下移至(2/3) V_{CC}以上时启动这个动作。

Pin 7（放电）：这个接脚和主要的输出接脚有相同的电流输出能力，当输出为 ON 时为 LOW，对地为低阻抗；当输出为 OFF 时为 HIGH，对地为高阻抗。

Pin 8（V+）：这是 NE555 计时器 IC 的正电源电压端。供应电压的范围是 4.5 ~ 16 V。

2. 扬声器基础知识

(1) 扬声器的结构和工作原理

扬声器是一种把电信号转变为声信号的换能器件，多装在机器面板上或音箱内，其性能优劣对音质的影响很大。

扬声器的外形有圆形和椭圆形两大类。

扬声器有两个接线柱(两根引线)，当单只扬声器使用时两根引脚不分正负极性，多只扬声器同时使用时两个引脚有极性之分。扬声器有一个纸盆，它的颜色通常为黑色，也有白色。纸盆背面是磁铁，外磁式扬声器用金属螺丝刀去接触磁铁时会感觉到磁性的存在；内磁式扬声器中没有这种感觉，但是外壳内部确有磁铁。

(2) 扬声器的种类

扬声器的种类很多，按其换能原理不同可分为电动式(动圈式)、静电式(电容式)、电磁式(舌簧式)、压电式(晶体式)等几种。静电式、电磁式扬声器多用于农村有线广播网中。电动式扬声器应用最广泛，又分为纸盆式、号筒式和球顶形 3 种，这里只介绍前两种。

① 纸盆式扬声器

纸盆式扬声器又称为动圈式扬声器。它由 3 部分组成：a. 振动系统，包括锥形纸盆、音圈和定心支片等；b. 磁路系统，包括永乂磁铁、导磁板和场心柱等；c. 辅助系统，包括盆架、接线板、压边和防尘盖等。当处于磁场中的音圈有音频电流通过时，就产生随音频电流变化的磁场，这一磁场和永久磁铁的磁场发生相互作用，使音圈沿着轴向振动，此种扬声器结构简单、低音丰满、音质柔和、频带宽，但效率较低。

② 号筒式扬声器

号筒式扬声器由振动系统(高音头)和号筒两部分构成。振动系统与纸盆扬声器相似，不同之处是它的振膜不是纸盆，而是一球顶形膜片。振膜的振动通过号筒(经过两次反射)向空气中辐射声波。它的频率高、音量大,常用于室外及方场扩声。

按频率范围不同可分为低频扬声器、中频扬声器、高频扬声器,这些常在音箱中作为组合扬声器使用。

① 低频扬声器

对于各种不同的音箱,对低频扬声器的品质因素 Q_0的要求是不同的。对闭箱和倒相箱来说,Q_0值一般在0.3 ~0.6 之间。一般来说,低频扬声器的口径、磁体和音圈直径越大,低频重放性能、瞬态特性就越好,灵敏度也就越高。低音单元的结构形式多为锥盆式,也有少量的为平板式。低音单元的振膜种类繁多,有铝合金振膜、铝镁合金振膜、陶瓷振膜、碳纤维振膜、防弹布振膜、玻璃纤维振膜、丙烯振膜、纸振膜等。采用铝合金振膜、玻璃纤维振膜的低音扬声器一般口径比较小,承受功率比较大,而采用强化纸盆、玻璃纤维振膜的低音扬声器重播音乐时的音色较准确,整体平衡度不错。

② 中频扬声器

一般来说,中频扬声器只要频率响应曲线平坦,有效频响范围大于它在系统中担负的放声频带的宽度,阻抗与灵敏度和低频扬声器的一致即可。有时中音的功率容量不够,也可选择灵敏度较高,而阻抗高于低音扬声器的中音,从而减少中音扬声器的实际输入功率。中音扬声器一般有锥盆和球顶两种。它的尺寸和承受功率都比高音单元大,适合于播放中音频。中音扬声器的振膜以纸盆和绢膜等软性物质为主,偶尔也有少量的合金球顶振膜。

③ 高频扬声器

高音扬声器,顾名思义是回放高频声音的扬声器单元。其结构形式主要有号解式、锥盆式、球顶式和铝带式等几大类。

3. 扬声器性能检测

(1) 用万用表的“R ×1 Ω”挡测量,任一表笔接一端,另一表笔点触另一端,正常时会发出清脆响亮的“哒”声;如果不响,则是线圈断了;如果响声小而尖,则是有擦圈问题,也不能用。

(2) 用“R ×1 Ω”挡点试测量,喇叭里有响声的为好的,没有响声或无阻值的为坏的。喇叭阻值小,一般为几欧姆,可以忽略。如果点式测量喇叭里有响声,但不是一次声音的为不合格。

(3) 将表置于“R ×1 Ω”挡并调零,根据喇叭标称阻抗看测得的结果,直流电阻约小于交流阻抗,同时会听到“嗒”声就是好的。

4. 门铃电路的组成及工作原理

(1) 门铃电路

门铃电路如图 1.4-2 所示。

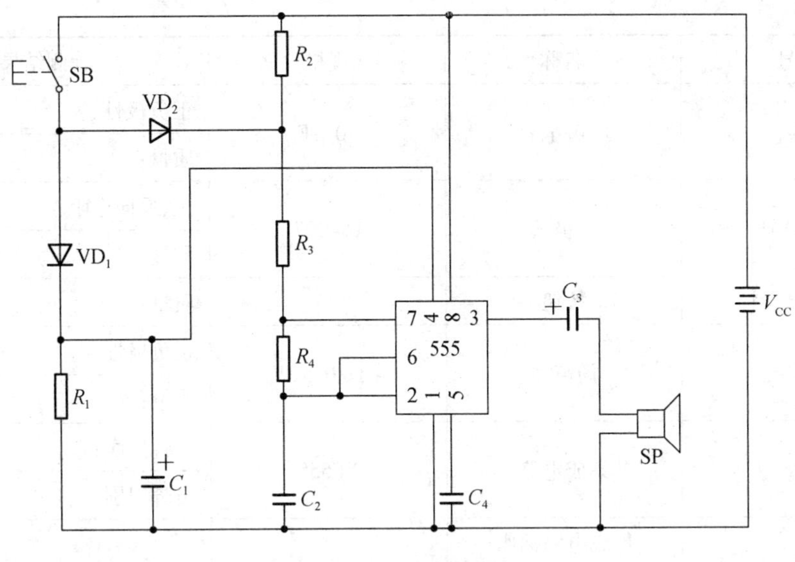

图 1.4-2 门铃电路图

(2) 门铃工作原理

如图 1.4-2 所示,当按下按钮 SB,电源经 VD_1 对电容 C_1 充电,当 555 集成电路 4 脚(复位端)电压大于 1 V 时,电路振荡,扬声器中发出"叮"声。松开按钮 SB,电容 C_1 存储的电能经 R_1 电阻放电,但 555 集成电路 4 脚继续持高电平而保持振荡,这时因 R_2 电阻也接入了振荡电路,振荡频率变低,使扬声器发出"咚"声。当 C_1 电容上的电能释放一定时间后,555 集成电路 4 脚电压低于 1 V,此时电路将停止振荡。再次按开关 SB,电路将重复上述过程。

任务实施

根据图 1.4-2 和表 1.4-1,逐一检测各元器件,同时将检测结果填入表 1.4-1 中。

表 1.4-1 元件参数及检测结果记录表

代号	名称	规格	检测结果
R_1	色环电阻	3.9 k	实测值:
R_2,R_3		3 k	实测值:
R_4		4.7 k	实测值:
C_1	电解电容	47 μF/16 V	正负极性:
			质量:
C_2	瓷片电容	0.1 μF	标称容量的识读:
			质量:
C_4		0.01 μF	标称容量的识读:
			质量:

续表

代号	名称	规格	检测结果
C_3	电解电容	10 μF	正负极性:
			质量:
VD_1,VD_2	二极管	IN4007	正、反向电阻:
			质量:
SB	按钮		质量:
SP	扬声器	8 Ω/0.5 W	正负极性:
			质量:
IC	集成电路	NE555	引脚排序:
			引脚识别:
	集成电路插座		
V_{CC}		6 V	

任务二　电路的制作与调试

◎ 知识要点

1. 门铃电路的组成。
2. 门铃电路的工作原理。

◎ 技能要点

正确认识门铃电路各元件间的连接。

任务描述

本任务是正确地认识门铃电路各元件之间的连接关系,并根据门铃电路图在万能板上连接电路。

任务实施

1. 电路的制作

(1) 按电路原理图 1.4-2 在单孔电路板图中绘制电路元器件排列的布局草图。

(2) 按工艺要求对元器件的引脚进行成形加工。

(3) 按布局图在电路板上依次进行元器件的排列、插装。

(4) 按焊接工艺要求对元器件进行焊接,直到所有元器件连接完为止。

(5) 焊接电源输入线或输入端子。

提示

安装与焊接按电子工艺要求进行，但在插装与焊接过程中，应注意电解电容、二极管及扬声器的正负极性，同时会正确识别 NE555 集成电路的 8 个引脚的排列。

2. 电路调试

装接完毕，检查无误后接通电源，若电路工作正常，按下和松开轻触按钮，扬声器会发出悦耳的“叮咚”声。若电路工作不正常，可能出现的故障如下：

(1) 按下和松开按钮时，扬声器不发声

① 检查按钮是否损坏；

② 检查 NE555 引脚是否接错；

③ 检查扬声器是否损坏；

④ 检查电路是否有虚焊或脱焊等。

(2) 按下和松开按钮时，扬声器一直发“叮”或“咚”声

① 检查按钮是否失灵；

② 检查 NE555 管的 4 脚是否接错。

3. 电路测试

测试 1：用万用表测量按下和松开按钮时，电容 C_1 两端电压的变化情况。

测试 2：用万用表测量按下和松开按钮时，NE555 的 2 脚或 6 脚及 3 脚的电位变化情况。

将测试结果填入表 1.4-2 中。

表 1.4-2 测试结果记录表

测试项目		电压值或电压变化情况				
NE555 引脚		4 脚或 U_{C_1}	2 或 6 脚	3 脚	1 脚	8 脚
扬声器鸣叫时	按下按钮 SB					
	松开按钮 SB					
扬声器不鸣叫时						

项目小结

本项目主要介绍了门铃的组成及工作原理。通过学习，能正确理解门铃电路的工作原理，独立完成门铃的安装、调试，掌握门铃电路的故障检修方法。

项目五 数字钟的安装与调试

数字钟是一种用数字电路技术实现时、分、秒计时的钟表。与机械钟相比,数字钟具有更高的准确性和直观性,具有更长的使用寿命,在工业、农业和日常生活中已得到广泛使用。数字钟的设计方法有许多种,例如,用中小规模集成电路组成电子钟,用专用的电子钟芯片配以显示电路及其所需要的外围电路组成电子钟,用单片机来实现电子钟,等等。

任务一　数字钟的工作原理

◎ 知识要点

1. 数字钟电路的工作原理。
2. 数字钟电路的电路结构。

◎ 技能要点

熟悉数字钟电路的工作流程。

任务描述

数字钟是一种用数字电路技术实现时、分、秒计时的钟表,遍布在我们的日常生活中。本任务是了解数字钟电路的结构及工作原理。

相关知识

1. 数字钟的电路组成

数字钟的电路虽多种多样,但主要由振荡器、分频器、计数器、译码显示驱动电路组成。数字钟框图如图 1.5-1 所示。

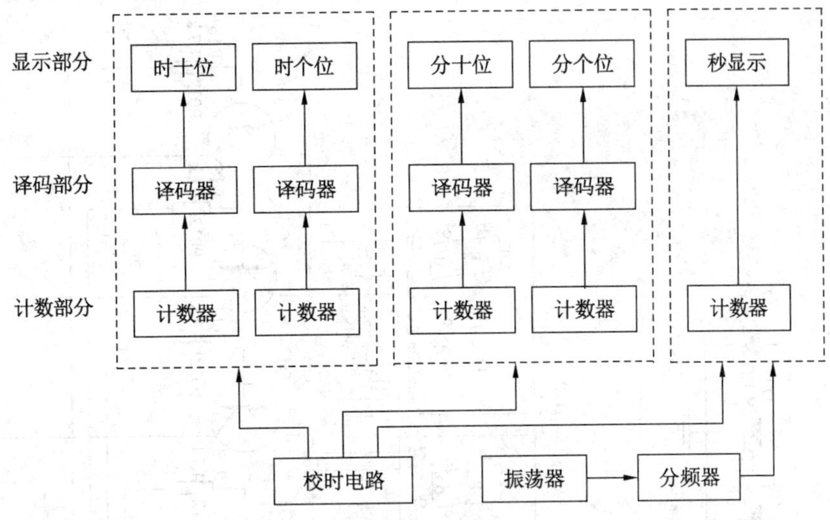

图 1.5-1 数字钟框图

2. 数字钟的工作原理

数字钟的原理框图如图 1.5-2 所示。

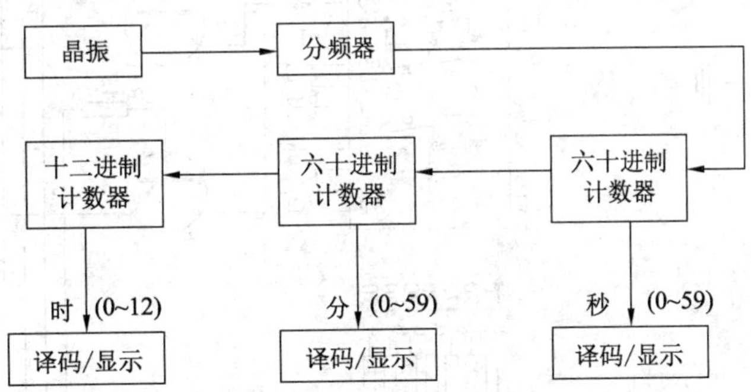

图 1.5-2 数字钟的原理框图

石英晶体振荡器产生频率精准的正弦波信号，经过脉冲整形、分频，最后获得频率为 1 Hz 的脉冲信号，被送到秒显示电路中。秒显示器是一个六十进制的加法计数器，以六十进制计数，并显示 0 ~ 59 秒 60 个数码（实验数字钟中秒没有用数字显示，而是用两个发光二极管闪烁表示）。当数码显示 59 后，再送入一个脉冲信号，秒计数复位，同时向分送入一个进位脉冲，分电路的工作过程与秒相似，计数满 60 就自动复位为 0，并向时电路送入一个进位脉冲。时电路是十二进制计数器加上译码显示器，当它计满 12 时，自动复位到 0。

数字钟的电路如图 1.5-3 所示。

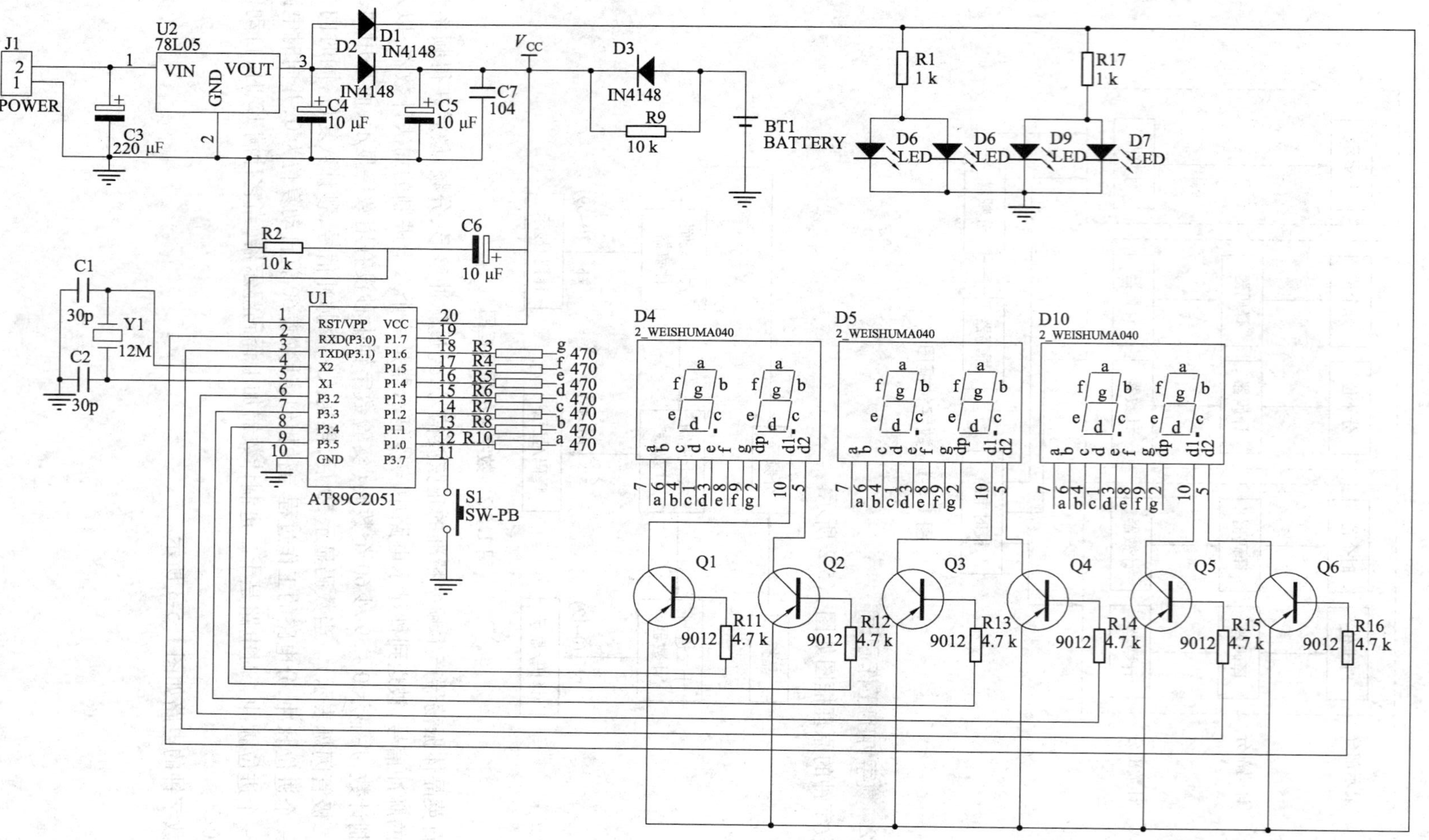

图 1.5-3 数字钟的电路图

任务二 数字钟电路的安装

◎ 知识要点

电路元器件安装顺序。

◎ 技能要点

熟悉元器件的安装工艺要求。

任务描述

电路的正确安装是后续电路调试的基础，在数字钟安装过程中，应严格按照电路的安装工艺要求进行安装。本任务是完成数字钟电路的安装。

相关知识

1. 清点材料

根据表1.5-1清点数字钟电路中的各元器件。

表1.5-1 数字钟电路中的元器件明细表

标号	名称	规格	数量	标号	名称	规格	数量
R1,R17	电阻	1k	2	U2	三端稳压器	78L05	1
D1,D2,D3	二极管	IN4148	3	D6 ~ D9	发光二极管	3 mm	4
D4,D5,D10	数码管	2位7段共阳极	3	BT1	纽扣电池	3 V	1
C4 ~ C6	电解电容	10 μF	3	J1	接线端子	2P	1
C3	电解电容	220 μF	1	S1	轻触开关	6×6	1
R11 ~ R16	电阻	4.7 k	6	C7	瓷片电容	104	1
R3 ~ R8,R10	电阻	470	7	C1,C2	瓷片电容	30p	2
U1	单片机	AT89C2051	1	Y1	晶振	12M	1
Q1 ~ Q6	三极管	9012	6		PCB 板		1

2. 数字钟电路的安装

使用表1.5-1中提供的元器件，根据图1.5-2安装数字钟电路。

任务三 数字钟的故障检修

◎ 知识要点

数字钟的工作原理。

◎ 技能要点

数字钟的故障检修。

任务描述

数字钟电路调试时,难免会遇到故障,故障的检查与排除是一项重要技能。本任务介绍几种典型故障,以培养读者的检修思路,从而对故障进行排除。

相关知识

典型故障及故障电路见表 1.5-2。

表 1.5-2 故障现象及故障电路分析

序号	故障现象	故障电路
1	数码管显示异常	显示电路、驱动电路
2	秒位计时有误	振荡电路、计时电路
3	校时功能失效	振荡电路、校时电路
4	秒位向分位无进位	校时电路、进位电路

项 目 小 结

通过本项目的学习,应能正确理解数字钟电路的工作原理,独立完成数字钟的安装、调试,掌握数字钟故障检修方法。

项目六 收音机的组装与调试

收音机是最常用的家用电器之一。通过这个项目的学习，读者应该在了解收音机的基本工作原理的基础上学会其安装、调试和使用，并能排除一些常见故障。

任务一 收音机的组装与焊接

◎ 知识要点

1. 收音机的工作原理。
2. 收音机电路的组成。

◎ 技能要点

正确安装收音机。

任务描述

对收音机进行组装与焊接前，首先需要了解收音机的工作原理，认识并会检测各个元器件。

相关知识

1. 工作原理

收音机的工作原理，如图 1.6-1 所示。

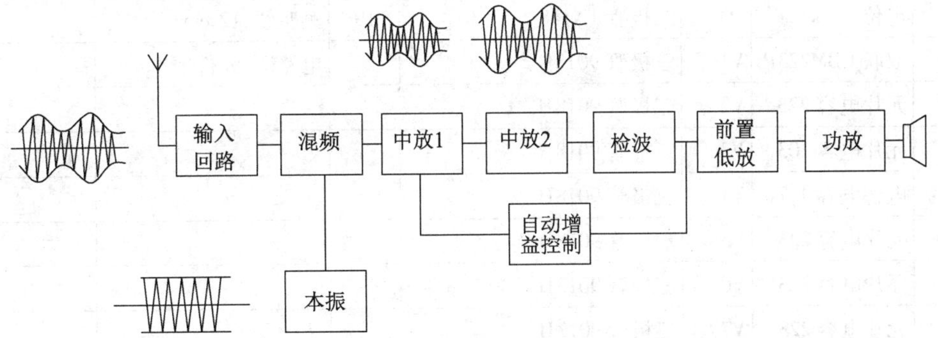

图 1.6-1 收音机工作原理

2. 收音机的安装步骤

(1) 清点材料

根据表 1.6-1 清点各元器件和结构件。

表 1.6-1 元器件和结构件清单

元件位号目录				结构件清单		
位号	名称规格	位号	名称规格	序号	名称规格	数量
R1	电阻 100k	C10	电解电容 4.7μ	1	前框	1
R2	2k4	C11	电解电容 4.7μ	2	后盖	1
R3	100	C12	元片电容 333	3	网罩	1
R4	20k	C13	元片电容 333	4	周率板	1
R5	20k	C14	元片电容 223	5	调谐盘	1
R6	150	C15	电解电容 100μ	6	音量盘	1
R7	1k	C16	电解电容 100μ	7	指针	1
R8	62k	C17	电解电容 100μ	8	磁棒支架	1
R9	51	B1	磁棒 B5 × 13 × 80	9	扬声器压板	1
R10	680		天线线圈	10	正极片	1
R11	390k	B2	振荡线圈(红)	11	负极簧	2
R12	470	B3	中周(黄)	12	印刷电路板	1
R13	2k	B4	中周(白)	13	拎带	1
R14	100k	B5	中周(黑)	14	双联, 调谐盘螺钉, M2.5 × 5	3
R15	1k	B6	输入变压器(绿)	15	喇叭,机芯自攻螺钉, M3 × 6	2
R16	220	B7	输出变压器(红)	16	音量盘螺钉,M1.7 × 4	1
R17	220	D1	二极管 1N148	17	正极线(红),12 cm	1
R18	2.2	D2	二极管 1N148	18	负极线(黑),17 cm	1
RP1	电位器 5k	D3	二极管 1N148	19	喇叭线,12 cm	2
C1	双联 CBM223P	V1	三极管 9018G	20	电路图,元件清单	1
C2	元片电容 223	V2	三极管 9018H			
C3	元片电容 103	V3	三极管 9018H			
C4	电解电容 4.7μ	V4	三极管 9018H			
C5	元片电容 223	V5	三极管 9018H			
C6	元片电容 223	V6	三极管 9013H			
C7	元片电容 223	V7	三极管 9013H			
C8	元片电容 223	V8	三极管 9013H			
C9	元片电容 223	Y	ϕ66 mm,8 Ω 扬声器			

(2) 区分二极管、电容的正、负极

(3) 焊接前的准备工作

① 元件读数测量。

② 去氧化层:左手捏住电阻或其他元件的本体,右手用锯条轻刮元件脚的表面,左手慢慢地转动,直到表面氧化层全部去除。

③ 元件弯制。

④ 元件插放。

⑤ 元件焊接。

(4) 元器件的焊接与安装

① 元件的焊接:焊接前,电阻要看清阻值大小,并用万用表校核;电容、二极管要看清极性。一旦焊错要小心地用烙铁加热后取下重焊。拨下的动作要轻,如果安装孔堵塞,要边加热边用针通开。电阻的读数方向要一致,色环不清楚时要用万用表测定阻值后再装。

② 前框准备:撕去周率板正面的保护膜和背面的双面胶;将喇叭安装在前框;将拎带套在前框;将调谐盘安装在双联轴上,用 M2.5×5 的螺钉固定;将导线焊在喇叭与电路板上;连接测试点;安装机芯。

(5) 调整中频频率

打开收音机,随便找一个低端电台,先调黑中周 B5 至声音响亮为止;然后调白中周 B4;最后调黄中周 B3。当本地电台已调到很响时,改收弱的外地电台,用同样的方法调整,直至调到声音最响为止。按上述方法以从后向前的次序,反复细调两三遍。

(6) 统调

① 低端统调:收一个最低端电台,调整线圈在磁棒上的位置,使声音最响。

② 高端统调:收一个最高端电台,调节双联上的微调电容,使声音最响。

任务实施

1. 元器件的测试

根据表 1.6-2 中的内容完成各元器件的测试。

表 1.6-2 元器件的测试

类别	测量内容	万用表量程
电阻 R	电阻值	×10,×100,×1k
电容 C	电容绝缘电阻	×10k
三极管 h_{FE}	晶体管放大倍数 9018H(97~146),9014C(200~600),9013H(144~202)	h_{FE}
三极管	正、反向电阻	×1k

续表

类别	测量内容	万用表量程
中周	红 4 Ω 0.3 Ω 0.4 Ω；白 1.8 Ω 3.8 Ω 0.4 Ω；黄 2 Ω 4 Ω 0.3 Ω；黑 2 Ω 4.5 Ω 1 Ω 初次级为无穷大	×1
输入变压器（蓝色）	90 Ω 90 Ω 220 Ω	×1
输入变压器（红色）	90 Ω 90 Ω 0.4 Ω 1 Ω 0.4 Ω 自耦变压器 无初次级	×1

2. 安装、调试收音机

使用表 1.6-1 中提供的元器件和结构件,完成收音机的安装并调试。

任务二　收音机的故障排除

◎ **知识要点**

收音机的工作原理。

◎ **技能要点**

收音机调试、故障检修。

任务描述

在收音机的组装、调试中,会遇到各种各样的故障,因此需要掌握常见故障的排除方法,本任务就主要介绍这些常见故障及其排除方法。

相关知识

1. 变频部分

判断变频级是否起振,用 MF47 型万用表直流 2.5 V 挡接 V1 发射级,负表笔接地,然后用手摸双联振荡联(即连接 B2 端),万用表指针若向左摆动,说明电路工作正常,否则说明电路中有故障。变频级工作电流不宜太大,否则噪声大。红色振荡线圈外壳两脚均应焊牢,以防调谐盘卡盘。

2. 中频部分

中频变压器序号位置搞错,其结果是灵敏度和选择性降低,有时有自激。

3. 低频部分

输入、输出位置搞错，虽然工作电流正常，但音量很低；V6，V7 集电极(c)和发射级(e)搞错，工作电流调不上，音量极低。

若收音机装接完毕，整机无声，则用万用表“R ×1 Ω”挡黑表笔接地，红表笔从后级往前级寻找，对照原理图，从喇叭开始，顺着信号传播方向逐级往前碰触，喇叭应发出“喀喀”声。当碰触到某级无声时，则故障就在该级，可测量工作点是否正常，并检查有无接错、焊错、塔焊、虚焊等。若在整机上无法查出该元件的好坏，则可拆下检查。

任务实施

1. 检测前提

安装正确，元器件无差处、无缺焊、无错焊及塔焊。

2. 检查要领

一般由后级向前检测，先检查低功放级，再检查中放和变频级。

3. 检修方法

① 整机静态总电流测量：静态总电流应小于 25 mA。无信号时，若静态总电流大于 25 mA，则该机出现短路或局部短路；若无电流，则电源没接上。

② 工作电压测量：总电压 3 V。

③ 变频级无工作电流。

④ 一中放无工作电流。

⑤ 一中放工作电流大：1.5 ~2 mA（标准为 0.4 ~0.8 mA）。

⑥ 二中放无工作电流。

⑦ 二中放工作电流太大：大于 2 mA，R6(62 k)接错，阻值远小于 62 k。

⑧ 低放级无工作电流：输入变压器初级开路；电阻 R10(51 k)未焊好；V5 三极管坏或管脚接错。

⑨ 低放级电流太大：大于 6 mA，R10(51 k)装错，阻值太小。

⑩ 功放级无电流(V6，V7 管)：输入变压器次级不通；输出变压器不通；V6，V7 三极管坏，或管脚未焊好；R11(1 k)电阻未接好。

⑪ 功放级电流太大：大于 20 mA，R11(1 k)电阻装错了，用了很小的电阻(远小于 1 k)。

⑫ 整机无声：用 MF47 型万用表检查故障。

项 目 小 结

能正确理解收音机电路的工作原理，独立完成收音机的安装、调试，掌握收音机故障检修方法。

项目七 SMT 焊接

表面贴装技术(Surface Mount Technology,SMT)是利用锡膏印刷机、贴片机、回流焊等专业自动组装设备将表面组装元件(电阻、电容、电感等)直接贴、焊到电路板表面的一种电子接装技术,是目前电子组装行业里最流行的一种技术和工艺,是现代电子制造的核心技术。我们使用的计算机、手机、打印机、MP4、数码影像、功能强的高科技控制系统等都是采用 SMT 设备生产出来的。

任务一 表面安装元件的识别与焊接

◎ 知识要点

1. 表面组装材料。
2. 表面组装工艺流程。

◎ 技能要点

通过 SMT 主要设备操作,理解 SMT 的工艺流程。

任务描述

电子产品采用表面安装技术后,与传统的通孔插装技术相比,具有高密度、高可靠性、高效率、低成本等优点。本任务是通过学习和实践,掌握焊接工具的使用方法;熟悉电子元器件的安装方法及安装形式。

相关知识

1. 表面安装元器件

1) 表面安装的电阻

表面安装电阻通常比穿孔安装电阻体积小,有矩形(CHIP)、圆柱形(MELF)和电阻网络(SOP)3 种封装形式。与通孔元件相比,表面安装电阻具有微型化、无引脚、尺寸标准化、特别适合在 PCB 板上安装等特点。

(1) 矩形片式封装(CHIP)电阻

① 结构与封装

常用的矩形片式封装电阻有 1206,1005,0603,0402,0201。矩形片式电阻的外形是长方形,两端有焊接端,如图 1.7-1 所示。通常下面为白色,上面为黑色。片式电阻有三层端焊头，最内层为银钯合金 Ag－Pd(0.5 mil)，与陶瓷基板有良好的结合力；中间为镍层(0.5 mil)，其作用是防止焊接期间银层的浸析；最外层为端焊头，一般为锡钯(Sn－Pb)合金层或银钯(Ag－Pd)合金层。

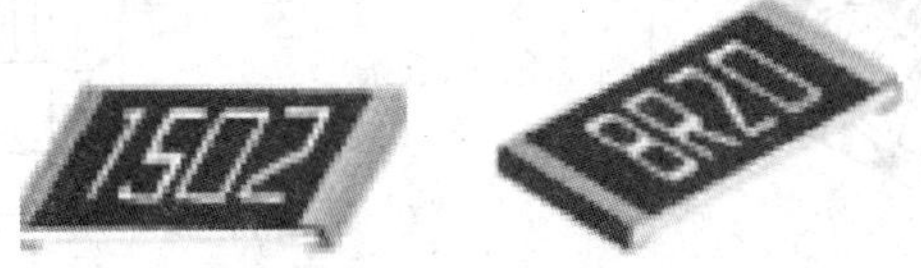

图 1.7-1 矩形片式电阻

CHIP 元件是以外形的长宽尺寸命名的，以 10 mil 为单位。1 mil = 10^{-3} in，1 in = 25.4 mm，10 mil = 0.254 mm。

例如，1206 表示"长 × 宽 = 0.12 in × 0.06 in = 3.2 mm × 1.60 mm"；0603 表示"长 × 宽 = 0.06 in × 0.03 in = 1.6 mm × 0.08 mm"。

片式电阻的包装一般有散装(bulk)和编带(tape and reel)包装两种方式。散装是最简单的一种包装方式，采用塑料盒包装，每盒 1 万片；编带包装又分为纸编带和塑料编带两种，通常每盘 5000 只，是最常见的包装形式，特别适合贴片机装载。

② 标记的识别

a. 元件上的标注。当片式电阻阻值精度为 5% 时，采用 3 个数字表示。跨接线记为 000，阻值小于 10 Ω，在两个数字之间补加"R"表示；阻值在 10 Ω 以上的，则最后一位数字表示增加的零的个数。例如，4.7 Ω 记为 4R7；0 Ω(跨接线)记为 000；1 MΩ 记为 105。

当片式电阻阻值精度为 1% 时，则采用 4 个数字表示，前面 3 个数字为有效数字，第四位表示增加的零的个数。阻值小于 10 Ω 的，仍在第二位补加"R"；阻值为 100 Ω，则在第四位补"0"。例如，4.7 Ω 记为 4R70；100 Ω 记为 1000；1 MΩ 记为 1004；10 Ω 记为 10R0。

b. 料盘上的标注。以华达电子片状电阻标识为例进行说明。

例如，RC05K103JT 的含义如下：

RC 为产品代号，表示片状电阻；

05 表示型号(02:0402，03:0603，05:0805，06:1206)；

K 表示电阻温度系数(F：±25；G：±50；H：±100；K：±250；M：±500)；

103 表示阻值；

J 表示电阻值误差(F：±1%；G：±25%；J：±5%；0:跨接电阻)；

T 表示包装(T:编带包装；B:塑料盒散包装)。

(2) 圆柱形(MELF)封装电阻

① 结构与封装

MELF 电阻是在高铝陶瓷基体上覆盖金属膜或碳膜，两端压上金属帽电极而成的，如图 1.7-2 所示。其包装方式有散装和编带包装两种，与 CHIP 电阻基本类似。

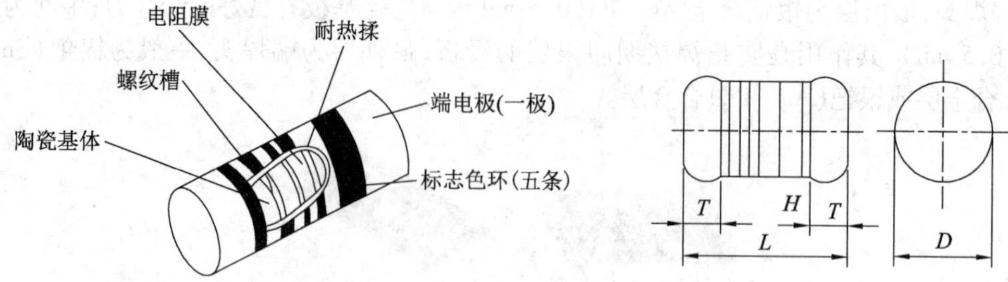

图 1.7-2 MELF 电阻

② 标记的识别

MELF 的阻值以色环标志法来表示,如图 1.7-3 所示。

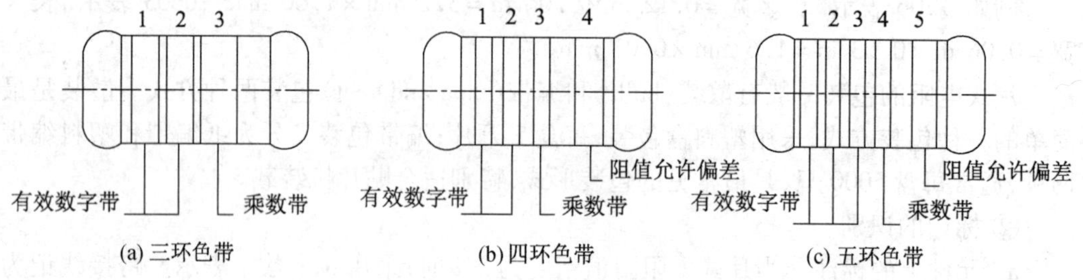

图 1.7-3 MELF 的阻值色环标志法

标称阻值系列可参照 GB/T 2691—1994《电阻和电容的标志代码》。

ERD 型碳膜电阻,阻值允许偏差为 J(±5%),采用 E24 系列,用三条色环标志:第一、二条表示有效数字,第三条表示前两位有效数字乘以 10 的指数。

ERO 型金属膜电阻,阻值允许偏差为 G(±2%)的采用 E96 系列,阻值允许偏差为 F(±1%)的采用 E192 系列,用五条色环标志;第一、二、三条表示有效数字,第四条表示前三位有效数字乘以 10 的指数,第五条表示阻值允许偏差。

色带的第一条靠近电阻的一端,最后一条比其他各条宽 1.5 ~2 倍。色标法中各色所代表的含义见表 1.7-1。

表 1.7-1 色码对应的数值

颜色	银	金	黑	棕	红	橙	黄	绿	蓝	紫	灰	白	无色
有效数字			0	1	2	3	4	5	6	7	8	9	
乘数	10^{-2}	10^{-1}	10^0	10^1	10^2	10^3	10^4	10^5	10^6	10^7	10^8	10^9	
允许偏差/%	±10	±5		±1	±2			±0.5	±0.25	±0.1			±20

2)表面安装的电容

(1) CHIP 电容

① 结构与封装

片式电容通体一色,为土黄色,两端是金属可焊端。一般的片式电容大多数是多层迭层结构，又称为 MLC(Multilayer Ceramic Capacity)。其外形尺寸有 0805，1206，1210，1812 等几种，其中 1206 最常用。

图 1.7-4 CHIP 电容

② 参数识别

一般片式电容器的容量和误差标记在外包装上，容量以三位数字表示，前两位代表有效数字，第三位代表 0 的个数，单位是 pF。误差的表示同电阻。例如，101J 表示 10×10^1 pF ±5%。

(2) 钽电容

① 结构与封装

钽电解电容简称钽电容。钽电容单位体积容量大，在容量超过 0.33 μF 时采用。由于其电解质响应速度快，因此在需要高速工作的大规模集成电路中应用较多。

钽电容是一种有极性的电解电容，有斜坡的一端是正极，在使用时不能接反。

② 参数识别

电容值一般直接标注在电容的表面，通常采用代码标记。

例如，钽电容 336/16 V 表示容量为 33 μF(33×10^6 pF)，耐压为 16 V。

3) 表面安装的电感

① 结构与封装

形状类似 SMD 钽电容，无极性之分，无电压标定。

② 参数识别

电感值以数码的形式印在元件上或标签上。

a. 部分 nH(纳亨)级的电感一般直接注明，用 N 或 R 表示小数点。例如，10N 和 47N 分别表示 10 nH 和 47 nH；4N7 或 4R7 均表示 4.7 nH。

b. 以三位数字和一位字母标记。前两位数字代表电感量的有效数字，第三位数字代表 0 的个数，单位是 nH，不足 10 nH 的用 N 或 R 表示小数点，第四位字母代表误差。

4) 表面安装的二极管

表面安装的二极管有 MELF(金属端接头无引线)封装和 SOT(小外形晶体管)封装两种，如图 1.7-5 所示。MELF 金属端接头封装色环端是元件的负极；SOT 封装有 SOT23 和 SOT89 这两种外形，23 和 89 代表元件的尺寸。这种外形的二极管很容易与三极管混淆，必须查阅元件标签。

图 1.7-5 表面安装的二极管

2. 贴片元件的焊接

(1) 所需的工具和材料

① 铜头小烙铁:焊接工具需要有 25 W 的铜头小烙铁,有条件的可使用温度可调和带 ESD 保护的焊台,注意烙铁尖要细,顶部的宽度不能大于 1 mm。

② 尖头镊子:一把尖头镊子可以用来移动和固定芯片及检查电路。

③ 细焊丝和助焊剂、异丙基酒精等:使用助焊剂的目的主要是增加焊锡的流动性,这样焊锡可以用烙铁牵引,并依靠表面张力的作用光滑地包裹在引脚和焊盘上。在焊接后用酒精清除板上的焊剂。

(2) 焊接方法

① 准备施焊:左手拿焊丝,右手拿烙铁,进入备焊状态。要求烙铁头保持干净,无焊渣等氧化物,并在表面镀上一层焊锡。

② 加热焊件,时间 1 ~2 s。

③ 送入焊丝,焊丝从正对面接触焊件,不要把焊丝送到烙铁上。

④ 移开焊丝,左上 45°方向移开。

⑤ 移开烙铁,右上 45°方向移开。从第 3 步开始到第 5 步结束,时间大约是 1 ~2 s。松香一般在 210 ℃开始分解。

焊接效果如图 1.7-6 所示。

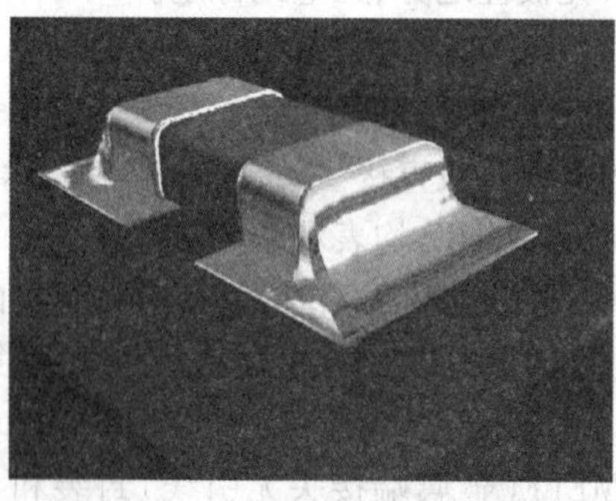

图 1.7-6 焊接效果图

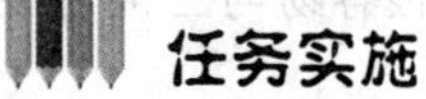

任务实施

焊接练习板:

1. 器材

恒温电烙铁、镊子、尖嘴钳、螺丝刀、刮线刀、吸锡器、捅针、印制电路板、万用表、焊锡、铜丝或导线、贴片元件等。

2. 内容

(1) 按照贴片焊接的要求及焊接工艺将贴片电阻、电容、二极管、三极管、集成片焊接在印制板上。

(2) 反复练习,直至熟练及达到要求的焊接质量为止。

3. 考核

考核标准见表1.7-2。

表1.7-2 考核标准

考核项目	要求	评分标准	配分(分)	扣分	得分
操作规范、文明安全	严格遵守电业安全操作规程;工作台工具、器件摆放整齐	违反安全操作规程,扣1~7分;工具、器件不整齐,扣1~3分	20		
准备工作	15 min内完成所有元器件的清点、检测及调换	规定时间以外更换元器件,扣5分/个	20		
焊接质量	正确使用工具进行焊接,焊点均匀、可靠,无连焊、漏焊、虚焊,印制板表面干净	1. 印制板、元器件干净,完好无损,得50分 2. 焊点不好,但无连焊、漏焊、虚焊等,得30分 3. 有连焊、漏焊、虚焊等不良焊点,在30分基准下每处扣2分	50		
时间	90 min	提前正确完成,每5 min加2分;超过定额时间,每5 min扣2分	10		

任务二 贴片收音机的组装与焊接

◎ 知识要点

1. 表面组装材料。
2. 表面组装工艺流程。

◎ 技能要点

通过SMT主要设备操作,理解SMT的工艺流程。

任务描述

现在越来越多的电路板采用表面贴装元件,同传统的封装相比,它可以减少电路板的面积,易于大批量加工,布线密度高。贴片电阻和电容的引线电感大大减少,在高频电路中具有很大的优越性。表面贴装元件的缺点是不便于手工焊接。本任务是通过贴片收音机的组装与焊接,进一步理解表面组装工艺的流程,熟悉 SMT 主要设备操作。

相关知识

表面安装的集成电路的封装形式有 SOIC,PLCC,QFP,LCCC,BGA,CSP 等。

1. 小外形封装集成路(SOP)

小外形封装集成电路 SOP(图 1.7-7),也称 SOIC,由双列直插式封装 DIP 演变而来。这类封装由两种不同的端子形成:一种具有翼形端子,另一种具有 J 形端子,封装又称为 SOJ。SOP 封装常见于线性电路、逻辑电路、随机存储器,其性能和外形尺寸参见相关器件手册。

图 1.7-7 SOP

2. 有端子塑封芯片载体(PLCC)

PLCC(图 1.7-8)也是由 DIP 演变而来的,当端子超过 40 只时便采用此类封装,也采用 J 形结构。这类封装常见于逻辑电路、微处理器阵列、标准单元,其性能和外形尺寸参见相关器件手册。每种 PLCC 表面都标有试探性定位点,以供贴片时判定方向。

图 1.7-8 PLCC

3. 方型扁平封装(QFP)

QFP(图 1.7-9)是一种塑封多端子器件,四边有翼形端子。QFP 的外形有方形和矩形两种,日本电子工业协会用 EIAJ - IC - 74 - 4 对 QFP 封装体外形尺寸进行了规定,使用 5 mm 和 7 mm 的整倍数,到 40 mm 为止。QFP 的端子是用合金制成的,随着端子数增多,端子厚度、宽度减小,J 形端子封装就很困难,QFP 所用器件仍采用翼形端子,端子中心距有 1.0,0.8,0.65,0.5,0.3 mm 等多种。

图 1.7-9 QFP

4. BGA(Ball Grid Array)

20 世纪 80 年代中后期至 90 年代，以 QFP 为代表的周边端子型 IC 有了很大发展，得到广泛应用，但由于组装工艺的限制，QFP 的尺寸(40 mm^2)、端子数目(360 根)和端子间距(0.3 mm)已达到了极限。为了适应 I/O 数的快速增长，由美国 Motorola 和日本 Citigen Watch 公司共同开发了新的封装形式——门阵列式球形封装(Ball Grid Array，简称 BGA)，于 90 年代初投入实际使用。

5. CSP(Chip Scale Package)

CSP 是 BGA 进一步微型化的产物，问世于 20 世纪 90 年代中期，它的含义是封装尺寸与裸芯片(Bare Chip)相同或封装尺寸比裸芯片稍大(通常封装尺寸与裸芯片之比为 1.2∶1)，CSP 外部端子间距大于 0.5 mm，并能适应再流焊组装。

任务实施

1. 器材

(1) 电烙铁：由于焊接的元件多，所以使用的是外热式电烙铁，功率为 30 W，烙铁头是铜制。

(2) 螺丝刀、镊子等必备工具。

(3) 锡丝：由于锡丝的熔点低，焊接时，焊锡能迅速散布在金属表面，焊接牢固，焊点光亮美观。

(4) 两节 5 号电池。

(5) 收音机(调频、调幅收音机实验套件及贴片调频收音机实验套件)。

2. 焊接与安装

(1) 按元件清单清点所有元件，并检测，如有不合格应更换。

(2) 对照原理图元件清单安装元件，参照电路板元件符号确定元件的安装方向、高度。电解电容应紧贴线路板按丝印方向安装。尽量把元件上的字符置于易观察的位置，以利于检查。

(3) 焊接元件要快，时间要短，用锡量要适当，烙铁用 30 W 的较合适，小心焊接，防止虚焊、错焊，避免拖锡而造成短路。

(4) 焊接完成后,剪去过长的引脚,检查所有焊点。磁性天线线圈参照图焊接。将扬声器放入面壳喇叭座内,然后用黄胶水或热熔胶来固定,喇叭的正负极焊上线,对应焊到线路板上。

3. 注意事项

(1) 安装双联时,注意元件的两个扁脚的宽度大小,对应线路板的方孔大小安装,切勿装反。

(2) 耳机插座和 DC 插座焊接时间不能过长,以免插座变形导致故障,空心线圈套入海绵加蜡固定。

(3) 集成电路不要装反,要对丝印安装,安装功放集成电路要特别注意。

4. 考核

考核标准见表 1.7-3。

表 1.7-3 考核标准

考核项目	内容	考核要求	扣分标准	配分(分)	扣分	得分
实训态度	实训的积极性;安全操作规程的遵守情况	积极参加实训,遵守安全操作规程和劳动纪律,有良好的职业道德和敬业精神	违反安全操作规程扣10分;不遵守实训纪律扣3分	30		
电路的检测	检测出电路的故障	找出电路中所设的全部故障(6个故障)	少找出一个故障扣5分	30		
电路的排故	对检测出的故障进行排除	排除故障,使电路恢复正常	错一处扣5分	40		

项 目 小 结

在本项目中主要介绍了一些常用的 SMT 元器件的识别,包括电阻、电容、二极管等的基础知识及 SMT 操作的工艺流程。

模块二

电工

项目一 安全用电及文明生产

任务一 安全用电常识

◎ 知识要点

掌握安全用电基本常识。

◎ 技能要点

能在日常生活和工作中使用安全用电基本常识。

任务描述

在科技发展日新月异的今天,电能已成为人们日常生活和生产工作中必不可少的能源,但是,在生产和生活中,如果对其使用不当、管理不善,会造成生命危险和财产损失,因此安全用电非常重要。

相关知识

1. 电流对人体的危害

电流对人体危害的严重程度与通过人体电流的大小、频率、持续时间、通过人体的路径及人体电阻的大小等多种因素有关。

(1) 电流大小对人体的影响

通过人体的电流越大,人体的生理反应就越明显,感应就越强烈,引起心室颤动所需的时间就越短,致命的危害就越大。

(2) 电流频率对人体的影响

一般认为 40 ~ 60 Hz 的交流电对人最危险,随着频率的增加,危险性将降低,当电源频率大于 20 000 Hz 时,所产生的损害明显减小。

(3) 通电时间对人体的影响

通电时间越长,人体电阻因出汗等原因降低,导致通过人体的电流增加,触电的危险性亦随之增加。

(4) 电流路径对人体的影响

电流通过头部可使人昏迷;通过脊髓可能导致瘫痪;通过心脏会造成心跳停止,血液循环中断;通过呼吸系统会造成窒息。因此,从左手到胸部是最危险的电流路径;从手到手、从手到脚也是很危险的电流路径;从脚到脚是危险性较小的电流路径。

2. 人体电阻及安全电压

(1) 人体电阻

人体电阻包括内部组织电阻(称为体电阻)和皮肤电阻两部分。内部组织电阻是固定不变的,与接触电压和外部条件无关,一般为500 Ω左右。

(2) 电压的影响

当人体接触电压后,随着电压的升高,人体电阻会有所下降。若接触了高电压,则因皮肤受损破裂而会使人体电阻下降,通过人体的电流也就会随之增加。在高压情况下,即使不接触高电压,接近时也会产生感应电流,因而也是很危险的。

(3) 安全电压

① 允许电流:男性9 mA,女性6 mA。

② 人体电阻:1 000 ~2 000 Ω。

③ 安全电压值:36 V以下。

任务实施

1. 电工安全操作规程和要求

① 电气操作人员思想应高度集中,电气线路在未经测电笔确定无电前,一律视为"有电",不可用手触摸,不可绝对相信绝缘体,应认为是有电操作。

② 工作前应详细检查自己所用工具是否安全可靠,穿戴好必需的防护用品,以防工作时发生意外。

③ 维修线路要采取必要的措施,在开关把手上或线路上悬挂"有人工作、禁止合闸"的警告牌,以防他人中途送电。

④ 工作中所有拆除的电线要处理好,带电线头包好,以防止触电。

⑤ 送电前必须认真检查,看是否合乎要求,并和有关人员联系好,方能送电。

⑥ 工作结束后,工作人员必须全部撤离工作地段,拆除警告牌,所有材料、工具、仪表等随之撤离,原有防护装置随时安装好。

2. 安全用电原则

① 不接触高于36 V的带电体。

② 不靠近高压带电体。

③ 不弄湿用电器。

④ 不损坏电器设备中的绝缘体。

任务二 触电与急救的基本知识

◎ 知识要点

1. 了解触电的种类和方式,并能分析触电的常见原因。
2. 掌握触电的救护知识。

◎ 技能要点

遇到各类触电事故能正确处理。

任务描述

随着科学技术的发展,无论是在生产还是生活中,电能的应用越来越广泛。从事电类工作的人员,必须懂得安全用电常识,树立安全责任重于泰山的观念,避免发生触电事故,以保护人身和设备的安全。

相关知识

1. 人体触电的种类

人体触电有电击和电伤两类。

(1) 电击

电击是指电流通过人体时所造成的内伤,它可使肌肉抽搐、内部组织损伤,造成发热、发麻、神经麻痹等,严重时将引起昏迷、窒息,甚至心脏停止跳动、血液循环中止而死亡,通常说的触电,多是指电击。

(2) 电伤

电伤是在电流的热效应、化学效应、机械效应及电流本身作用下造成的人体外伤,常见的有灼伤、烙伤和皮肤金属化等。

在触电事故中,电击和电伤常会同时发生。

2. 人体触电的方式

(1) 单相触电

人体的一部分接触带电体的同时,另一部分又与大地或零线(中性线)相接,电流从带电体流经人体到大地(或零线)形成回路,这种触电叫单相触电。在接触电气线路(或设备)时,若不采用防护措施,一旦电气线路或设备绝缘损坏漏电,将引起间接的单相触电。

(2) 两相触电

人体的不同部位同时接触两相电源带电体而引起的触电叫两相触电。对于这种情况,无论电网中性点是否接地,人体所承受的线电压都将比单相触电时高,危险性更大。

(3) 跨步电压触电

当电气设备相线外壳短路接地,或带电导线直接接地时,人体虽没有直接接触带电设备外壳或带电导线,但是跨步行走在电位分布曲线的范围内而造成的触电叫跨步电压触电。

任务实施

在电气操作过程中,如果采取了有效的预防措施,将会大幅度减少触电事故,但要绝对避免是不可能的。所以,在电气操作过程中必须做好触电急救的思想和技术准备。

1. 脱离电源

触电急救的第一步是使触电者尽快脱离电源,因为电流对人体的作用时间越长,对生命的威胁越大。

① 若离电源开关较近,应立即断开电源开关;若较远,可用带绝缘柄的利器切断电源线。

② 若导线搭落在触电者身上或被压在其身下,可用干燥的木棒、竹竿等挑开导线,或者借助绝缘手套、干燥的衣服拉开触电者(必须单手进行)。注意绝对不能直接用手或潮湿的工具去接触触电者,以防触电。

③ 若高压触电,不能采用②中的方法帮助触电者脱离电源,这时应迅速通知有关部门拉闸停电,或用相应等级的绝缘操作杆使触电者脱离电源。

④ 若触及的是断落在地上的高压电线,在未知电线已断电前,必须采取防止跨步电压触电的措施(穿绝缘鞋、戴绝缘手套等),否则不能接近断线点 8 ~ 10 m 范围内。触电者脱离电源后,要移到 10 m 以外的地方再进行触电急救。

2. 现场诊断和救护

当触电者脱离电源后,除了拨打“120”外,应对其进行必要的现场诊断和救护,直至医务人员来到为止。

(1) 现场诊断方法

一看:侧看触电者的胸部、腹部有无起伏动作,看触电者有无呼吸。

二听:聆听触电者心脏跳动情况和口鼻处的呼吸声响。

三摸:触摸触电者喉结旁凹陷处的颈动脉有无脉动。

(2) 现场救护方法

人工呼吸法:若触电者呼吸停止,但心脏还有跳动,应立即采用口对口(鼻)人工呼吸法救护。

人工胸外挤压法:若触电者虽有呼吸但心脏停止跳动,应立即采用人工胸外挤压法救护。

若伤害严重,触电者呼吸和心跳都停止,或瞳孔开始放大,则应同时采用以上两种方法救护。实践证明这两种方法易学有效,操作简单。

任务三 文明生产

◎ 知识要点

掌握文明生产的基本知识。

◎ 技能要点

在日常生活和工作中能执行文明生产的要求。

任务描述

文明生产就是创造一个布局合理、整洁优美的生产和工作环境，人人养成遵守纪律和严格执行工艺操作规程的习惯。文明生产是保证产品质量、安全生产的重要条件。

相关知识

文明生产的内容有以下几个方面：

(1) 工作区间内布局合理，有利于生产安排且环境整洁。

(2) 严格执行各项规章制度，认真贯彻工艺操作规程。

(3) 工作场地和工作台面及使用工具、仪器仪表等保持清洁。

(4) 生产用的工具及各种准备物件应排放整齐、方便操作。

(5) 讲究个人及周围环境卫生，树立起方便让给别人、困难留给自己的精神。

任务实施

熟悉以下触电类型、触电原因，以及避免触电的注意事项。

1. 家庭电路中的触电

(1) 人误与火线接触的原因

① 火线的绝缘皮破坏，其裸露处直接接触了人体，或接触了其他导体，间接接触了人体。

② 潮湿的空气或不纯的水导电，湿手触开关或浴室触电。

③ 电器外壳未按要求接地，其内部火线外皮破坏接触了外壳。

④ 零线与前面接地部分断开以后，与电器连接的原零线部分通过电器与火线连通转化成了火线。

(2) 人以为与大地绝缘实际却与地连通的原因

① 人站在绝缘物体上，却用手扶墙或其他接地导体，或有站在地上的人扶他。

② 人站在木桌、木椅上，而木桌、木椅却因潮湿等原因转化成为导体。

(3) 避免家庭电路中触电的注意事项

① 开关接在火线上，避免打开开关时使零线与接地点断开。

② 安装螺口灯的灯口时,火线接中心、零线接外皮。

③ 室内电线不要与其他金属导体接触;不在电线上晾衣物、挂物品;电线有老化与破损时要及时修复。

④ 电器该接地的地方一定要按要求接地。

⑤ 不用湿手扳开关、换灯泡,插、拔插头。

⑥ 不站在潮湿的桌椅上接触火线。

⑦ 接触电线前,先把总电闸打开,在必须要带电操作时,要注意与地绝缘,先用测电笔检测接触处是否与火线连通,并尽可能单手操作。

2. 高压触电

高压带电体不但不能接触,而且不能靠近,高压触电有电弧触电和跨步电压触电两种。

(1) 电弧触电

人与高压带电体距离到一定值时,高压带电体与人体之间会发生放电现象,导致触电。

(2) 跨步电压触电

高压电线落在地面上时,在距高压线不同距离的点之间存在电压,人的两脚间存在足够大的电压时,就会发生跨步电压触电。

高压触电的危险比 220 V 电压的触电更危险,所以看到“高压危险”的标志时,一定不能靠近它。室外天线必须远离高压线,不能在高压线附近放风筝、捉蜻蜓、爬电杆等。

项 目 小 结

本项目介绍了安全用电的相关常识、触电与急救的基本知识,文明生产的内容。通过本项目的学习,能在日常生活和工作中执行文明生产的要求,安全用电,正确处理各类触电事故。

思考与练习

1. 如果发现有人触电了,下列哪些措施是正确的?

A. 迅速用手拉触电者,使他离开电线。

B. 用铁棒把触电者和电源分开。

C. 用干燥的木棒将触电者和电源分开。

D. 迅速拉开电闸、切断电源。

2. 如因电线短路而失火,能否立即用水去灭火?为什么?

3. 电流对人体的伤害,与电流哪些因素有关?

4. 人体触电有哪几种方式?哪种最危险?

项目二 常用电工工具及仪表的使用

任务一 常用电工工具的使用

◎ 知识要点

了解常用的电工工具的结构。

◎ 技能要点

学会使用常用电工工具。

任务描述

电工工具是电气操作的基本工具。工具不合格、质量不好或使用不当,都会影响施工质量,降低工作效率,甚至造成事故。因此,电气操作人员必须掌握电工常用工具的结构、性能和正确的使用方法。本任务介绍几种常用电工工具的结构及使用方法。

相关知识

电工在工作时,常用的电工工具主要有钢丝钳、尖嘴钳、圆嘴钳、螺丝刀、电工刀、活扳手、测电笔、断线钳、紧线钳、搭压钳等。这里只介绍几种简易的电工工具。

1. 螺丝刀

螺丝刀又名起子,是最常用的电工工具,由刀头和柄组成。按其功能和头部形状不同可分为一字形和十字形,分别用于旋动头部为横槽和十字形槽的螺钉;按握柄材料的不同可分为木柄和塑料柄两类。螺丝刀的规格是指金属杆的长度,有 75,100,125,150 等。

2. 测电笔

测电笔又称验电笔,是用来测试导线、开关、插座等电器及电气设备是否带电的工具。为便于携带,测电笔通常做成笔状,前段是金属探头,内部依次装安全电阻、氖管和弹簧。弹簧与笔尾的金属体相接触。常用的测电笔有钢笔式和螺丝刀式两种,其结构如图 2.2-1 所示。

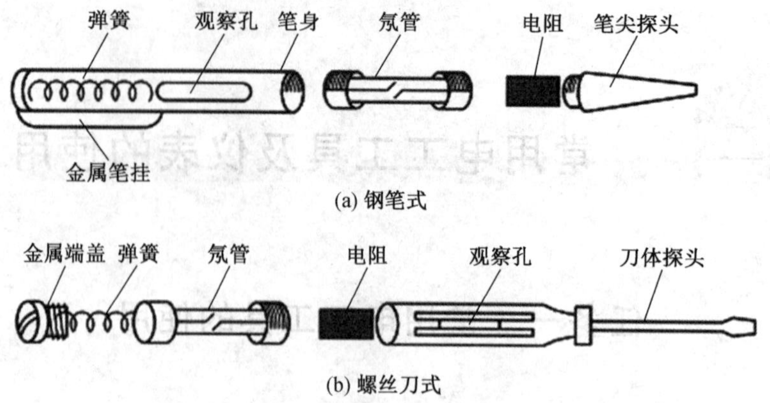

(a) 钢笔式

(b) 螺丝刀式

图 2.2-1 测电笔的结构

3. 电工刀

电工刀在电工安装维修中用于切削导线的绝缘层、电缆绝缘、木槽板等,主要由刀身和刀柄组成,如图 2.2-2 所示。电工刀的规格有大号、小号之分,大号刀片长 112 mm,小号刀片长 88 mm。有的电工刀上带有锯片和锥子,可用来锯小木片和锥孔。

图 2.2-2 电工刀

4. 钢丝钳

钢丝钳用于夹持或切断金属导线,带刃口的钢丝钳还可以用来切断钢丝。这种钳的规格有 150,175,200 mm3 种,均带有橡胶绝缘套管,适用于 500 V 以下的带电作业。使用时,应注意保护绝缘套管,以免划伤而失去绝缘作用。不可将钢丝钳当锤使用,以免刃口错位、转动轴失圆,影响正常使用。

5. 尖嘴钳

尖嘴钳用于夹捏工件或导线,特别适宜于狭小的工作区域。规格有 130,160,180 mm 3 种。电工用的带有绝缘导管。有的带有刃口,可以剪切细小零件。

任务实施

1. 螺丝刀

螺丝刀使用时,应按螺钉的规格选用适合的刀口。它的正确使用方法如图 2.2-3 所示。使用时,手紧握柄,用力顶住,使刀口紧压在螺钉上,以顺时针的方向旋转为上紧,逆时针为下卸。穿心柄式螺丝刀,可在尾部敲击,但禁止用于有电的场合。

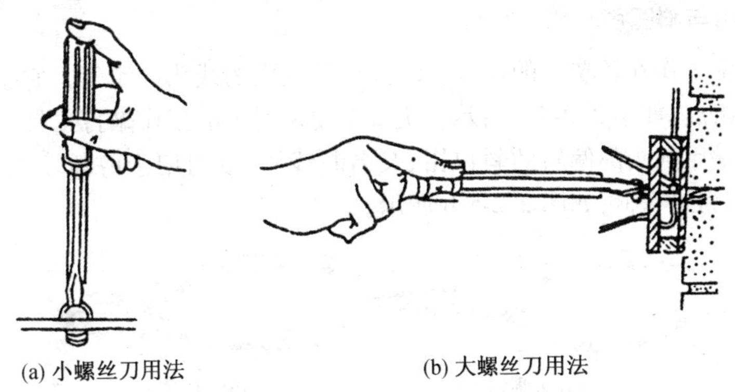

(a) 小螺丝刀用法 (b) 大螺丝刀用法

图 2.2-3 螺丝刀的正确用法

2. 测电笔

测电笔只有在确定没有电的情况下才能进行操作,这也是电力安全最基本的要求。螺丝刀式测电笔裸露部分较长,可在金属杆上加绝缘套管,以便安全使用。

测电笔的测电压范围为 60 ~ 500 V(严禁测高压电)。使用前,务必先在正常电源上验证氖管能否正常发光,以确认测电笔验电可靠。由于氖管发光微弱,在明亮的光线下测试时,应当避光检测。

使用时,注意手指必须接触笔尾的金属挂(钢笔式)或测电笔顶部的金属螺钉(螺丝刀式),使电流由被测带电体经测电笔和人体与大地构成回路,正确握法如图 2.2-4 所示。只要被测带电体与大地之间的电压超过 60 V 时,氖管就会起辉发光,观察时应将氖管窗口背光朝向操作者。

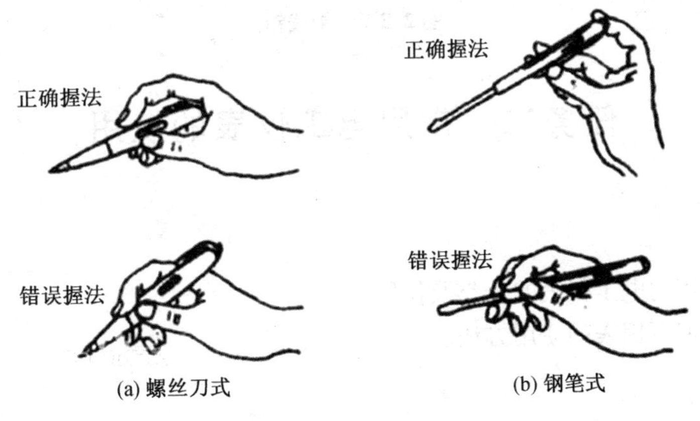

(a) 螺丝刀式 (b) 钢笔式

图 2.2-4 测电笔的握法

3. 电工刀

电工刀没有绝缘保护,禁止带电作业。使用电工刀,应避免切割坚硬的材料,以保护刀口。刀口用钝后,可用油石磨。如果刀刃部分损坏较重,可用砂轮磨,但须防止退火。

电工刀使用时注意刀口应朝外操作,在削割电线时,刀口要放平一点儿,以免割伤线芯,使用后要及时把刀身折入刀柄内,以免刀刃受损或伤及人身。

4. 尖嘴钳与斜口钳

尖嘴钳通常工作在较狭小的地方,如灯座、开关内的线头固定等。它主要由钳头、钳柄和绝缘管等组成,如图 2.2-5 a 所示。尖嘴钳使用时不能当作敲打工具。

电工中经常用到头部偏斜的斜口钳,又名断线钳,专门用于剪断较粗的电线和其他金属丝,其柄部为绝缘柄,如图 2.2-5 b 所示。

(a) 尖嘴钳　　(b) 斜口钳

图 2.2-5　尖嘴钳与斜口钳

5. 剥线钳

剥线钳是用来剥削小直径导线线头绝缘层的工具,如图 2.2-6 所示,剥线钳主要由钳头和钳柄组成。剥线钳在使用时注意要根据不同的线径选择剥线钳不同的刃口,否则容易造成线芯被剪断。

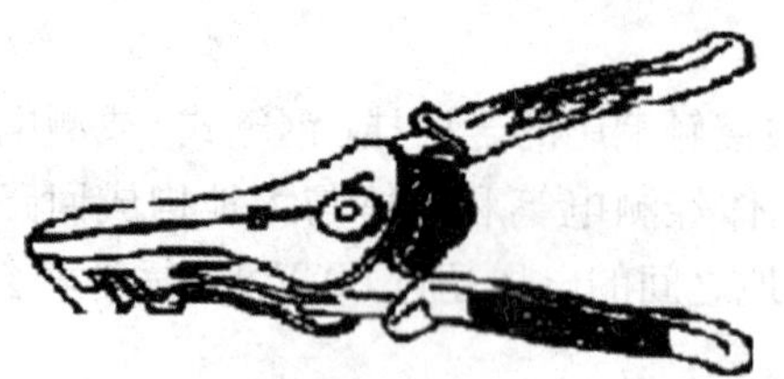

图 2.2-6　剥线钳

任务二　常用电工仪表的使用

◎ 知识要点

1. 了解常用的电工仪表的分类及作用。
2. 熟练掌握万用表的使用方法。

◎ 技能要点

通过练习,熟悉各种电工工具及仪表的操作要领,并能熟练使用。

任务描述

电工仪表是电气测试操作时的基本仪表。仪表不合格、质量不好或使用不当,都会影响施工质量、降低工作效率,甚至造成事故。因此,电气操作人员必须掌握电工常用仪表的结构、性能和正确的使用方法。

相关知识

电工仪表的种类繁多，表2.2-1中列出了常用电工仪表的类别、符号、测量单位及可测物理量。

表2.2-1 常用电工仪表

类别	仪表名称	符号	测量单位或可测量物理量
测量对象	电流表（安培表）	(A) (mA) (μA)	A，mA，μA
	电压表（伏特表）	(V) (mV) (kV)	V，mV，kV
	功率表	(W) (kW)	W，kW
	电能表	kWh	度（kW·h）
	欧姆表	(Ω) (MΩ)	Ω，MΩ
仪表的工作原理	磁电系	代号C	直流电流、电压、电阻
	电磁系	代号T	直流或交流电流、电压
	电动系	代号D	直流或交流电流、电压、电功率、电能量
	感应系	代号G	交流电能量
	整流系	代号L	交流电流、电压
被测电量	直流表	—	直流电流、电压
	交流表	～	交流电流、电压
	交直流表	≂	直流或交流电流、电压
	三相交流表	3N～	交流电流、电压

任务实施

指针式万用表的使用方法如下：

1. 准备工作

① 检查红色和黑色两表笔所接的位置是否正确,红表笔插入“+”插孔,黑表笔插入“-”插孔。如用交直流 2 500 V 测量端,在测量时黑表笔不动,将红表笔插入高压插口。

② 进行机械调零,旋动万用表面板上的机械零位调整螺钉,使指针对准刻度盘左端的“0”位置。

2. 测量电阻

(1) 测量步骤

① 把转换开关拨到欧姆挡,合理选择量程。

② 两表笔短接,转动零欧姆调节旋钮,使指针打到电阻刻度右边的“0 Ω”处,如图 2.2-7 所示。

③ 将被测电阻脱离电源,用两表笔接触电阻两端,将表头指针显示的读数乘以所选量程的倍率数即为所测电阻的阻值,如图 2.2-8 所示。

(2) 读数方法

欧姆表刻度线的最右边为“0 Ω”,最左边为“∞”,且为非线性刻度。欧姆表的读数方法:表针所指数值乘以量程挡位,即为被测电阻的阻值。图 2.2-9 示例中,当测量选择开关位于“R×1”挡时,指示值为 20 Ω;当选择开关位于“R×10”挡时,指示值为 200 Ω;当选择开关位于“R×1 k”挡时,指示值为 20 kΩ;依此类推。

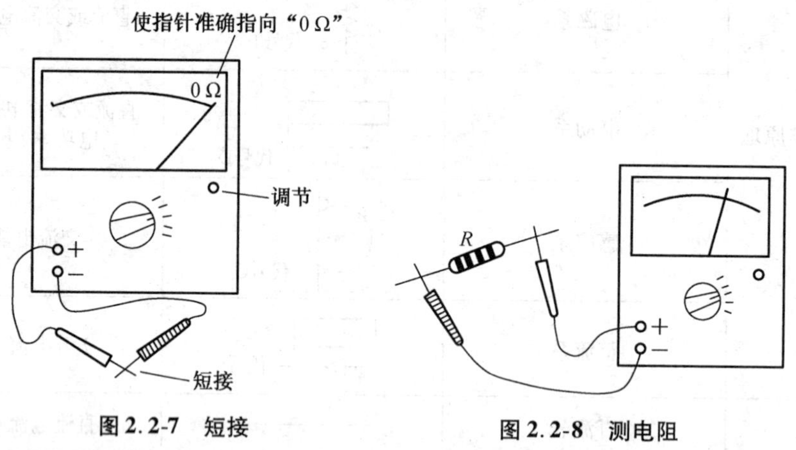

图 2.2-7 短接　　图 2.2-8 测电阻

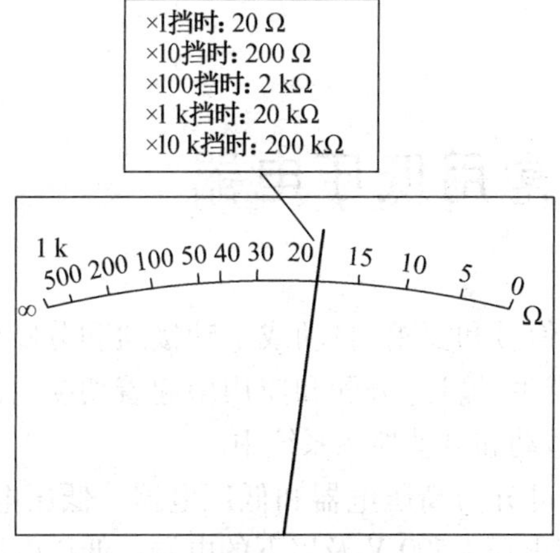

图 2.2-9 万用表欧姆挡的读数方法

3. 注意事项

① 不允许带电测量电阻,否则会烧坏万用表。

② 每换一次倍率挡,要重新进行欧姆调零。

③ 不准用两只手捏住表笔的金属部分测电阻,否则会将人体电阻并接于被测电阻而引起测量误差。接入电阻时表针指在刻度盘中部或距"∞"三分之二附近,在这样的挡位测量误差较小。

④ 测量过程中,严禁拨动转换开关选择量程,以免损坏转换开关触点。

⑤ 测量完毕,应拔出表笔,将转换开关置于交流电压最高挡或空挡,防止下次开始使用时不慎烧坏万用表。

⑥ 若长时间搁置不用,应将万用表中的电池取出,以防止电池腐蚀万用表内部电路。

项 目 小 结

本项目重点介绍了六种常用电工工具的结构和作用,以及万用表的使用方法。通过本项目的学习,能掌握这六种电工工具及万用表的操作要领和正确使用方法。

项目三 常用低压电器

电器根据外界特定的信号和要求,自动或手动接通和分断电路,断续或连续地改变电路参数,在实现电能的产生、输送、分配和应用中起着切换、控制、保护和调节作用,广泛应用于电力输配、电力拖动和自动控制系统中。

按照工作电压的高低可分为高压电器和低压电器。低压电器是指工作在交流额定电压1 200 V及以下、直流电压1 500 V及以下的电器。低压电器按照其控制对象的不同又分为配电电器和控制电器。

低压配电电器主要包括刀开关、组合开关、熔断器和断路器等,主要用于低压配电系统和动力回路,具有工作可靠、热稳定性能好和电动力稳定性好,能承受一定电动力作用等优点;低压控制电器主要包括接触器、继电器、电磁铁等,主要用于电力传输系统及自动控制系统中,具有工作准确可靠、操作效率高、寿命长、体积小等优点。

低压电器的种类很多,本项目主要介绍低压开关、熔断器、主令电器、接触器、继电器等在电力拖动和自动控制系统中常用的低压电器。

任务一 低压开关

◎ 知识要点

1. 熟悉常用低压开关的作用、结构和种类。
2. 了解常用低压开关的工作原理和选用原则。
3. 学会常用低压开关的图形、文字符号。
4. 了解常用低压开关的型号含义。

◎ 技能要点

1. 学会常用低压开关的正确使用。
2. 掌握常用低压开关的安装、拆卸方法。
3. 学会常用低压开关的选用方法和原则。
4. 掌握常用低压开关的常见故障及处理方法。

任务描述

低压开关的作用是接通、分断、隔离和转换电路。它属于手动切换电器,常用于局部照明电路的控制开关和机床电路的电源开关,也可用来直接控制小容量电动机。常用的类型有刀开关(开启式、封闭式)、组合开关、断路器。

相关知识

1. 刀开关

刀开关又称闸刀开关,是结构最简单、应用最广泛的手动电器。适用于交流 50 Hz/500 V 以下的小电流电路,可作为一般电灯、电阻和电热等回路的控制开关,并具有短路保护作用。广泛用于照明电路和小容量(5.5 kW)、不频繁启动的动力电路的控制电路中。

常见的刀开关有开启式负荷开关(胶盖闸刀开关)和封闭式负荷开关(铁壳开关)。

(1) 开启式负荷开关(胶盖闸刀开关)

开启式负荷开关又称为胶盖闸刀开关,主要由操作手柄、动触刀、静夹座、进线座、出线座、熔丝等组成。这种开关结构简单,安装、使用、维修方便,但其不具有灭弧装置,因此一般不宜带负载操作。若带小负载操作时应迅速动作,以免电弧产生危害。常用的有 HK1,HK2 系列。

① 结构和符号

胶盖闸刀开关的结构和符号如图 2.3-1 所示。

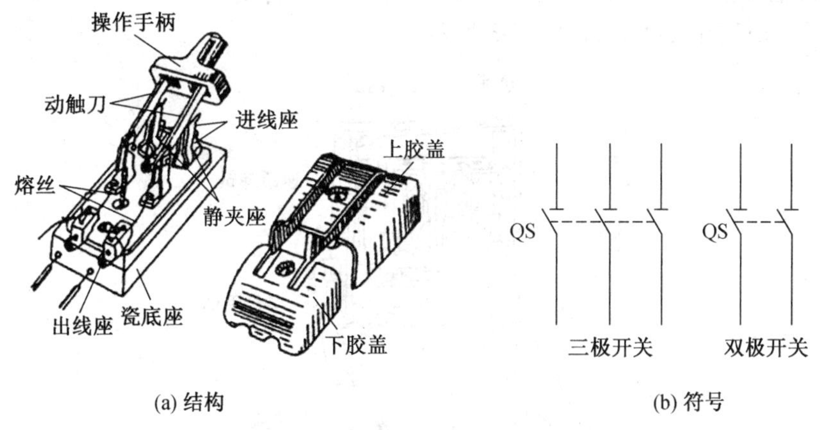

(a) 结构 (b) 符号

图 2.3-1 胶盖闸刀开关的结构和符号

② 型号

开启式负荷开关型号意义如图 2.3-2 所示。

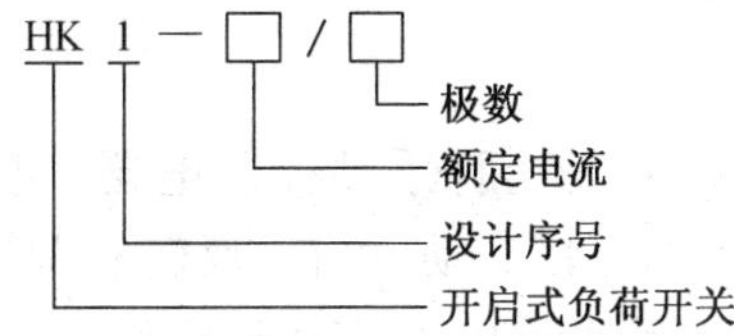

图 2.3-2 开启式负荷开关型号

③ 安装注意事项

胶盖闸刀开关安装时,瓷底座应与地面垂直,操作手柄向上推为合闸,不得倒装和平装。在接线时,电源进线必须接闸刀上方的进线座,连接负载的导线应接在闸刀下方的出线座上。连接导线时需用螺丝刀拧紧,以保证接线柱与导线接触良好。

④ 选用注意事项

胶盖闸刀开关的选用应注意以下几点:

a. 根据被控制电气设备为单相负载还是三相负载选择 220 V(或 250 V)的二极开关和 380 V 的三极开关。

b. 合理选择刀开关的额定电流。当刀开关控制照明电路或其他电阻性负载时,其额定电流应不小于各用电设备的额定电流之和;控制小容量电动机等感性负载时,因为电动机的启动电流比较大,因此刀开关的额定电流一般不小于电动机额定电流的 2.5 倍。

c. 选择胶盖闸刀开关时,应注意刀片与夹座是否是直线接触,夹座的压力是否足够,分断是否灵活等。

(2) 封闭式负荷开关(铁壳开关)

封闭式负荷开关又称为铁壳开关,主要由触刀、熔断器、操作手柄、速断弹簧等构成。这种开关操作方便,使用安全,通断性能好,可不频繁地接通和分断负荷电路,还可以用作 15 kW 以下电动机不频繁启动的控制开关。铁壳开关还具有灭弧装置,它的操作机构一是装有速断弹簧,缩短了开关的通断时间,改善了灭弧性能;二是设有联锁装置,以保证开关合闸后不能打开开关盖,而开关盖打开后又不能合闸。

HH 系列铁壳开关结构如图 2.3-3 所示。

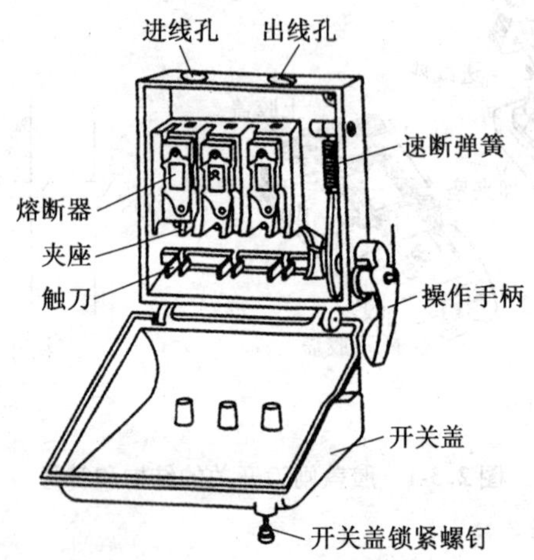

图 2.3-3 HH 系列铁壳开关

2. 组合开关

组合开关又称为转换开关,也是一种手动控制电器。组合开关可作为电源引入开关,或作为 5.5 kW 以下电动机的直接启动、停止、反转和调速等之用,其优点是体积小、寿命长、结构简单、操作方便、灭弧性能好等,多用于机床控制电路。

(1) 组合开关的外形、符号和结构

组合开关由装在同一根轴上的单个或多个单极旋转开关叠装在一起组成,主要包括动触片、静触片、转轴、手柄等。其外形、符号和结构如图 2.3-4 所示。

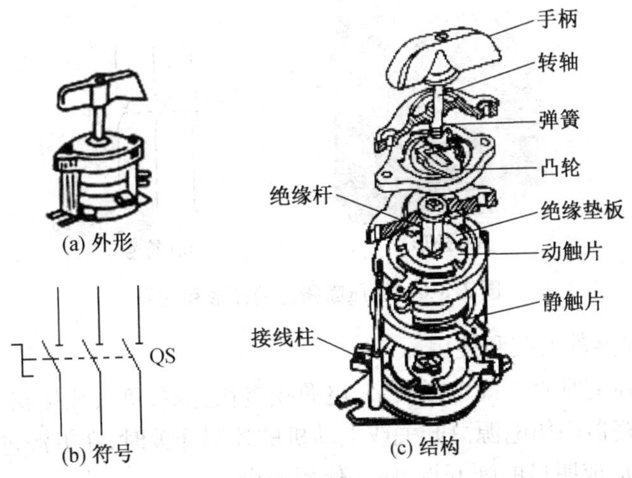

图 2.3-4　组合开关的外形、符号和结构

(2) 组合开关型号

组合开关型号意义如图 2.3-5 所示。

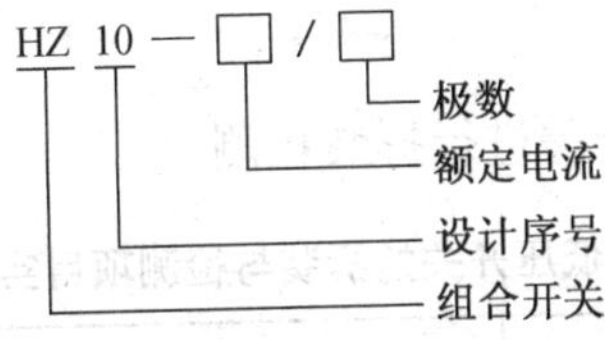

图 2.3-5　组合开关型号

(3) 组合开关的安装与使用

组合开关应安装在控制箱内，操作手柄最好位于控制箱的前面或侧面，其水平旋转位置为断开状态。

选用组合开关时，应根据用电设备的耐压等级、容量和极数综合考虑。如果用于控制电动机正反转，在从正转切换到反转的过程中，必须经过停止位置，待电动机停转后，再切换到反转位置。

组合开关本身不带过载和短路保护装置，在它所控制的电路中，必须另外加装保护设备，才能保证电路和设备的安全。

3. 自动空气开关(低压断路器)

自动空气开关又称为低压断路器，是一种既有手动开关作用，又能自动进行失压、欠压、过载和短路保护的电器。

(1) 低压断路器的外形及符号

低压断路器的外形和符号如图 2.3-6 所示。

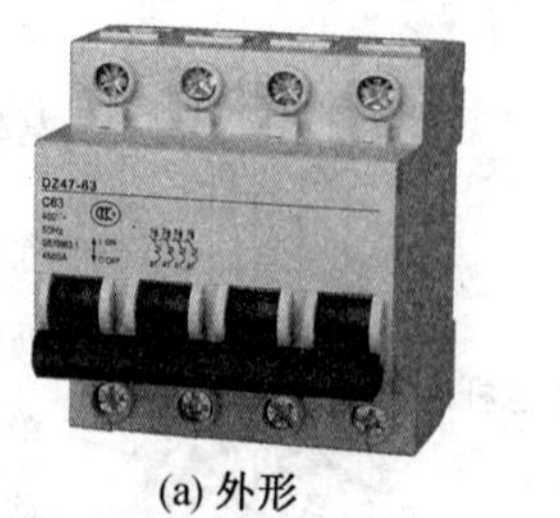

(a) 外形

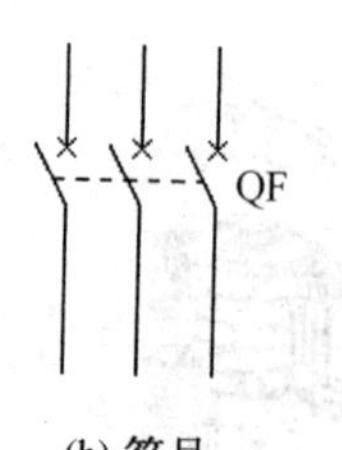

(b) 符号

图 2.3-6 低压断路器的外形和符号

(2) 低压断路器的安装和使用

① 低压断路器应垂直于配电板安装,电源线接在上端,负载线接在下端。

② 当低压断路器用作电源总开关或电动机的控制开关时,在电源进线侧必须加装刀开关或熔断器,以形成明显的断开点,保证使用安全。

③ 低压断路器在使用一定次数或分断短路电流后,应及时检查触头。如有积尘、电灼伤等,应及时维修或更换。

任务实施

根据表 2.3-1 对相关低压开关进行拆装检测。

表 2.3-1 低压开关的拆装与检测项目实训评价表

姓名		班级		指导教师	得分		
考核内容	配分(分)	评分标准			学生自评	学生互评	教师评价
安全文明	10	违反 6S 规范,扣 10 分					
元件识别	25	1. 名称、符号识别错误,每只扣 5 分					
		2. 型号、规格识别不正确,每只扣 5 分					
叙述工作原理及用途	25	1. 原理叙述不正确,每只扣 5 分					
		2. 用途叙述不正确,每只扣 5 分					
按工艺要求拆装低压开关	20	1. 工具仪表使用不正确,扣 5 分					
		2. 拆装步骤不正确,每步扣 5 分					
		3. 损坏或丢失零件,每个扣 5 分					
通电运行	20	1. 电源接错,扣 5 分					
		2. 通断动作不正常,扣 5 分					
		3. 通电试验不成功,每次扣 10 分					
		4. 不按要求通断,扣 20 分					
合计	100						
记录		教师签字			年 月 日		

任务二 熔断器

◎ 知识要点

1. 熟悉常用熔断器的作用、结构和种类。
2. 了解常用熔断器的工作原理和选用原则。
3. 学会常用熔断器的图形、文字符号。
4. 了解常用熔断器的型号含义。

◎ 技能要点

1. 掌握常用熔断器的正确使用方法。
2. 掌握常用熔断器的安装、拆卸方法。
3. 掌握常用熔断器的选用方法和原则。
4. 掌握常用熔断器的常见故障及处理方法。

任务描述

熔断器是低压配电网络和电力拖动系统中主要用作短路保护的一种低压电器。熔断器接入电路时，串联在电路中。电路正常工作时，熔体温度低于熔体熔化温度，故长期不熔化。一旦发生短路或严重过载时，熔体温度急剧上升而熔断，切断电源，从而自动分断电路，起到保护线路和电气设备的作用。

相关知识

1. 熔断器的外形与结构

熔断器主要由熔体、安装熔体的熔管和熔座 3 部分组成。熔体是熔断器的核心，熔体的材料有两种：在小容量电路中，一般用熔点较低的铅、铅锡合金、锌等制成；在大容量电路中，一般用熔点较高的银、铜等制成。常用的低压熔断器有瓷插式、螺旋式、无填料封闭管式和有填料封闭管式 4 种。以下只介绍前两种。

(1) 瓷插式熔断器

瓷插式熔断器如图 2.3-7 所示，常在 380 V 的三相电路及 220 V 的单相电路中用作保护电器，主要由瓷座、瓷盖、静触点、动触点和熔丝等组成。

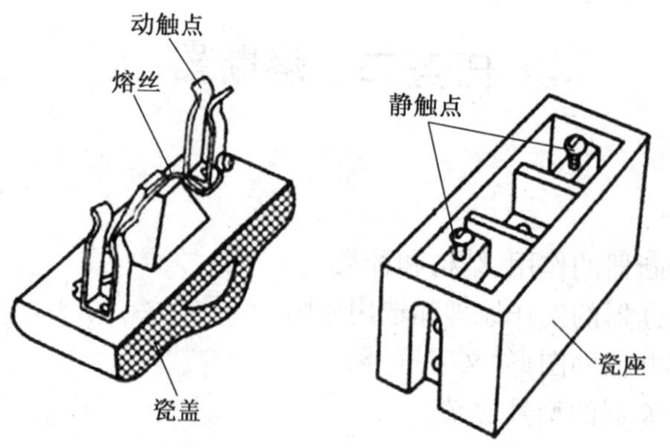

图 2.3-7 瓷插式熔断器

(2) 螺旋式熔断器

螺旋式熔断器如图 2.3-8 所示,常用于交流电压 380 V 以下、电流 200 A 以内的线路和用电设备的短路保护,主要由瓷帽、熔断管(熔芯)、瓷套、上下接线柱及瓷座等组成。熔断管的上盖中心装有绿色熔断指示器,一旦熔丝熔断,指示器即从熔断管上盖中脱落,可以从玻璃窗口直接观察,以便及时更换熔断器。在使用螺旋式熔断器时,电源的进线必须与熔断器中心触片接线柱相连,出线应接在与螺口相连的上接线柱上,即遵循“低进高出”的原则,这样在旋出瓷帽更换熔断管时,金属螺口不带电,从而保证操作人员的安全。

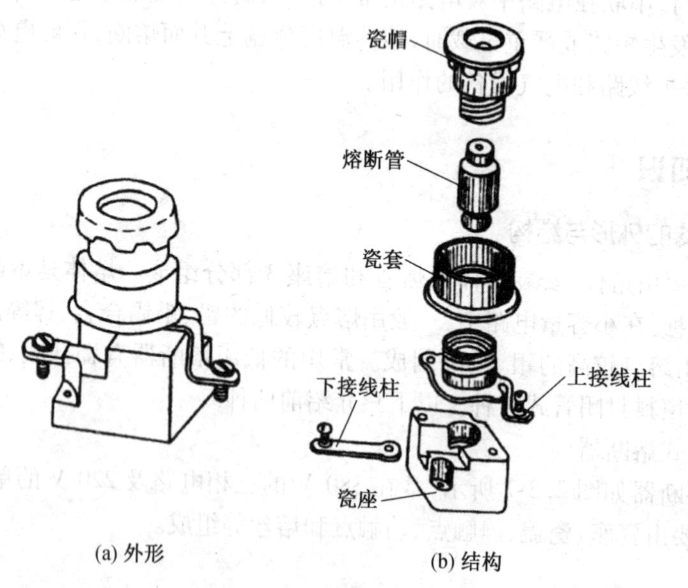

图 2.3-8 螺旋式熔断器

2. 熔断器的图形与文字符号

熔断器的图形与文字符号如图 2.3-9 所示。

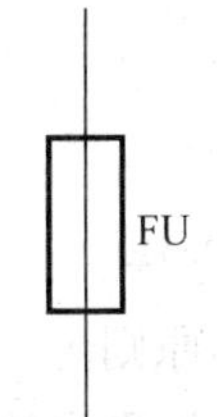

图 2.3-9 熔断器的图形与文字符号

任务实施

根据表 2.3-2 对相关熔断器进行拆装与检测。

表 2.3-2 熔断器的拆装与检测项目实训评价表

姓名		班级		指导教师		得分		
考核内容	配分(分)	评分标准				学生自评	学生互评	教师评价
安全文明	10	违反 6S 规范,扣 10 分						
元件识别	40	1. 名称、符号识别错误,每只扣 5 分						
		2. 型号、规格识别不正确,每只扣 5 分						
		3. 漏写主要部件,每个扣 4 分						
更换熔体	50	1. 检查方法不正确,扣 10 分						
		2. 不能正确选配熔体,扣 10 分						
		3. 更换熔体方法不正确,扣 10 分						
		4. 损伤熔体,扣 20 分						
		5. 更换熔体后熔断器断路,扣 25 分						
合计	100							
记录		教师签字				年	月	日

任务三 主令电器

◎ 知识要点

1. 熟悉常用主令电器的作用、结构和种类。
2. 了解常用主令电器的工作原理和选用原则。
3. 学会常用主令电器的图形、文字符号。
4. 了解常用主令电器的型号含义。

◎ 技能要点

1. 学会常用主令电器的正确使用。
2. 掌握常用主令电器的安装、拆卸方法。
3. 学会常用主令电器的选用方法和原则。
4. 掌握常用主令电器的常见故障及处理方法。

任务描述

电气控制系统中,用来发布指令的低压控制电器称为主令电器。主令电器可以用来控制继电器、接触器或其他控制元件的工作,从而实现对电动机或其他设备的远距离控制。常用的主令电器有按钮、行程开关、万能转换开关等。

相关知识

1. 按钮

按钮又叫控制按钮或按钮开关,是一种手动的、具有自动复位功能的主令电器。按钮的触点允许通过的电流较小,一般不超过 5 A,因此按钮不能直接控制主电路,而是在控制电路中发出指令去控制接触器或继电器的工作。

(1) 结构与符号

按钮的结构如图 2.3-10 所示,其主要由按钮帽、复位弹簧、动断触点、动合触点、接线柱及外壳等组成。按钮种类较多,根据触点结构不同,可分为停止按钮(常闭按钮)、启动按钮(常开按钮)和复合按钮,其图形与文字符号如图 2.3-11 所示。

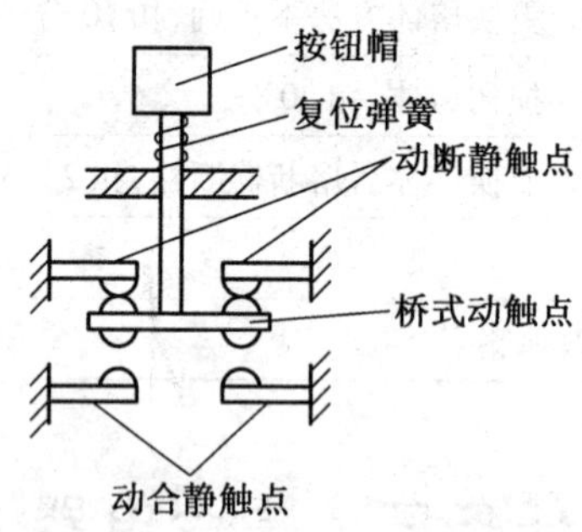

图 2.3-10 按钮的结构

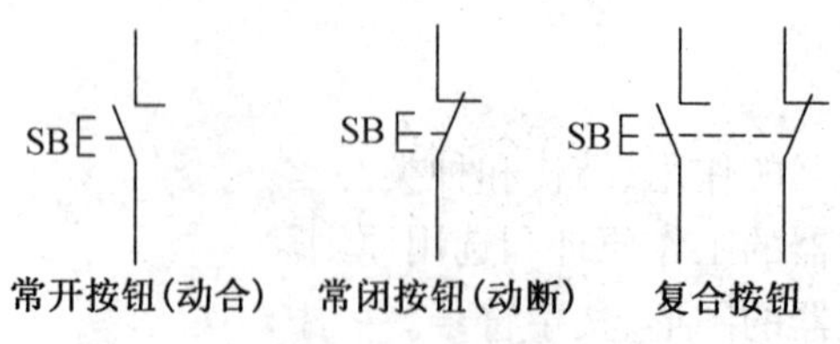

图 2.3-11 按钮的符号

(2) 安装与选用

选用按钮时,主要根据使用场合、被控制电路所需触点数目及按钮帽的颜色来综合考虑。使用前应检查按钮帽弹性是否正常、动作是否灵活、触点接触是否良好等。按钮安装在面板上时,应合理布局,排列整齐,停止按钮选用红色,启动按钮选用绿色或黑色。

2. 行程开关

行程开关又叫限位开关,其作用与按钮相同,只是它的触点的动作不是手动,而是利用生产机械运动部件与它的传动部位发生碰撞来实现的,从而限制生产机械的行程、位置或改变其运动状态,指令生产机械停车、反转或变速。

(1) 结构与符号

行程开关种类很多,常用的有滚轮式(旋转式)和按钮式(直动式),而滚轮式又分为单滚轮式和双滚轮式两种,其外形如图 2.3-12 所示。

(a) 按钮式　(b) 单滚轮式　(c) 双滚轮式

图 2.3-12　常用行程开关

行程开关的图形及文字符号如图 2.3-13 所示。

图 2.3-13　行程开关符号

(2) 安装与选用

选用行程开关时,应考虑被控制电路的特点、要求及生产现场条件和触点数量等因素。安装时注意滚轮方向不能装反,与生产机械撞块碰撞位置应符合线路要求,滚轮固定恰当,有利于生产机械经过预定位置或行程时能较准确地实现行程控制。

任务实施

根据表 2.3-3 对相关主令电器进行拆装检测。

表 2.3-3　主令电器的拆装与检测项目实训评价表

姓名		班级		指导教师		得分		
考核内容		配分(分)	评分标准			学生自评	学生互评	教师评价
安全文明		10	违反 6S 规范,扣 10 分					
元件识别		40	1. 名称、符号识别错误,每只扣 5 分					
			2. 型号、规格识别不正确,每只扣 5 分					
主令电器的测量		25	1. 仪表使用方法错误,扣 10 分					
			2. 测量结果错误,每次扣 5 分					
主令电器的动作原理		25	1. 写不出动作原理,扣 20 分					
			2. 动作原理叙述不正确,扣 5 ~ 20 分					
合计		100						
记录			教师签字　　年　月　日					

任务四　交流接触器

◎ 知识要点

1. 熟悉常用交流接触器的作用、结构和种类。
2. 了解常用交流接触器的工作原理和选用原则。
3. 学会常用交流接触器的图形、文字符号。
4. 了解常用交流接触器的型号含义。

◎ 技能要点

1. 学会常用交流接触器的正确使用。
2. 掌握常用交流接触器的安装、拆卸方法。
3. 学会常用交流接触器的选用方法和原则。
4. 掌握常用交流接触器的常见故障及处理方法。

任务描述

接触器是用来频繁接通和断开交、直流主电路及大容量控制电路的一种自动切换控制电器,它不仅能远距离自动控制,还能实现欠压保护,且操作频率高,是电气控制中应用最广泛的控制电器。

相关知识

1. 结构

交流接触器主要由电磁系统、触头系统、灭弧装置及辅助部件组成，其结构及符号如图 2.3-14 所示。

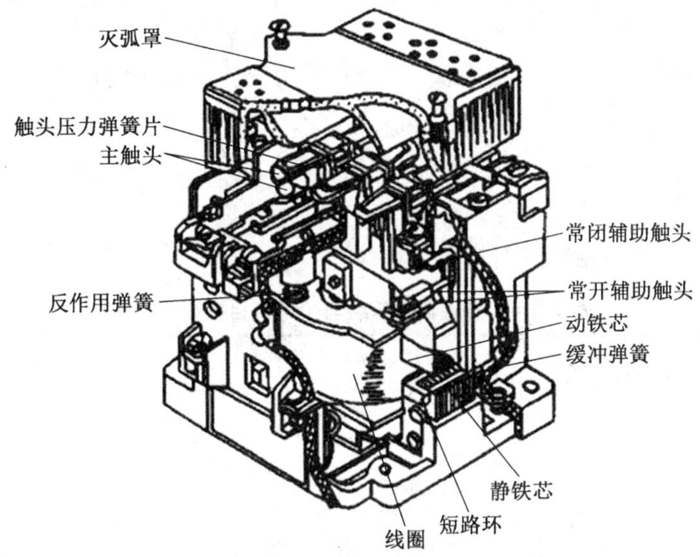

图 2.3-14 交流接触器的结构

2. 工作原理

交流接触器的触点有主触点和辅助触点之分。主触点是 3 对动合触点，常接于主电路中，用于通断较大电流；辅助触点各有一对动合触点和动断触点，常接于控制电路中，用于通断较小电流。

当交流接触器线圈通电后，流过线圈的电流产生磁场，将动铁芯吸合，通过传动杆使动断触点断开，动合触点闭合；当线圈断电后，在弹簧作用下，动铁芯释放，各触点复位。

3. 图形及文字符号

交流接触器中元件的图形及文字符号如图 2.3-15 所示。

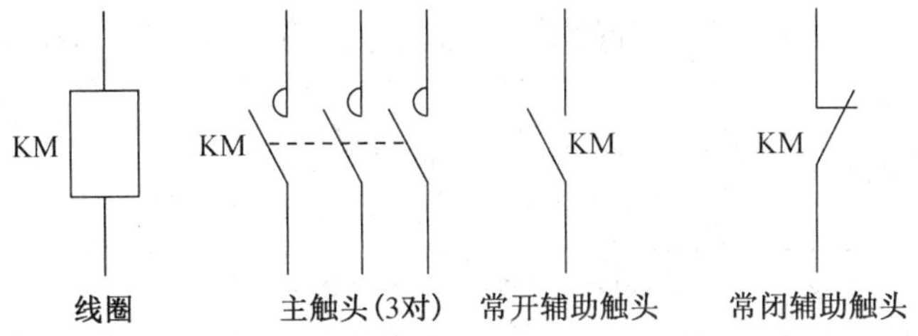

图 2.3-15 交流接触器中元件的图形及文字符号

4. 交流接触器的安装与选用

(1) 安装

交流接触器在安装时应垂直安装在底板上,安装位置不得受到剧烈振动,并保持清洁。

(2) 选用

选用交流接触器时,其工作电压不得低于被控制电路的最高电压,交流接触器主触点额定电流应大于被控制电路的最大工作电流。用交流接触器控制电动机时,电动机最大电流不得超过交流接触器额定电流。此外,选用交流接触器时触点数量、触点类型应满足控制电路要求。

任务实施

根据表 2.3-4 对接触器进行拆装与检修。

表 2.3-4 接触器的拆装与检修项目实训评价表

<table>
<tr><td>姓名</td><td></td><td>班级</td><td></td><td>指导教师</td><td></td><td>得分</td><td colspan="2"></td></tr>
<tr><td colspan="2">考核内容</td><td>配分(分)</td><td colspan="3">评分标准</td><td>学生
自评</td><td>学生
互评</td><td>教师
评价</td></tr>
<tr><td colspan="2">安全文明</td><td>10</td><td colspan="3">违反 6S 规范,扣 10 分</td><td></td><td></td><td></td></tr>
<tr><td colspan="2" rowspan="2">元件识别</td><td rowspan="2">25</td><td colspan="3">1. 名称、符号识别错误,每只扣 5 分</td><td></td><td></td><td></td></tr>
<tr><td colspan="3">2. 型号、规格识别不正确,每只扣 5 分</td><td></td><td></td><td></td></tr>
<tr><td colspan="2" rowspan="2">叙述工作原理及用途</td><td rowspan="2">25</td><td colspan="3">1. 原理叙述不正确,每只扣 5 分</td><td></td><td></td><td></td></tr>
<tr><td colspan="3">2. 用途叙述不正确,每只扣 5 分</td><td></td><td></td><td></td></tr>
<tr><td colspan="2" rowspan="3">按工艺要求拆装接触器</td><td rowspan="3">20</td><td colspan="3">1. 工具仪表使用不正确,扣 5 分</td><td></td><td></td><td></td></tr>
<tr><td colspan="3">2. 拆装步骤不正确,每步扣 5 分</td><td></td><td></td><td></td></tr>
<tr><td colspan="3">3. 损坏或丢失零件,每个扣 5 分</td><td></td><td></td><td></td></tr>
<tr><td colspan="2" rowspan="3">通电运行</td><td rowspan="3">20</td><td colspan="3">1. 电源接错,扣 5 分</td><td></td><td></td><td></td></tr>
<tr><td colspan="3">2. 通电试验不成功,每次扣 10 分</td><td></td><td></td><td></td></tr>
<tr><td colspan="3">3. 不按要求通断,扣 20 分</td><td></td><td></td><td></td></tr>
<tr><td colspan="2">合计</td><td>100</td><td colspan="6"></td></tr>
<tr><td colspan="3">记录</td><td colspan="6">教师签字　　　　　　　　年　　月　　日</td></tr>
</table>

任务五 继电器

◎ 知识要点

1. 熟悉常用继电器的作用、结构和种类。
2. 了解常用继电器的工作原理和选用原则。
3. 学会常用继电器的图形、文字符号。
4. 了解常用继电器的型号含义。

◎ 技能要点

1. 学会常用继电器的正确使用。
2. 掌握常用继电器的安装、拆卸方法。
3. 学会常用继电器的选用方法和原则。
4. 掌握常用继电器的常见故障及处理方法。

任务描述

继电器是一种利用电压、电流、时间、速度等信号的变化来接通和分断小电流电路的控制电器。继电器一般安装在控制电路中,而不安装在主电路中,因此继电器通过的电流小,无专门的灭弧装置,也就具有体积小、重量轻、结构简单等优点。下面介绍几种常见的继电器。

相关知识

1. 热继电器

热继电器是对电动机或其他用电设备实现过载保护的控制电器。

(1) 结构

如图 2.3-16 所示,热继电器主要由热元件、动作机构、动断触点、电流整定装置及复位按钮等组成。

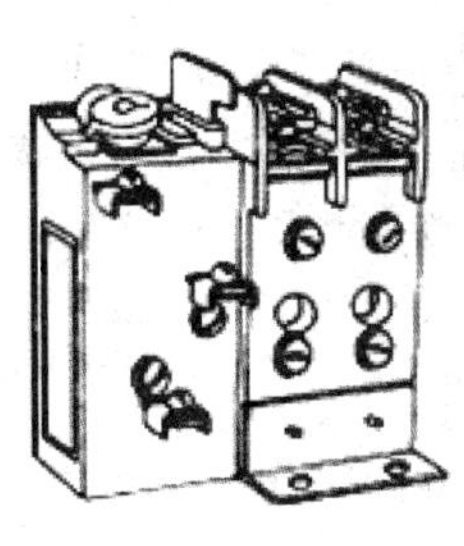

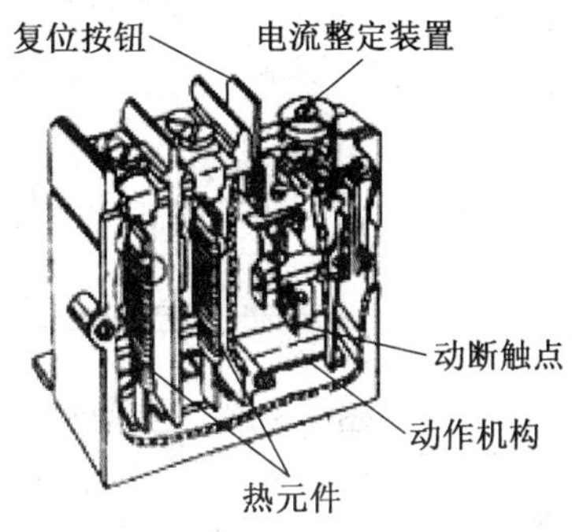

图 2.3-16 热继电器的外形结构

(2) 图形及文字符号

热继电器中元件的图形和文字符号如图 2.3-17 所示。

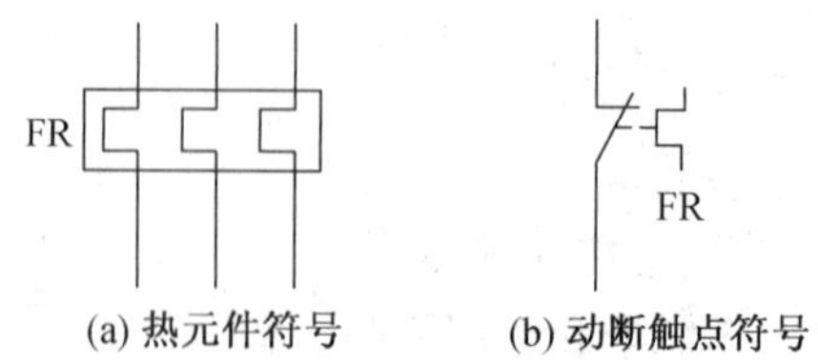

图 2.3-17 热继电器中元件的图形和文字符号

(3) 工作原理

热继电器是利用电流的热效应来工作的,它的发热元件由电阻丝和双金属片构成。当电动机过载时,电阻丝温度急剧上升,使双金属片受热弯曲,从而推动机构使触点动作。

2. 时间继电器

时间继电器是一种利用电磁原理或机械动作来延迟触头闭合或分断的自动控制电器。时间继电器有电磁式、电动式、空气阻尼式、晶体管式等。目前广泛采用的是空气阻尼式时间继电器,其结构简单、价格低廉。

空气阻尼式时间继电器可分为通电延时和断电延时两种。通电延时(或断电延时)型时间继电器,即线圈通电(或断电)后,瞬时动作触点立即动作,而延时动作触点需要经过一定时间才能动作。将时间继电器的电磁线圈翻转 180°安装,可以将断电延时继电器改装为通电延时继电器,反之亦然。延时的时间可以根据实际需要进行调节。

(1) 结构

空气阻尼式时间继电器的结构如图 2.3-18 所示,主要由电磁系统、触点系统、延时机构等部分组成。触点系统由两对瞬时动作触点(一对动合、一对动断)和两对延时动作触点(一对动合、一对动断)组成。

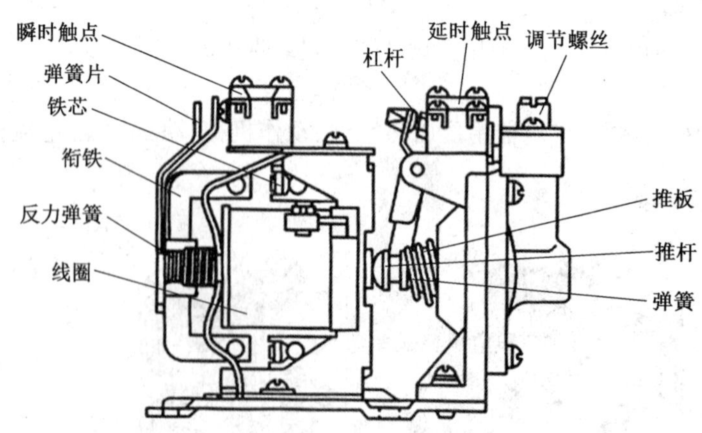

图 2.3-18 空气阻尼式时间继电器的结构

(2) 图形及文字符号

时间继电器中部分元件的图形和文字符号如图 2.3-19 所示。

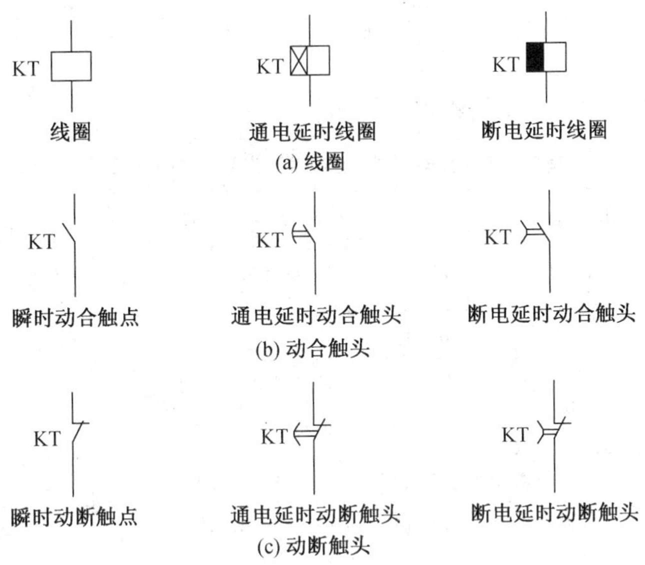

图 2.3-19 时间继电器中元件的图形和文字符号

3. 中间继电器

中间继电器是一种能将某一信号进行传递、放大或变成多路信号,具有中间转换作用的自动控制电器。中间继电器的结构与工作原理和交流接触器基本相同,只是它没有主、辅触点之分。每对触点的额定电流一般均为 5 A。若被控制电流在 5 A 以下,中间继电器可以作为交流接触器来使用。中间继电器结构如图 2.3-20 所示。

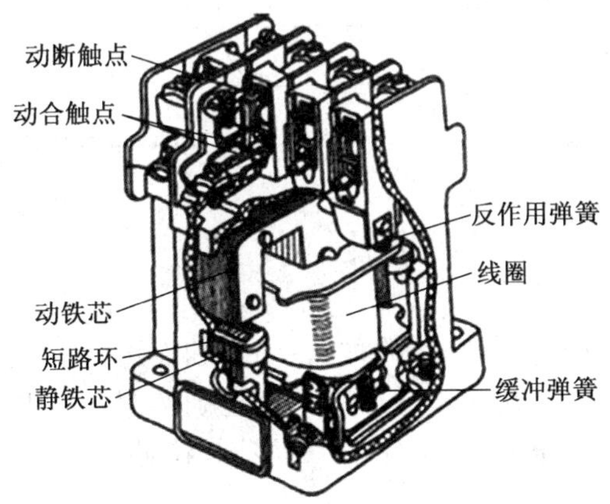

图 2.3-20 中间继电器的结构

中间继电器中元件的符号如图 2.3-21 所示。

图 2.3-21 中间继电器中元件的符号

任务实施

根据表2.3-5对继电器进行拆装与检测。

表2.3-5 继电器的拆装与检修项目实训评价表

姓名		班级		指导教师		得分		
考核内容	配分(分)	评分标准				学生自评	学生互评	教师评价
安全文明	10	违反6S规范扣10分						
元件识别	20	1. 名称、符号识别错误,每只扣5分						
		2. 型号、规格识别不正确,每只扣5分						
时间继电器的整修和改装	35	1. 丢失或损坏零件,每件扣10分						
		2. 改装错误或扩大故障,扣30分						
		3. 整修和改装方法不正确,每次扣5分						
		4. 整修和改装后不能装配,不能通电,扣35分						
通电校验	35	1. 不能进行通电校验,扣35分						
		2. 校验线路接错,扣20分						
		3. 通电校验不符合要求,扣30分						
		4. 安装元件不牢固或漏接接地线,扣15分						
合计	100							
记录		教师签字				年	月	日

项目小结

本项目重点介绍了五种低压电器的种类、结构和作用,低压电器的工作原理和选用原则。通过本项目的学习,能在实验过程中做到正确选用各类低压电器,学会低压电器的安装和拆卸方法,会对低压电器的常见故障进行正确处理。

项目四 三相异步电动机点动控制线路

任务一 认识点动控制线路

◎ 知识要点

1. 了解点动控制线路在机床设备中的应用。
2. 掌握点动控制线路原理图的绘制、识读。

◎ 技能要点

熟练掌握点动控制线路的安装工艺要求及基本检修方法。

任务描述

机械设备中如机床在调整刀架、试车、吊车在定点放落重物时,常常需要电动机短时的断续工作,即需要按下按钮,电动机就转动,松开按钮,电动机就停转,实现这种动作特点的控制就叫作点动控制。

相关知识

1. 电气控制图

三相异步电动机点动控制线路图,如图 2.4-1 所示。

点动控制电路是最简单的二次控制电路,用于实现电机的点动运行控制。其主电路由三相电源经隔离开关 QS、主电路熔断器 FU1、交流接触器主触点 KM 及动力设备电动机组成;控制电路:由控制电路熔断器 FU2、常开按钮 SB 及接触器线圈 KM 组成。

> 提示
>
> 国标规定,L—相线,PE—保护接地线。

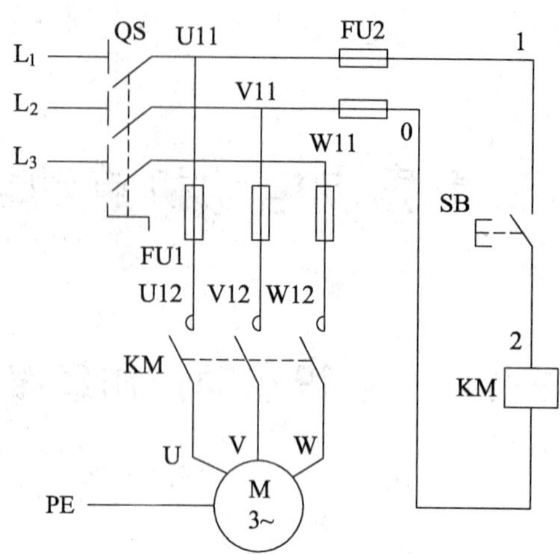

图 2.4-1 点动控制线路图

2. 电器元件作用

电器元件及其作用见表 2.4-1。

表 2.4-1 电器元件及其作用

序号	元件名称	文字符号	元件作用
1	组合开关	QS	线路电源控制
2	熔断器	FU1	主线路短路保护
3	熔断器	FU2	控制线路短路保护
4	接触器	KM	电动机电源控制
5	动合按钮	SB	电动机启动、停止

任务实施

如图 2.4-1 所示,线路控制过程如下:

(1)启动过程

合上电源隔离开关 QS。

按下按钮开关 SB→接触器 KM 线圈得电→接触器 KM 主触头闭合→主电路通电→电动机 M 启动运转

(2) 停止过程

松开按钮 SB→KM 线圈失电→KM 主触头断开→电动机 M 失电停转

任务二 安装点动控制线路

◎ 知识要点

掌握点动控制线路原理。

◎ 技能要点

熟练掌握点动控制线路的安装工艺要求及基本检修方法。

任务描述

本任务是安装点动控制线路。点动控制线路安装元件、材料清单见表 2.4-2 和表 2.4-3。

表 2.4-2 元件清单

序号	元件名称	文字符号	型号	规格	数量
1	三相异步电动机	M	Y112M－4	4 kW,380 V,8.8 A, △连接,1 440 r/min	1
2	组合开关	QS	HZ10－25/3	三极,额定电流 25 A	1
3	熔断器	FU1	RL－60/25	500 V,60 A,熔体额定电流 25 A	3
4	熔断器	FU2	RL1－15/2	500 V,15 A,熔体额定电流 2 A	2
5	接触器	KM	CJ10－20	20 A,线圈电压 380 V	1
6	动合按钮	SB	LA10－3H	保护式,500 W,5 A,按钮数 3	1
7	端子排	XT	JX2－1015	380 V,10 A,20 节	1

表 2.4-3 材料清单

序号	线路安装类型	材料名称	型号	规格	数量
1	板前明线布线	主线路导线	BVL	2.5 mm^2,黑色	若干
		控制线路导线	BV	1.5 mm^2,红色	
		按钮线	BVR	1.7 mm^2,白色	
		控制板		500 mm×650 mm	1
2	板前线槽布线	布线槽		18 mm×25 mm	若干
		主线路导线	BVR	1.5 mm^2,黑色	
		控制线路导线	BVR	1 mm^2,红色	
		按钮线	BVR	0.75 mm^2,白色	
		控制板		500 mm×650 mm	1

相关知识

1. 电器布置图

点动控制线路电器布置如图 2.4-2 所示。

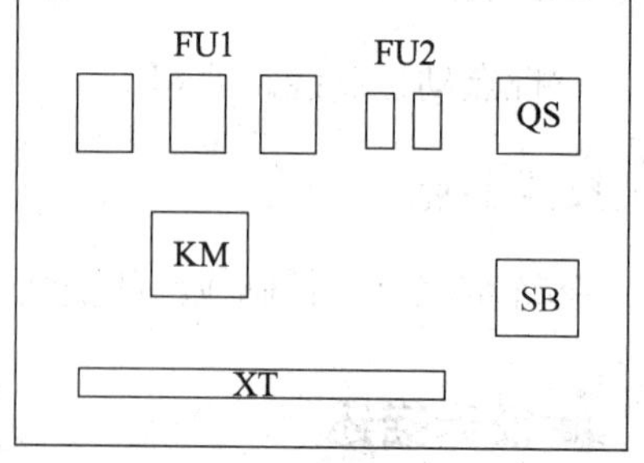

图 2.4-2　点动控制线路电器布置图

2. 安装工艺及步骤

(1) 识读线路图

明确线路所用电器元件及其作用,熟悉线路控制运行过程。

(2) 配置电器元件,并检验元件质量

① 电器元件的技术数据(如型号、规格、额定电压、额定电流等)应完整并符合要求,外观无损伤。

② 应在不通电的情况下,检查电器元件的电磁机构动作是否灵活,用万用表检查电磁线圈的通断情况及各触头的分合情况。

③ 检查接触器线圈额定电压与电源电压是否一致。

④ 对电动机的质量进行常规检查。

任务实施

1. 安装电器元件

电器元件尽可能组装在一起,按钮、手动控制开关应安装在操作方便的位置,电动机等应安装在利于转动或指定的位置上。所有电器元件安装的位置还应考虑便于更换及检修、维修方便。为满足这些要求,应设计电器布置图,力求电器元件布局合理、科学、美观。

2. 布线

(1) 板前明线布线工艺要求

① 主线路导线截面积应根据电动机容量进行选择。

② 控制线路一般采用截面积为 1.5 mm^2 的单股铜芯、绝缘导线。

③ 按钮线一般采用截面积为 0.75 mm^2 的多股铜芯、绝缘软线。

④ 主线路、控制线路导线颜色应加以区分。

(2) 板前线槽布线工艺要求

① 所有导线的截面积等于或大于 0.5 mm^2 时,必须采用软线。

② 布线时严禁损伤线芯和导线绝缘。

③ 各电器严禁接线端子引出导线的走向,以元件的水平中心线为界线,在水平中心线以上接线端子引出的导线,必须进入元件上面的布线槽;在水平中心线以下接线端子引出的导线,必须进入元件下面的布线槽;任何导线都不允许从水平方向进入布线槽内。

④ 各电器元件与布线槽之间的外露导线,应布线合理,并尽可能做到横平竖直,变换走向要垂直。

⑤ 一个电器元件接线端子上的连接导线不得超过两根，每节接线端子板上的连接导线一般只允许连接一根。

3. 自检

用万用表检查时，应选用电阻挡的适当倍率，并进行校零，以防错漏故障。

① 检查控制电路，可将表笔分别搭在 U1，V1 上，读数应为“∞”，按下 SB 时读数应为接触器线圈的直流电阻阻值。

② 检查主电路时，可用手动来代替接触器受电线圈励磁吸合时的情况以进行检查。

4. 通电试车

接电前必须征得指导教师的同意，并由指导教师接通电源同时在现场监护。

5. 考核

根据表 2.4-4 完成点动控制线路的安装与检测。

表 2.4-4 点动控制线路安装项目实训评价表

姓名		班级		指导教师		得分		
考核内容		配分(分)	评分标准			学生自评	学生互评	教师评价
安全文明生产		10	违反 6S 规范，扣 10 分					
装前检查		5	电器元件漏检或错检，每处扣 1 分					
安装元件		20	1. 不按布置图安装，扣 20 分 2. 元件安装不牢固，每只扣 4 分 3. 元件安装不整齐、不匀称、不合理，每只扣 3 分 4. 损坏元件，扣 20 分					
布线		50	1. 不按线路图接线，每处扣 10 分 2. 布线不符合要求，主线路每根扣 5 分，控制线路每根扣 2 分 3. 接点不符合要求，每个接点扣 1 分 4. 损伤导线绝缘或线芯，每根扣 5 分					
通电试运行		15	1. 第一次试运行不成功，扣 5 分 2. 第二次试运行不成功，扣 10 分 3. 第三次试运行不成功，扣 15 分					
超时			每超时 5 min，扣 5 分					
合计		100						
记录			教师签字			年 月 日		

项 目 小 结

本项目重点介绍了点动控制线路在机床设备中的作用及线路的工作原理。通过本项目的学习,能在项目实施过程中正确识读原理图,会将原理图转化为接线图,会按工艺要求正确安装电路,并对所安装的电路进行检修。

项目五 三相异步电动机自锁正转控制线路

任务一 认识接触器自锁正转控制线路

◎ 知识要点

了解接触器自锁正转控制线路在机床设备中的应用。

◎ 技能要点

掌握接触器自锁正转控制线路原理图的绘制、识读。

任务描述

在实际应用场合中,常常需要电动机启动后能够长期运行,采用点动控制线路显然是不行的。为实现电动机的连续正转,可采用带过载保护的接触器自锁正转控制电路。

相关知识

1. 电气控制图

三相异步电动机接触器自锁正转控制线路图,如图 2.5-1 所示。

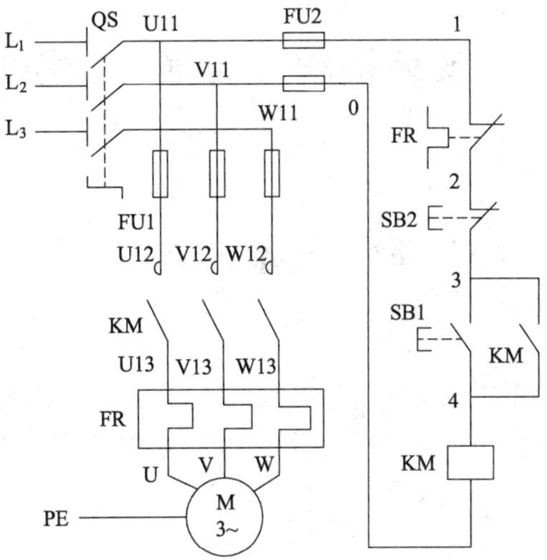

图 2.5-1 接触器自锁正转控制线路图

2. 电器元件作用

接触器自锁正转控制线路中各元件及其作用见表2.5-1。

表2.5-1 接触器自锁正转控制线路中元件及其作用

序号	元件名称	文字符号	元件作用
1	组合开关	QS	线路电源控制
2	熔断器	FU1	主线路短路保护
3	熔断器	FU2	控制线路短路保护
4	接触器	KM	电动机电源控制
5	动合按钮	SB1	电动机启动
6	动断按钮	SB2	电动机停车
7	热继电器	FR	电动机过载保护

任务实施

如图2.5-1所示,线路控制过程如下:

(1)启动过程

合上电源隔离开关QS,按下启动按钮SB1 ⟶

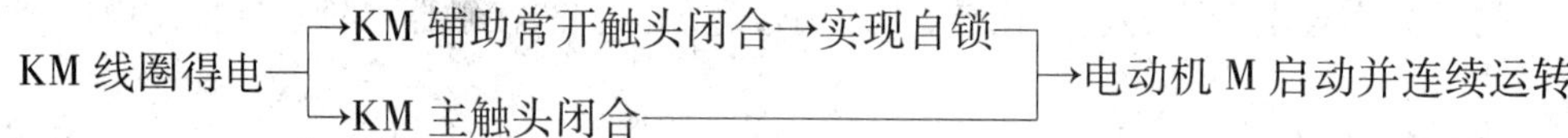

(2)停止过程

按下停车按钮SB2 ⟶ KM线圈失电—
→KM辅助常开触头断开
→KM主触头断开→电动机M失电停转

任务二 安装接触器自锁正转控制线路

◎ 知识要点

掌握接触器自锁正转控制线路原理图的绘制、识读。

◎ 技能要点

1. 掌握接触器自锁正转控制线路的工作原理并把原理图转化为接线图。
2. 熟练掌握接触器自锁正转控制线路的安装工艺要求及基本检修方法。

任务描述

本任务是使用表2.5-2和表2.5-3中的元件、材料安装接触器自锁正转控制线路。

表 2.5-2 元件清单

序号	元件名称	文字符号	型号	规格	数量
1	三相异步电动机	M	Y112M－4	4 kW,380 V,8.8 A,△连接,1 440 r/min	1
2	组合开关	QS	HZ10－25/3	三极,额定电流 25 A	1
3	熔断器	FU1	RL－60/25	500 V,60 A,熔体额定电流 25 A	3
4	熔断器	FU2	RL1－15/2	500 V,15 A,熔体额定电流 2 A	2
5	接触器	KM	CJ10－20	20 A,线圈电压 380 V	1
6	按钮	SB	LA10－3H	保护式,500 W,5 A,按钮数 3	1
7	热继电器	FR	JR16－20/3	三极,25 A,380 V	1
8	端子排	XT	JX2－1015	380 V,10 A,20 节	1

表 2.5-3 材料清单

序号	线路安装类型	材料名称	型号	规格	数量
1	板前明线布线	主线路导线	BVL	2.5 mm^2,黑色	若干
		控制线路导线	BV	1.5 mm^2,红色	
		按钮线	BVR	1.7 mm^2,白色	
		控制板		500 mm×650 mm	1
2	板前线槽布线	布线槽		18 mm×25 mm	若干
		主线路导线	BVR	1.5 mm^2,黑色	
		控制线路导线	BVR	1 mm^2,红色	
		按钮线	BVR	0.75 mm^2,白色	
		控制板		500 mm×650 mm	1

相关知识

1. 电器布置图

接触器自锁正转控制线路电器布置如图 2.5-2 所示。

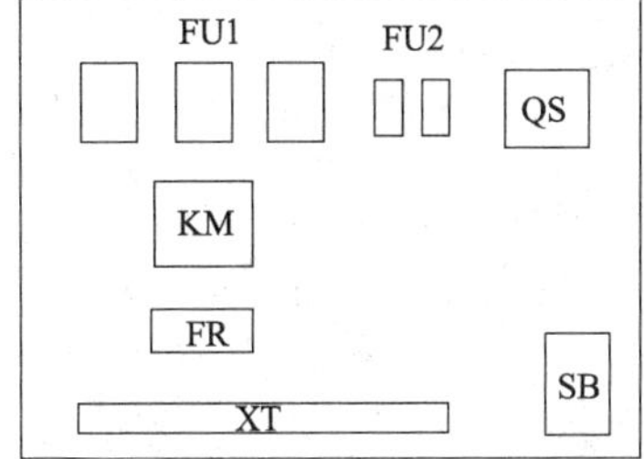

图 2.5-2 接触器自锁正转控制线路电器布置图

2. 安装工艺及步骤

(1) 识读线路图

明确线路所用电器元件及其作用,熟悉线路控制运行过程。

(2) 配置电器元件,并检验元件质量

① 电器元件的技术数据(如型号、规格、额定电压、额定电流等)应完整并符合要求,外观无损伤。

② 应在不通电的情况下,检查电器元件的电磁机构动作是否灵活,用万用表检查电磁线圈的通断情况及各触头的分合情况。

③ 检查接触器线圈额定电压与电源电压是否一致。

④ 对电动机的质量进行常规检查。

任务实施

1. 故障分析与排除

将开关 QS 合上后按下启动按钮 SB1,发现有下列现象:

(1) 接触器 KM 不动作。

(2) 接触器 KM 动作,但电动机不转。

(3) 电动机转动,但一松手电动机就不转。

(4) 接触器动作但吸合不上。

(5) 接触器触点有明显颤动,噪音较大。

(6) 接触器线圈冒烟甚至烧坏。

(7) 电动机不转动或者转得极慢,并有“嗡嗡”声。

请分析故障原因并排除故障。

2. 注意事项

(1) 热继电器的热元件应串接在主电路中,其常闭触点应串接在控制电路中。

(2) 接触器的自锁常开触点 KM 必须与启动按钮 SB1 并联。

(3) 布线时应横平竖直,分布均匀,变换走向时应垂直。

(4) 单股铜芯线布线时,接点处露铜不能过长,触头垫片不能压绝缘皮,接点避免松动。

(5) 一个电器元件接线端子上的连接导线不得超过两根,每节接线端子板上的连接导线一般只允许连接一根。

3. 考核

根据表 2.5-4 完成接触器自锁正转控制线路的安装与检测。

表 2.5-4 接触器自锁正转控制线路安装项目实训评价表

姓名		班级		指导教师		得分		
考核内容	配分(分)	评分标准				学生自评	学生互评	教师评价
安全文明生产	10	违反 6S 规范,扣 10 分						
装前检查	5	电器元件漏检或错检,每处扣 1 分						
安装元件	20	1. 不按布置图安装,扣 20 分 2. 元件安装不牢固,每只扣 4 分 3. 元件安装不整齐、不匀称、不合理,每只扣 3 分 4. 损坏元件,扣 20 分						
布线	50	1. 不按线路图接线,每处扣 10 分 2. 布线不符合要求,主线路每根扣 5 分,控制线路每根扣 2 分 3. 接点不符合要求,每个接点扣 1 分 4. 损伤导线绝缘或线芯,每根扣 5 分						
通电试运行	15	1. 第一次试运行不成功,扣 5 分 2. 第二次试运行不成功,扣 10 分 3. 第三次试运行不成功,扣 15 分						
超时		每超时 5 min,扣 5 分						
合计	100							
记录		教师签字				年	月	日

项 目 小 结

本项目重点介绍了接触器自锁正转控制线路在机床设备中的作用及线路的工作原理。通过本项目的学习,能在项目实施过程中正确识读原理图,会将原理图转化为接线图,会按工艺要求正确安装电路,并对所安装的电路进行检修。

项目六 三相异步电动机连续与点动混合正转控制线路

任务一 认识连续与点动混合正转控制线路

◎ 知识要点

了解连续与点动混合正转控制线路在机床设备中的应用。

◎ 技能要点

掌握连续与点动混合正转控制线路原理图的绘制、识读。

任务描述

机床设备在正常工作时,一般需要电动机处在连续运转状态,但在试车或调整刀具与工件的相对位置时,又需要电动机能点动控制,可以实现这种工艺要求的电路是连续与点动混合正转控制线路。

相关知识

1. 电气控制图

三相异步电动机连续与点动混合正转控制线路图,如图 2.6-1 所示。

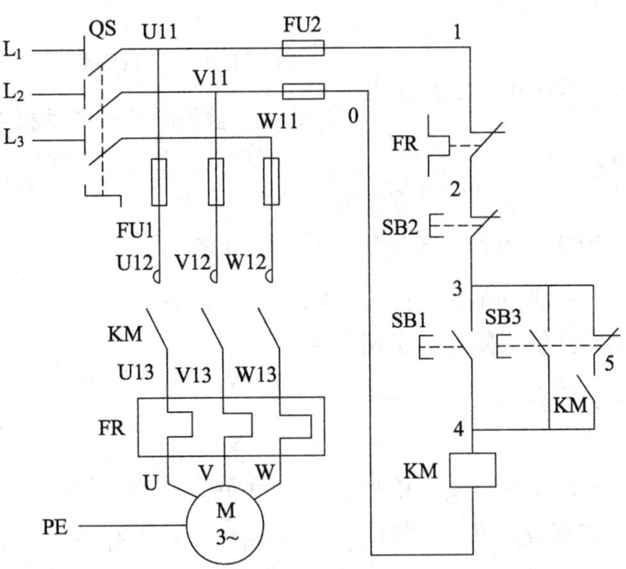

图 2.6-1 连续与点动混合正转控制线路图

2. 电器元件作用

三相异步电动机连续与点动混合正转控制线路中各元件及其作用见表 2.6-1。

表 2.6-1 连续与点动混合正转控制线路元件及其作用

序号	元件名称	文字符号	元件作用
1	组合开关	QS	线路电源控制
2	熔断器	FU1	主线路短路保护
3	熔断器	FU2	控制线路短路保护
4	接触器	KM	电动机电源控制
5	动合按钮	SB1	电动机连续启动
6	动断按钮	SB2	电动机停车
7	复合按钮	SB3	电动机点动
8	热继电器	FR	电动机过载保护

任务实施

如图 2.6-1 所示，线路控制原理如下：

(1) 连续控制

合上电源隔离开关 QS。

① 启动：

按下启动按钮 SB1 →KM 线圈得电—┬→KM 辅助常开触头闭合→实现自锁—┬→ 电动机 M 启动并连续运转
　　　　　　　　　　　　　　　　└→KM 主触头闭合——————————┘

② 停止:

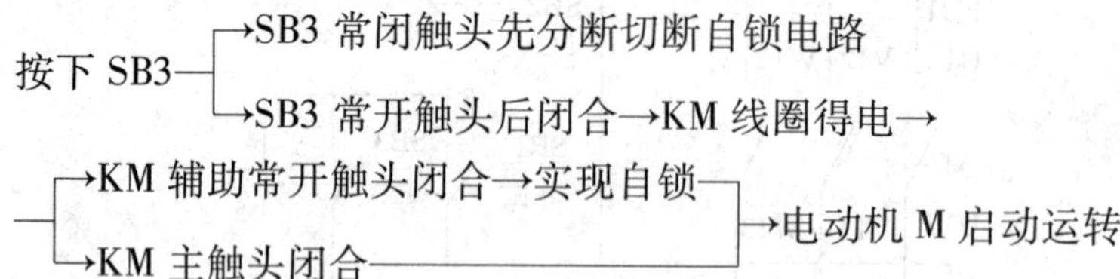

(2) 点动控制

① 启动:

② 停止:

松开SB3——→SB3常开触头先恢复分断→KM线圈失电→(→KM自锁触头分断；→KM主触头分断)→电动机M失电停转

松开SB3——→SB3常闭触头后恢复闭合

任务二　安装连续与点动混合正转控制线路

◎ 知识要点

掌握连续与点动混合正转控制线路原理图的绘制、识读。

◎ 技能要点

1. 掌握连续与点动混合正转控制线路的工作原理并把原理图转化为接线图。
2. 熟练掌握连续与点动混合正转控制线路的安装工艺要求及基本检修方法。

任务描述

本任务是使用表2.6-2和表2.6-3中的元件和材料安装连续与点动混合正转控制线路。

表2.6-2　线路安装元件清单

序号	元件名称	文字符号	型号	规格	数量
1	三相异步电动机	M	Y112M-4	4 kW,380 V,8.8 A,△连接,1 440 r/min	1
2	组合开关	QS	HZ10-25/3	三极,额定电流25 A	1
3	熔断器	FU1	RL-60/25	500 V,60 A,熔体额定电流25 A	3
4	熔断器	FU2	RL1-15/2	500 V,15 A,熔体额定电流2 A	2
5	接触器	KM	CJ10-20	20 A,线圈电压380 V	1

续表

序号	元件名称	文字符号	型号	规格	数量
6	按钮	SB	LA10－3H	保护式,500 W,5 A,按钮数 3	1
7	热继电器	FR	JR16－20/3	三极,25 A,380 V	1
8	端子排	XT	JX2－1015	380 V,10 A,20 节	1

表 2.6-3 线路安装材料清单

序号	线路安装类型	材料名称	型号	规格	数量
1	板前明线布线	主线路导线	BVL	2.5 mm^2,黑色	若干
		控制线路导线	BV	1.5 mm^2,红色	
		按钮线	BVR	1.7 mm^2,白色	
		控制板		500 mm×650 mm	1
2	板前线槽布线	布线槽		18 mm×25 mm	若干
		主线路导线	BVR	1.5 mm^2,黑色	
		控制线路导线	BVR	1 mm^2,红色	
		按钮线	BVR	0.75 mm^2,白色	
		控制板		500 mm×650 mm	1

相关知识

1. 电器布置图

连续与点动混合正转控制线路电器布置如图 2.6-2 所示。

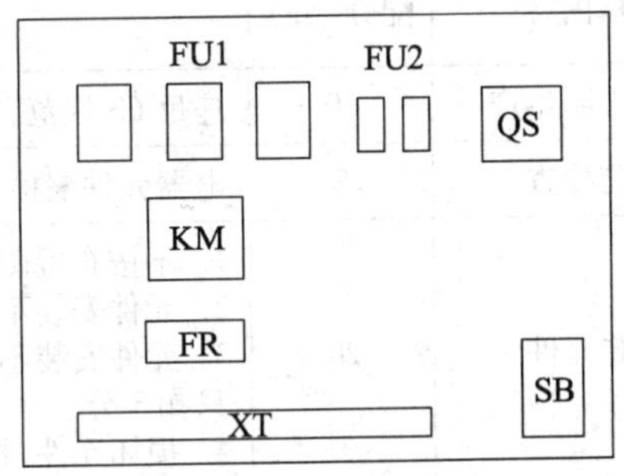

图 2.6-2 连续与点动混合正转控制线路电器布置图

2. 安装工艺及步骤

(1) 识读线路图

明确线路所用电器元件及其作用,熟悉线路控制运行过程。

(2) 配置电器元件,并检验元件质量

① 电器元件的技术数据(如型号、规格、额定电压、额定电流等)应完整并符合要求,外观无损伤。

② 应在不通电的情况下,检查电器元件的电磁机构动作是否灵活,用万用表检查电磁线圈的通断情况及各触头的分合情况。

③ 检查接触器线圈额定电压与电源电压是否一致。

④ 对电动机的质量进行常规检查。

3. 故障分析与排除

(1) 用试验法来发现故障现象

在用试验法来发现故障现象时,要注意观察电动机运行情况、接触器的动作情况和线路工作情况等,如发现有异常情况,应断电检查。

(2) 用逻辑分析法缩小故障范围

根据故障现象,在熟悉电气原理图的基础上,采用分组淘汰方法,将故障范围缩小。

(3) 用测量法确定故障点

① 试电笔测量法。

② 万用表测量法:分为两种,一种为电压测量法,另一种为电阻测量法。

排除故障时,应根据故障点的不同情况,采用正确的方法。

4. 注意事项

(1) 在排除故障前,应在电气原理图上用虚线标出故障电路中最短的故障线路。

(2) 排除故障前必须在规定的时间内完成线路的安装。

(3) 要熟练掌握电气原理图中各个环节的作用,做到故障分析、排除故障思路及方法正确。

(4) 在带电检查和检修故障时,必须有指导教师在场,并应确保安全。

任务实施

根据表 2.6-4 完成连续与点动混合正转控制线路的安装与检测。

表 2.6-4 连续与点动混合正转控制线路安装项目实训评价表

<table>
<tr><td>姓名</td><td></td><td>班级</td><td></td><td>指导教师</td><td></td><td>得分</td><td></td><td></td></tr>
<tr><td colspan="2">考核内容</td><td>配分(分)</td><td colspan="3">评分标准</td><td>学生自评</td><td>学生互评</td><td>教师评价</td></tr>
<tr><td colspan="2">安全文明生产</td><td>10</td><td colspan="3">违反 6S 规范,扣 10 分</td><td></td><td></td><td></td></tr>
<tr><td colspan="2">装前检查</td><td>5</td><td colspan="3">电器元件漏检或错检,每处扣 1 分</td><td></td><td></td><td></td></tr>
<tr><td colspan="2">安装元件</td><td>20</td><td colspan="3">1. 不按布置图安装,扣 20 分
2. 元件安装不牢固,每只扣 4 分
3. 元件安装不整齐、不匀称、不合理,每只扣 3 分
4. 损坏元件,扣 20 分</td><td></td><td></td><td></td></tr>
<tr><td colspan="2">布线</td><td>50</td><td colspan="3">1. 不按线路图接线,每处扣 10 分
2. 布线不符合要求,主线路每根扣 5 分,控制线路每根扣 2 分
3. 接点不符合要求,每个接点扣 1 分
4. 损伤导线绝缘或线芯,每根扣 5 分</td><td></td><td></td><td></td></tr>
<tr><td colspan="2">通电试运行</td><td>15</td><td colspan="3">1. 第一次试运行不成功,扣 5 分
2. 第二次试运行不成功,扣 10 分
3. 第三次试运行不成功,扣 15 分</td><td></td><td></td><td></td></tr>
<tr><td colspan="2">超时</td><td></td><td colspan="3">每超时 5min,扣 5 分</td><td></td><td></td><td></td></tr>
<tr><td colspan="2">合计</td><td>100</td><td colspan="3"></td><td></td><td></td><td></td></tr>
<tr><td colspan="3">记录</td><td colspan="6">教师签字　　　　　　　　　　　　年　　月　　日</td></tr>
</table>

项 目 小 结

本项目重点介绍了连续与点动混合正转控制线路在机床设备中的作用及线路的工作原理。通过本项目的学习，能在项目实施过程中正确识读原理图，会将原理图转化为接线图，会按工艺要求正确安装电路，并对所安装的电路进行检修。

项目七 三相异步电动机正反转控制线路

任务一 认识接触器联锁正反转控制线路

◎ 知识要点

了解接触器联锁正反转控制线路在机床设备中的应用。

◎ 技能要点

掌握接触器联锁正反转控制线路原理图的绘制、识读。

任务描述

正转控制线路只能使电动机朝一个方向旋转,带动生产机械的运动部件朝一个方向运动。但许多生产机械往往要求运动部件能向正反两个方向运动,如机床工作台的前进与后退,万能铣床主轴的正转与反转,起重机的上升与下降等,这就要求电动机能实现正、反双向运转。

相关知识

三相异步电动机接触器联锁正反转控制线路原理图,如图 2.7-1 所示。

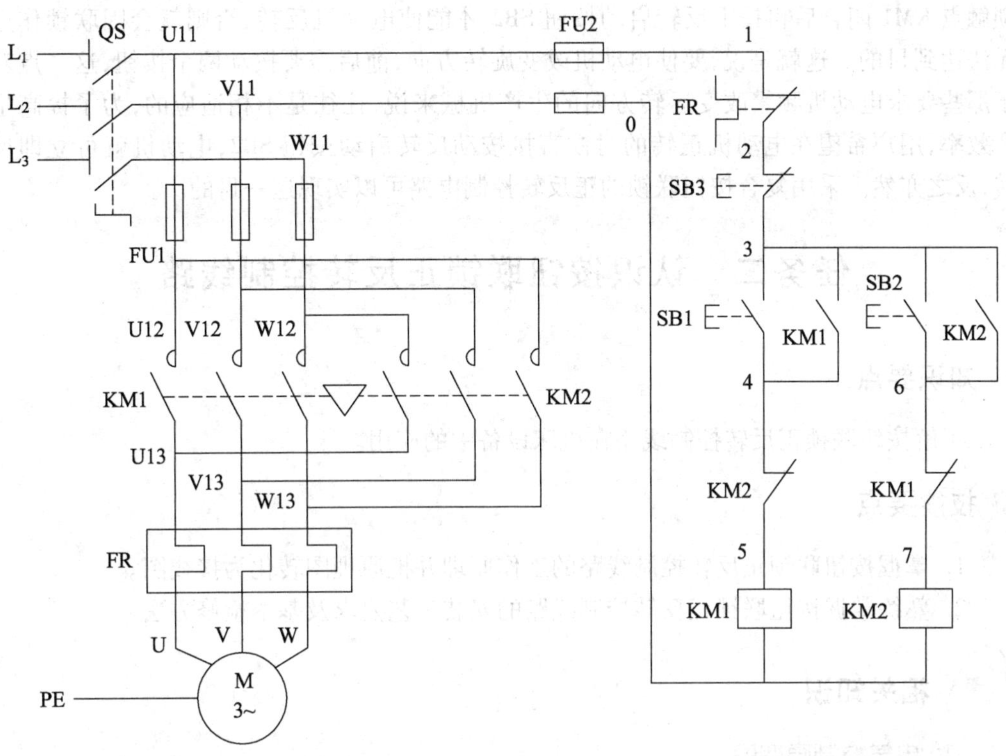

图 2.7-1 接触器联锁正反转控制线路图

任务实施

1. 工作原理

(1) 正转的控制

合上电源隔离开关 QS。

按下SB1→KM1线圈得电→KM1联锁触头分断对KM2线圈联锁；→KM1自锁触头闭合自锁、→KM1主触头闭合→电动机M启动连续正转

(2) 反转控制

当需切换到反转状态时,需要先按下停止按钮 SB3,停止控制的过程:

按下SB3→KM1线圈失电→KM1联锁触头恢复闭合，解除对KM2线圈联锁；→KM1自锁触头分断解除自锁、→KM1主触头分断→电动机M失电停转

按下SB2→KM2线圈得电→KM2联锁触头分断对KM1线圈联锁；→KM2自锁触头闭合自锁、→KM2主触头闭合→电动机M启动连续反转

2. 存在问题

电路在具体操作时,若电动机处于正转状态,要反转时必须先按停止按钮 SB3,使联

锁触点 KM1 闭合后再按下反转启动按钮 SB2 才能使电动机反转,否则就会因联锁作用无法达到目的。这就是说,要使电动机改变旋转方向,前后需要按动两个按钮,这一点对于那些要求电动机频繁改变运转方向的生产机械来说,往往是不相适应的,为了提高生产效率,用户希望在电动机正转的时候直接按动反转启动按钮 SB2,电动机就可立即反转,反之亦然。采用复合按钮联锁的正反转控制电路可以实现这一目的。

任务二　认识按钮联锁正反转控制线路

◎ 知识要点

了解按钮联锁正反转控制线路在机床设备中的应用。

◎ 技能要点

1. 掌握按钮联锁正反转控制线路的工作原理并把原理图转化为接线图。
2. 熟练掌握按钮联锁正反转控制线路的安装工艺要求及基本检修方法。

相关知识

1. 电气控制原理图

三相异步电动机按钮联锁正反转控制线路原理图,如图 2.7-2 所示。

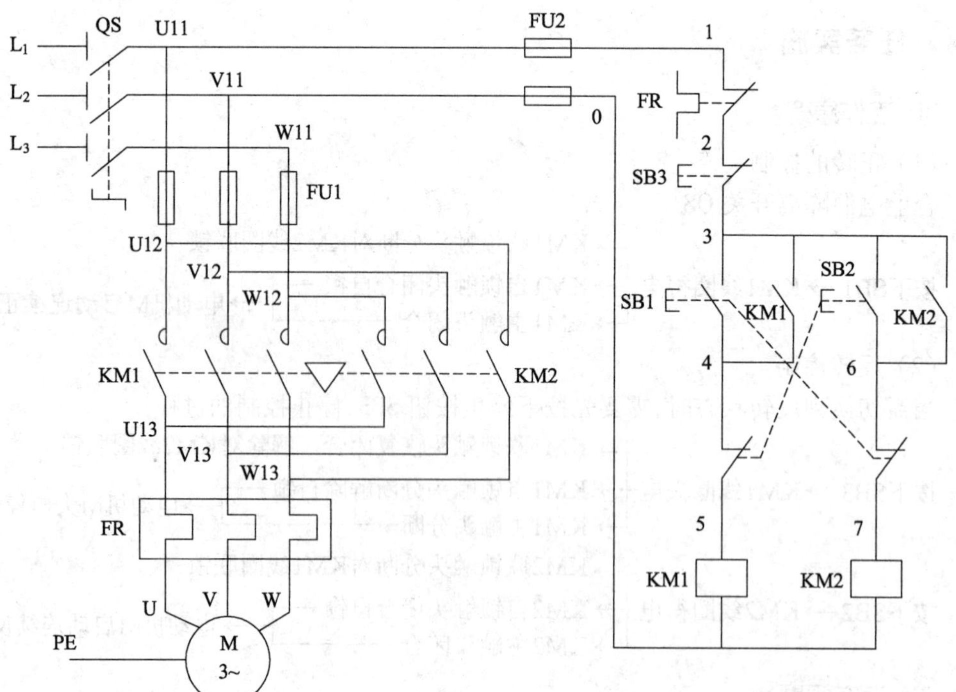

图 2.7-2　按钮联锁正反转控制线路图

2. 电器布置图

三相异步电动机按钮联锁正反转控制线路电器布置如图 2.7-3 所示。

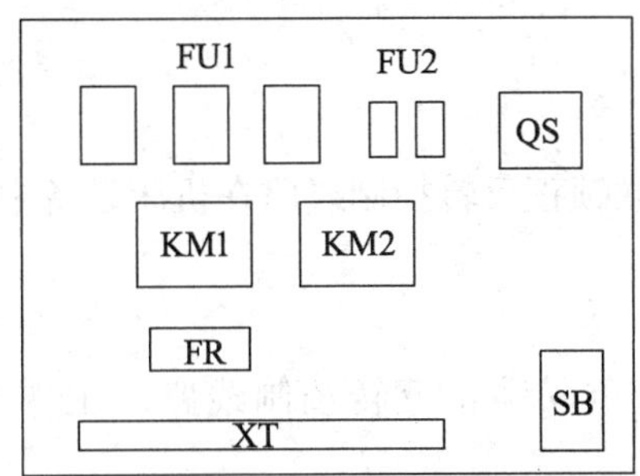

图 2.7-3 按钮联锁正反转控制电器布置图

3. 安装工艺及步骤

(1) 识读线路图

明确线路所用电器元件及其作用，熟悉线路控制运行过程。

(2) 配置电器元件，检验元件质量

① 电器元件的技术数据（如型号、规格、额定电压、额定电流等）应完整并符合要求，外观无损伤。

② 应在不通电的情况下，检查电器元件的电磁机构动作是否灵活，用万用表检查电磁线圈的通断情况及各触头的分合情况。

③ 检查接触器线圈额定电压与电源电压是否一致。

④ 对电动机的质量进行常规检查。

任务实施

1. 工作过程

该电路的特点是电动机从正转变为反转时，直接按下反转按钮 SB2 即可实现，不必先按停止按钮 SB3。因为当按下反转按钮 SB2 时，串接在正转控制电路中的 SB2 的常闭触头先分断，使正转接触器 KM1 线圈失电，KM1 主触头和自锁触头分断，电动机 M 失电，惯性运转。SB2 的常闭触头分断后，其常开触头随后闭合，接通反转控制电路，电动机 M 便反转。这样既保证了 KM1 和 KM2 线圈不会同时接通，又可不按停止按钮而直接按反转按钮实现反转。

2. 特点

这种线路的优点是操作方便，缺点是易产生短路故障，如某个接触器主触头发生熔焊而分断不开时，直接按动反转启动按钮，仍会发生短路故障。

接触器联锁电路工作安全性好，缺点是操作不便，正、反转切换必须通过停车后实现。复合按钮联锁控制电路克服了接触器联锁电路的缺点，但安全性需由按钮的品质保证。要安全可靠，下面介绍接触器和按钮双重联锁的正反转控制线路。

任务三　认识按钮、接触器双重联锁正反转控制线路

◎ 知识要点

了解按钮、接触器双重联锁正反转控制线路在机床设备中的应用。

◎ 技能要点

1. 掌握按钮、接触器双重联锁正反转控制线路的工作原理并把原理图转化为接线图。

2. 熟练掌握按钮、接触器双重联锁正反转控制线路的安装工艺要求及基本检修方法。

任务描述

本任务是在掌握按钮、接触器双重联锁正反转控制线路原理的基础上,完成线路的安装和检测。表2.7-1和表2.7-2为线路安装所需元件和材料。

表2.7-1　元件清单

序号	元件名称	文字符号	型号	规格	数量
1	三相异步电动机	M	Y112M－4	4 kW,380 V,8.8 A,△连接,1 440 r/min	1
2	组合开关	QS	HZ10－25/3	三极、额定电流25 A	1
3	熔断器	FU1	RL－60/25	500 V,60 A,熔体额定电流25 A	3
4	熔断器	FU2	RL1－15/2	500 V,15 A,熔体额定电流2 A	2
5	接触器	KM1,KM2	CJ10－20	20 A,线圈电压380 V	2
6	按钮	SB	LA10－3H	保护式,500 W,5 A,按钮数3	1
7	热继电器	FR	JR16－20/3	三极,25 A,380 V	1
8	端子排	XT	JX2－1015	380 V,10 A,20节	1

表2.7-2　材料清单

序号	线路安装类型	材料名称	型号	规格	数量
1	板前明线布线	主线路导线	BVL	2.5 mm^2,黑色	若干
		控制线路导线	BV	1.5 mm^2,红色	
		按钮线	BVR	1.7 mm^2,白色	
		控制板		500 mm×650 mm	1

续表

序号	线路安装类型	材料名称	型号	规格	数量
2	板前线槽布线	布线槽		18 mm×25 mm	若干
		主线路导线	BVR	1.5 mm^2,黑色	
		控制线路导线	BVR	1 mm^2,红色	
		按钮线	BVR	0.75 mm^2,白色	
		控制板		500 mm×650 mm	1

相关知识

1. 电气控制原理图

三相异步电动机按钮、接触器双重联锁正反转控制线路原理图,如图 2.7-4 所示。

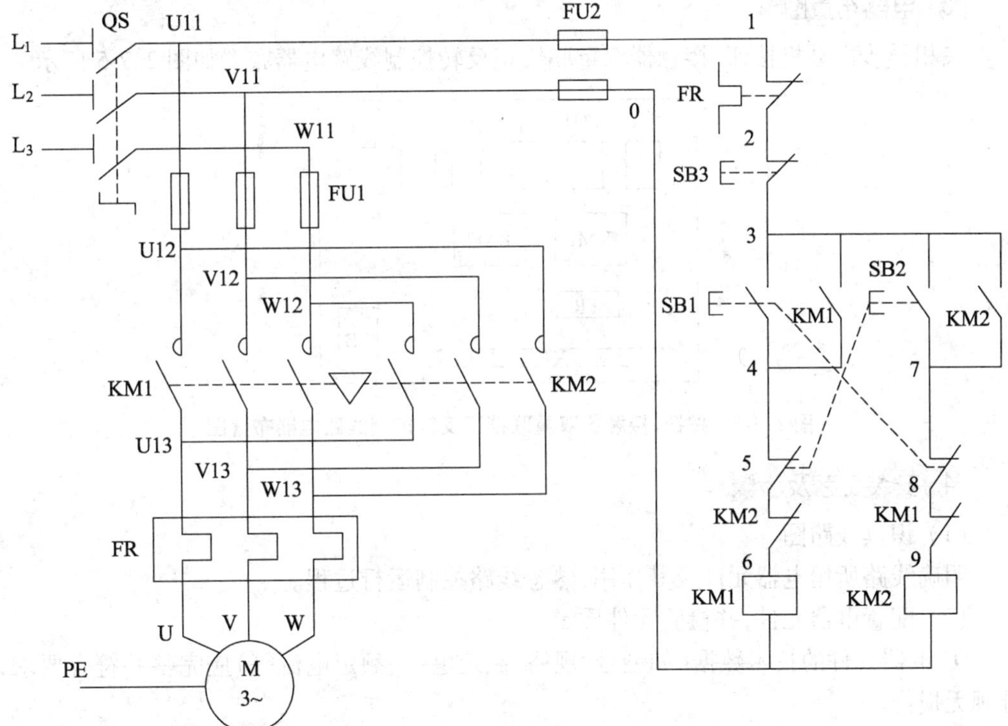

图 2.7-4 按钮、接触器双重联锁正反转控制线路图

2. 电器元件作用

按钮、接触器双重联锁正反转控制线路中各元件及其作用见表 2.7-3。

表 2.7-3 按钮、接触器双重联锁正反转控制线路中元件及其作用

序号	元件名称	文字符号	元件作用
1	组合开关	QS	线路电源控制
2	熔断器	FU1	主线路短路保护
3	熔断器	FU2	控制线路短路保护
4	接触器	KM1	电动机正转电源控制
5	接触器	KM2	电动机反转电源控制
6	按钮	SB1	电动机正转启动
7	按钮	SB2	电动机反转启动
8	按钮	SB3	电动机停止
9	热继电器	FR	电动机过载保护

3. 电器布置图

三相异步电动机按钮、接触器双重联锁正反转控制线路电器布置如图 2.7-5 所示。

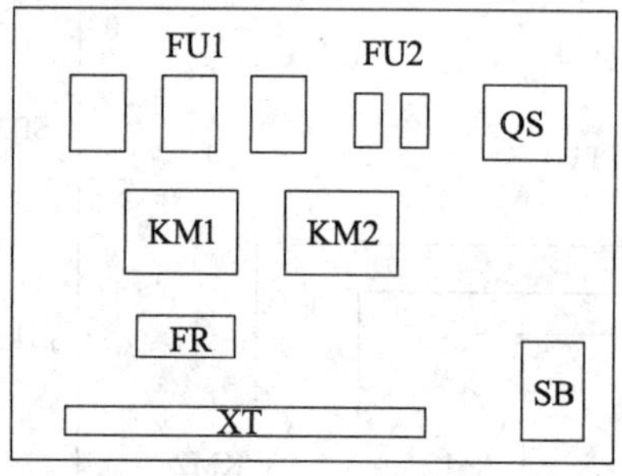

图 2.7-5 按钮、接触器双重联锁正反转控制线路电器布置图

4. 安装工艺及步骤

(1) 识读线路图

明确线路所用电器元件及其作用,熟悉线路控制运行过程。

(2) 配置电器元件,并检验元件质量

① 电器元件的技术数据(如型号、规格、额定电压、额定电流等)应完整并符合要求,外观无损伤。

② 应在不通电的情况下,检查电器元件的电磁机构动作是否灵活,用万用表检查电磁线圈的通断情况及各触头的分合情况。

③ 检查接触器线圈额定电压与电源电压是否一致。

④ 对电动机的质量进行常规检查。

5. 故障分析与排除

(1) 用试验法观察故障现象,初步判定故障范围

试验法是对有故障的电气设备的线路进行通电试验,可通过观察电气设备和电器元

件的动作,看它是否正常,各控制环节的动作程序是否符合要求,以找出故障发生部位或回路。

(2)用逻辑分析法缩小故障范围

逻辑分析法是根据电气控制线路的工作原理、控制环节的动作程序及它们之间的联系,结合故障现象做具体的分析,迅速地缩小故障范围,从而判断出故障所在。这种排除故障的方法比较快,特别适用于对复杂线路的故障检查。

(3)用测量法确定故障点

测量法是利用电工工具和仪表对线路进行带电或断电测量。

① 试电笔测量法:多用于检测主电路各点是否有电及熔断器是否熔断。

② 万用表测量法:分为两种,一种为电压测量法,另一种为电阻测量法。

电压测量法:在线路通电情况下,通过测量某两点之间有无电压来判断是否存在故障。

电阻测量法:在线路不通电情况下,通过测量某两点之间有无电阻来判断是否存在故障。

从实践来看,由于电阻测量法是在线路不通电情况下进行测量,安全系数高,所以应用更为广泛。

任务实施

1. 工作原理

如图 2.7-4 所示,线路控制过程如下:

(1)正转控制

合上电源隔离开关 QS。

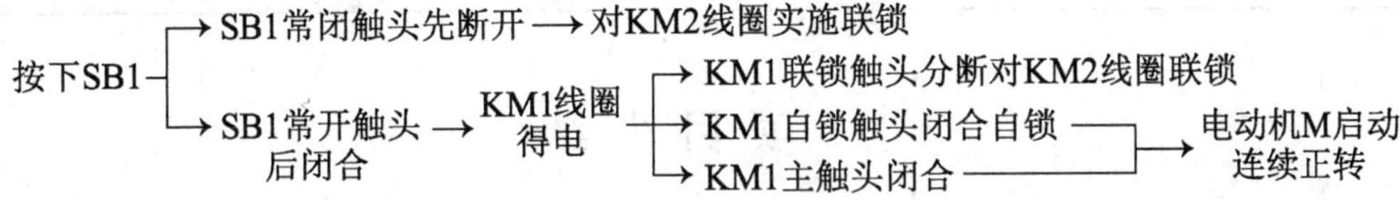

(2)反转控制

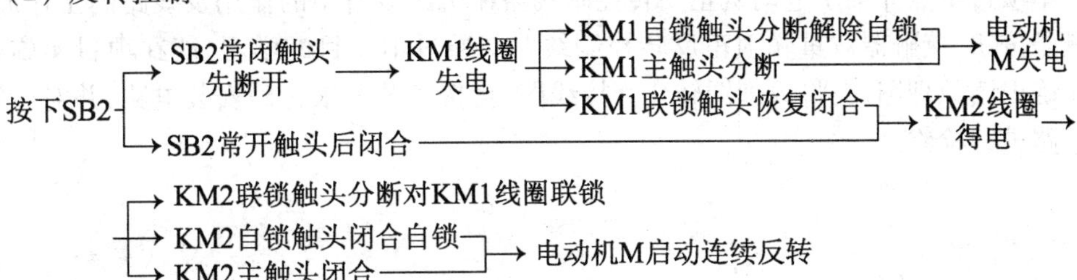

(3)停止

按下 SB3,整个控制电路断电,主触头断开,电动机 M 失电停转。

2. 线路安装与检测

根据表 2.7-4 完成按钮、接触器双重联锁正反转控制线路的安装与检测。

表 2.7-4 按钮、接触器双重联锁正反转控制线路安装项目实训评价表

姓名		班级	指导教师	得分		
考核内容	配分(分)		评分标准	学生自评	学生互评	教师评价
安全文明生产	10		违反 6S 规范,扣 10 分			
装前检查	5		电器元件漏检或错检,每处扣 1 分			
安装元件	20		1. 不按布置图安装,扣 20 分 2. 元件安装不牢固,每只扣 4 分 3. 元件安装不整齐、不匀称、不合理,每只扣 3 分 4. 损坏元件,扣 20 分			
布线	50		1. 不按线路图接线,每处扣 10 分 2. 布线不符合要求,主线路每根扣 5 分,控制线路每根扣 2 分 3. 接点不符合要求,每个接点扣 1 分 4. 损伤导线绝缘或线芯,每根扣 5 分			
通电试运行	15		1. 第一次试运行不成功,扣 5 分 2. 第二次试运行不成功,扣 10 分 3. 第三次试运行不成功,扣 15 分			
超时			每超时 5 min,扣 5 分			
合计	100					
记录			教师签字	年	月	日

项 目 小 结

本项目重点介绍了电动机正反转控制线路在机床设备中的作用及线路的工作原理,尤其是按钮、接触器双重联锁正反转控制线路。通过本项目的学习,能在项目实施过程中正确识读原理图,会将原理图转化为接线图,会按工艺要求正确安装电路,并对所安装的电路进行检修。

项目八 顺序控制线路

任务一 认识两台电动机顺序启动、逆序停止控制线路

◎ 知识要点

掌握两台电动机顺序启动、逆序停止控制线路原理图的绘制、识读。

◎ 技能要点

掌握两台电动机顺序启动、逆序停止控制线路的工作原理,并把原理图转化为接线图。

任务描述

在装有多台电动机的生产机械上,各电动机所起的作用是不同的,有时需按一定的顺序启动或停止,才能保证操作过程的合理和工作的安全可靠。例如:X62W 型万能铣床上要求主轴电动机启动后,进给电动机才能启动;M7120 型平面磨床上要求砂轮电动机启动后,冷却泵电动机才能启动。像这种要求几台电动机的启动或停止必须按一定的先后顺序来完成的控制方式,叫作电动机的顺序控制。

相关知识

1. 控制原理图

由控制电路实现两台电动机顺序启动、逆序停止控制线路原理图,如图 2.8-1 所示。

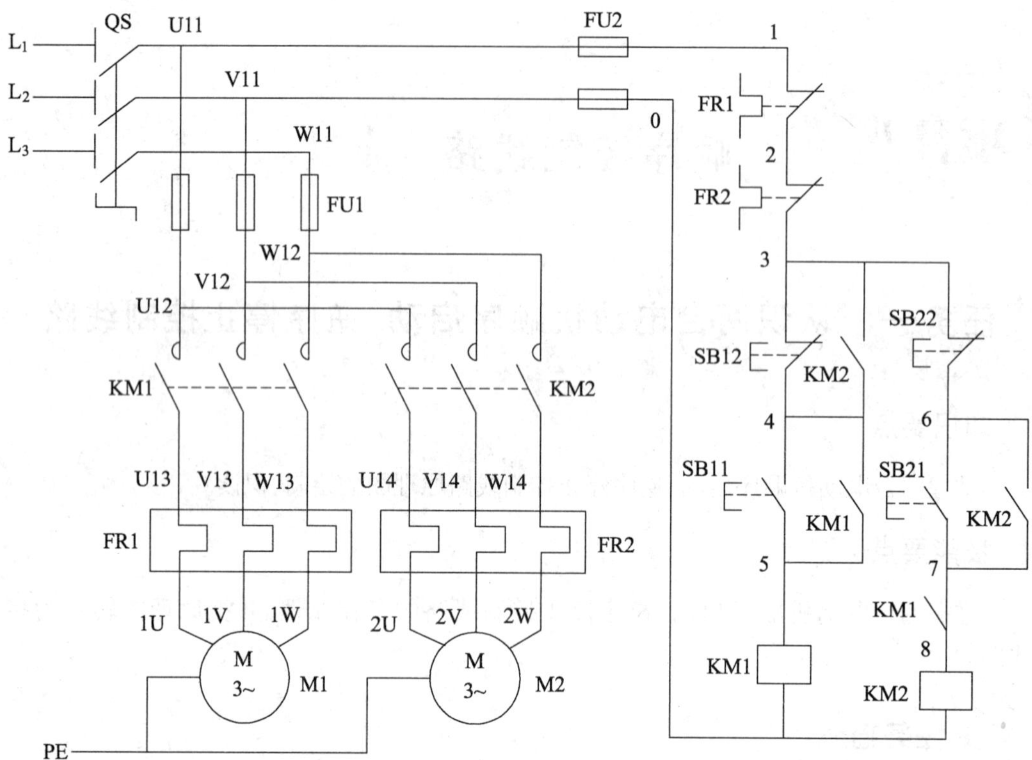

图 2.8-1　控制电路实现顺序控制线路图

该线路中的 SB12 两端并接了接触器 KM2 的常开辅助触头,从而实现了 M1 启动后 M2 才能启动,以及 M2 停止后 M1 才能停止的控制要求,即 M1,M2 是顺序启动、逆序停止。

2. 电器元件作用

顺序控制线路中各元件及其作用见表 2.8-1。

表 2.8-1　顺序控制线路中元件及其作用

序号	元件名称	文字符号	元件作用
1	三相异步电动机	M	顺序启动
2	组合开关	QS	线路总控
3	熔断器	FU1	主线路短路保护
		FU2	控制线路短路保护
4	接触器	KM1	电动机 1 正转电源控制
		KM2	电动机 2 正转电源控制
5	按钮	SB1	电动机 1 启动、停止
		SB2	电动机 2 启动、停止
6	热继电器	FR1,FR2	电动机过载保护

任务实施

如图 2.8-1 所示,线路控制过程如下:

合上电源隔离开关 QS。

(1) M1,M2 依次顺序启动

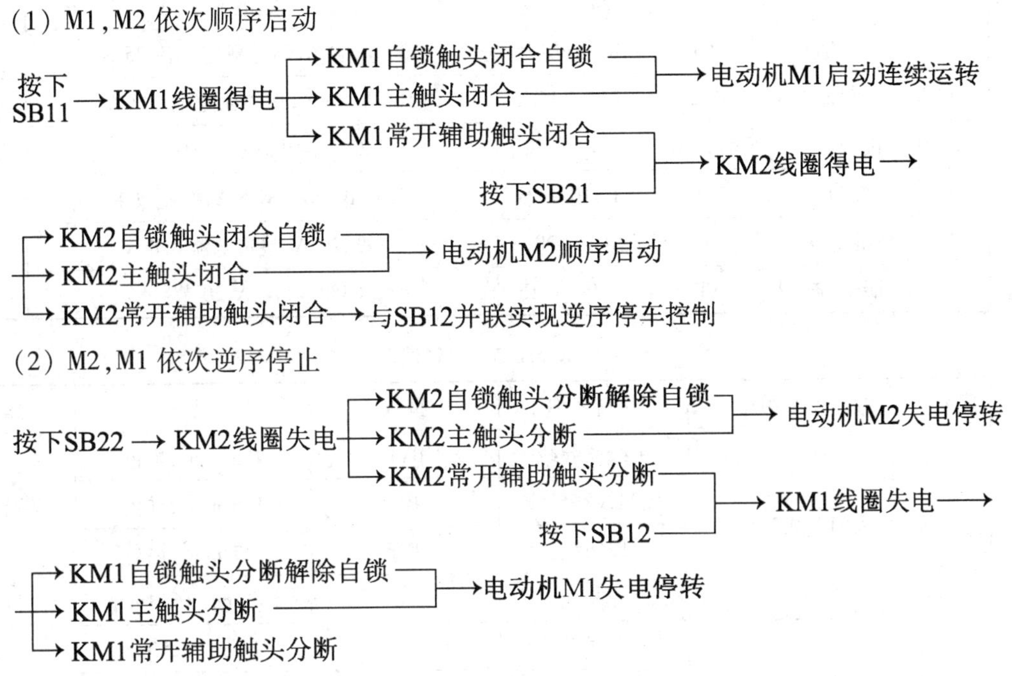

任务二 安装两台电动机顺序启动、逆序停止控制线路

◎ 知识要点

掌握两台电动机顺序启动、逆序停止控制线路原理图的绘制、识读。

◎ 技能要点

熟练掌握两台电动机顺序启动、逆序停止控制线路的安装工艺要求及基本检修方法。

任务描述

本任务是使用表 2.8-2 和表 2.8-3 中的线路安装元件、材料安装两台电动机顺序启动、逆序停止控制线路。

表 2.8-2　元件清单

序号	元件名称	文字符号	型号	规格	数量
1	三相异步电动机	M	Y112M－4	4 kW,380 V,8.8 A,△连接,1 440 r/min	2
2	组合开关	QS	HZ10－25/3	三极,额定电流 25 A	1
3	熔断器	FU1	RL－60/25	500 V,60 A,熔体额定电流 25 A	3
4	熔断器	FU2	RL1－15/2	500 V,15 A,熔体额定电流 2 A	2
5	接触器	KM1,KM2	CJ10－20	20 A,线圈电压 380 V	2
6	按钮	SB	LA10－3H	保护式,500 W,5 A,按钮数 4	2
7	热继电器	FR	JR16－20/3	三极,20 A,整定电流 8.8 A	1
8	端子排	XT	JX2－1015	380 V,10 A,20 节	1

表 2.8-3　材料清单

序号	线路安装类型	材料名称	型号	规格	数量
1	板前明线布线	主线路导线	BVL	2.5 mm², 黑色	若干
		控制线路导线	BV	1.5 mm², 红色	
		按钮线	BVR	1.7 mm², 白色	
		控制板		500 mm×650 mm	1
2	板前线槽布线	布线槽		18 mm×25 mm	若干
		主线路导线	BVR	1.5 mm², 黑色	
		控制线路导线	BVR	1 mm², 红色	
		按钮线	BVR	0.75 mm², 白色	
		控制板		500 mm×650 mm	1

相关知识

1. 电器布置图

两台电动机顺序启动、逆序停止控制线路的电器布置如图 2.8-2 所示。

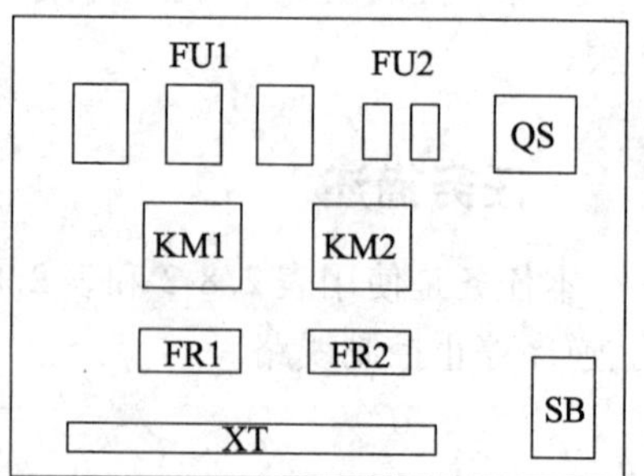

图 2.8-2　电器布置图

2. 安装工艺及步骤

(1) 识读线路图

明确线路所用电器元件及其作用,熟悉线路控制运行过程。

(2) 配置电器元件,并检验元件质量

① 电器元件的技术数据(如型号、规格、额定电

压、额定电流等)应完整并符合要求,外观无损伤。

② 应在不通电的情况下,检查电器元件的电磁机构动作是否灵活,用万用表检查电磁线圈的通断情况及各触头的分合情况。

③ 检查接触器线圈额定电压与电源电压是否一致。

④ 对电动机的质量进行常规检查。

3. 故障分析与排除

(1) 用试验法观察故障现象,初步判定故障范围。

(2) 用逻辑分析法缩小故障范围。

(3) 用测量法确定故障点:

① 试电笔测量法。

② 万用表测量法:分为两种,一种为电压测量法,另一种为电阻测量法。

任务实施

根据表 2.8-4 完成顺序控制线路的安装与检测。

表 2.8-4 顺序控制线路安装项目实训评价表

<table>
<tr><td>姓名</td><td></td><td>班级</td><td></td><td>指导教师</td><td></td><td>得分</td><td colspan="2"></td></tr>
<tr><td colspan="2">考核内容</td><td>配分(分)</td><td colspan="3">评分标准</td><td>学生自评</td><td>学生互评</td><td>教师评价</td></tr>
<tr><td colspan="2">安全文明生产</td><td>10</td><td colspan="3">违反 6S 规范,扣 10 分</td><td></td><td></td><td></td></tr>
<tr><td colspan="2">装前检查</td><td>5</td><td colspan="3">电器元件漏检或错检,每处扣 1 分</td><td></td><td></td><td></td></tr>
<tr><td colspan="2">安装元件</td><td>20</td><td colspan="3">1. 不按布置图安装,扣 20 分
2. 元件安装不牢固,每只扣 4 分
3. 元件安装不整齐、不匀称、不合理,每只扣 3 分
4. 损坏元件,扣 20 分</td><td></td><td></td><td></td></tr>
<tr><td colspan="2">布线</td><td>50</td><td colspan="3">1. 不按线路图接线,每处扣 10 分
2. 布线不符合要求,主线路每根扣 5 分,控制线路每根扣 2 分
3. 接点不符合要求,每个接点扣 1 分
4. 损伤导线绝缘或线芯,每根扣 5 分</td><td></td><td></td><td></td></tr>
<tr><td colspan="2">通电试运行</td><td>15</td><td colspan="3">1. 第一次试运行不成功,扣 5 分
2. 第二次试运行不成功,扣 10 分
3. 第三次试运行不成功,扣 15 分</td><td></td><td></td><td></td></tr>
<tr><td colspan="2">超时</td><td></td><td colspan="3">每超时 5 min,扣 5 分</td><td></td><td></td><td></td></tr>
<tr><td colspan="2">合计</td><td>100</td><td colspan="3"></td><td></td><td></td><td></td></tr>
<tr><td colspan="3">记录</td><td colspan="6">教师签字 年 月 日</td></tr>
</table>

项目小结

本项目重点介绍了两台电动机顺序启动、逆序停止的顺序控制线路在机床设备中的作用及线路的工作原理。通过本项目的学习,能在项目实施过程中正确识读原理图,会将原理图转化为接线图,会按工艺要求正确安装电路,并对所安装的电路进行检修。

项目九 自动往返控制线路

任务一 认识自动往返控制线路

◎ 知识要点

1. 了解工作台自动往返控制线路在机床设备中的应用。
2. 掌握工作台自动往返控制线路原理图的绘制、识读。

◎ 技能要点

掌握工作台自动往返控制线路的工作原理并把原理图转化为接线图。

任务描述

在生产过程中,有些生产机械要求工作台在一定的行程内能自动往返运动,以便实现对工件的连续加工,提高生产效率。这就需要电气控制线路能对电动机实现自动转换正反转控制。

相关知识

1. 控制原理图

工作台运动方向如图2.9-1所示。由位置开关控制的工作台自动往返控制线路原理图,如图2.9-2所示。

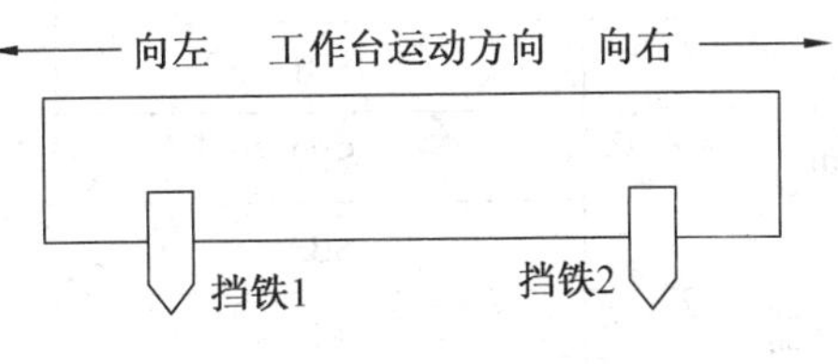

图2.9-1 工作台运动方向

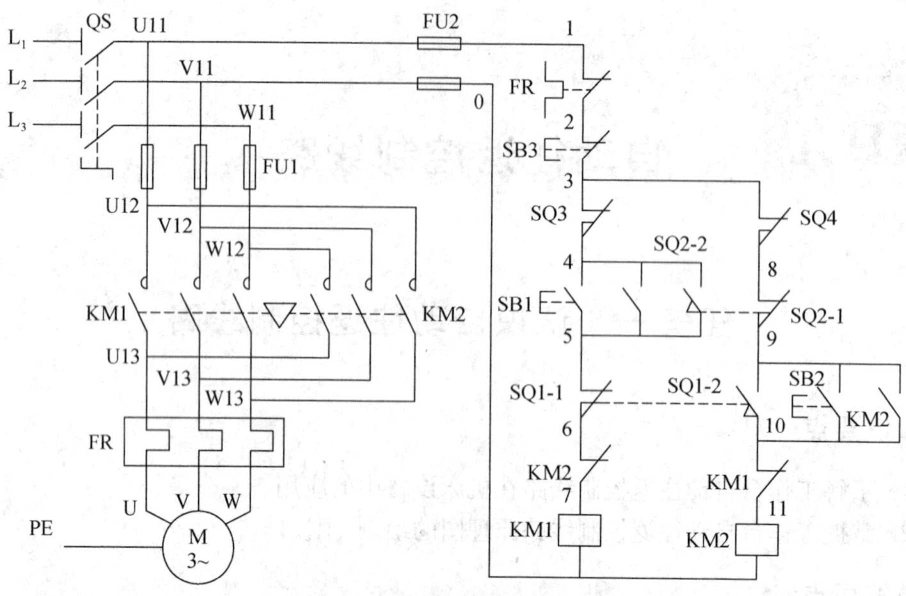

图 2.9-2 工作台自动往返控制线路图

2. 电器元件作用

自动往返控制线路中各元件及其作用见表 2.9-1。

表 2.9-1 自动往返控制线路中元件及其作用

序号	元件名称	文字符号	元件作用
1	三相异步电动机	M	拖动工作台往返运动
2	组合开关	QS	线路总控
3	熔断器	FU1	主线路短路保护
		FU2	控制线路短路保护
4	接触器	KM1	电动机正转电源控制
		KM2	电动机反转电源控制
5	按钮	SB1	电动机正转启动
		SB2	电动机反转启动
		SB3	电动机停止
6	热继电器	FR	电动机过载保护
7	位置开关	SQ1	工作台向右变向运动控制
		SQ2	工作台向左变向运动控制
		SQ3	工作台左端限位保护
		SQ4	工作台右端限位保护

任务实施

如图 2.9-2 所示，线路控制过程如下：

（1）运行

合上电源隔离开关 QS。

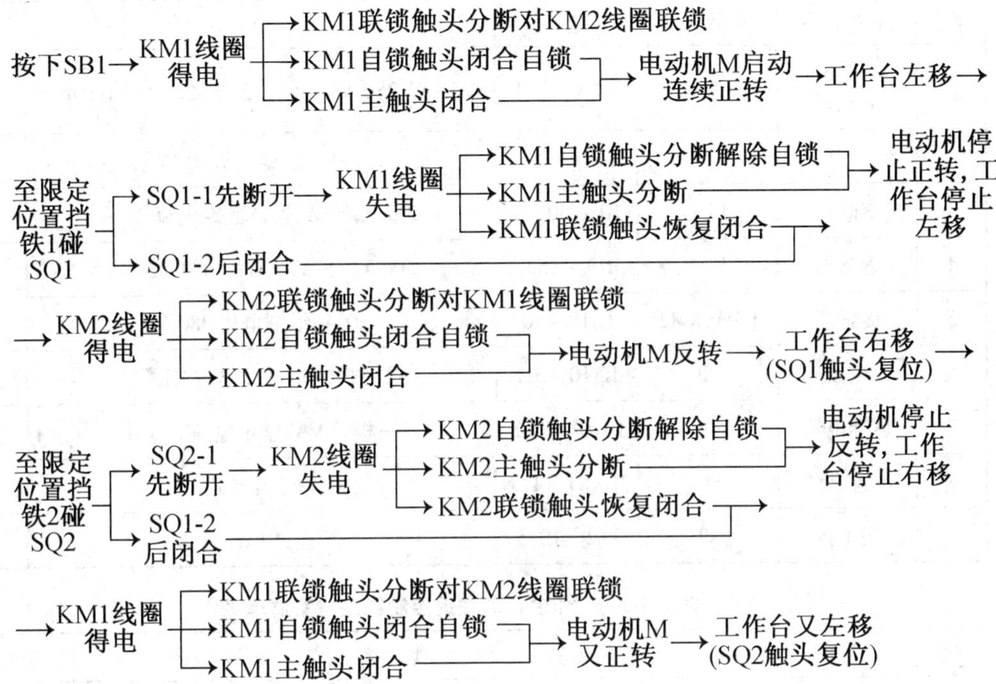

以后重复上述过程，工作台就在限定的行程内自动往返运动。

（2）停止

按下 SB3，整个控制电路断电，KM1 或 KM2 主触头断开，电动机 M 失电停转，工作台停止运动。

SB1，SB2 分别作为正转启动按钮和反转启动按钮，若启动时工作台在左端，则应按下 SB2 进行启动。

任务二　安装工作台自动往返控制线路

◎ 知识要点

1. 了解工作台自动往返控制线路在机床设备中的应用。
2. 掌握工作台自动往返控制线路原理图的绘制、识读。

◎ 技能要点

熟练掌握工作台自动往返控制线路的安装工艺要求及基本检修方法。

任务描述

本任务是使用表2.9-2和表2.9-3中的线路安装元件、材料安装工作台自动往返控制线路。

表2.9-2 工作台自动往返控制线路元件清单

序号	元件名称	文字符号	型号	规格	数量
1	三相异步电动机	M	Y112M－4	4 kW,380 V,8.8 A,△连接,1 440 r/min	1
2	组合开关	QS	HZ10－25/3	三极、额定电流25 A	1
3	熔断器	FU1	RL－60/25	500 V,60 A,熔体额定电流25 A	3
4	熔断器	FU2	RL1－15/2	500 V,15 A,熔体额定电流2 A	2
5	接触器	KM1,KM2	CJ10－20	20 A,线圈电压380 V	2
6	按钮	SB	LA10－3H	保护式,500 W,5 A,按钮数3	1
7	热继电器	FR	JR16－20/3	三极,20 A,整定电流8.8 A	1
8	位置开关	SQ	JLXK1－111	单轮旋转式	4
9	端子排	XT	JX2－1015	380 V,10 A,20节	1

表2.9-3 工作台自动往返控制线路材料清单

序号	线路安装类型	材料名称	型号	规格	数量
1	板前明线布线	主线路导线	BVL	2.5 mm^2,黑色	若干
		控制线路导线	BV	1.5 mm^2,红色	
		按钮线	BVR	1.7 mm^2,白色	
		控制板		500 mm×650 mm	1
2	板前线槽布线	布线槽		18 mm×25 mm	若干
		主线路导线	BVR	1.5 mm^2,黑色	
		控制线路导线	BVR	1 mm^2,红色	
		按钮线	BVR	0.75 mm^2,白色	
		控制板		500 mm×650 mm	1

相关知识

1. 电器布置图

工作台自动往返控制线路的电器布置如图2.9-3所示。

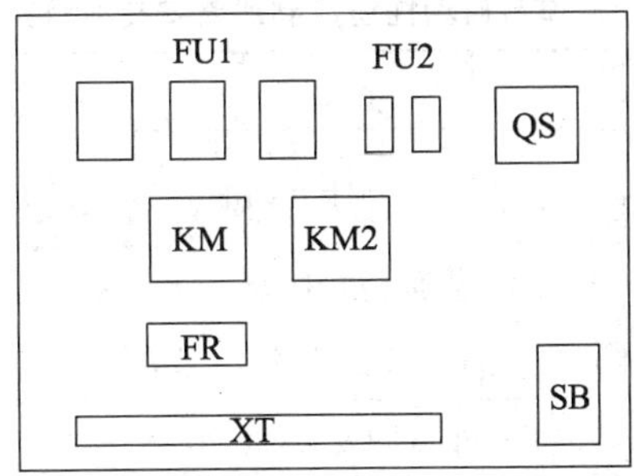

图 2.9-3 工作台自动往返控制线路电器布置图

2. 安装工艺及步骤

(1) 识读线路图

明确线路所用电器元件及其作用，熟悉线路控制运行过程。

(2) 配置电器元件，并检验元件质量

① 电器元件的技术数据(如型号、规格、额定电压、额定电流等)应完整并符合要求，外观无损伤。

② 应在不通电的情况下，检查电器元件的电磁机构动作是否灵活，用万用表检查电磁线圈的通断情况及各触头的分合情况。

③ 检查接触器线圈额定电压与电源电压是否一致。

④ 对电动机的质量进行常规检查。

3. 故障分析与排除

(1) 用试验法观察故障现象，初步判定故障范围。

(2) 用逻辑分析法缩小故障范围。

(3) 用测量法确定故障点：

① 试电笔测量法。

② 万用表测量法：分为两种，一种为电压测量法，另一种为电阻测量法。

任务实施

根据表 2.9-4 完成工作台自动往返控制线路的安装与检测。

表 2.9-4 工作台自动往返控制线路安装项目实训评价表

<table>
<tr><td>姓名</td><td></td><td>班级</td><td>指导教师</td><td></td><td>得分</td><td colspan="2"></td></tr>
<tr><td>考核内容</td><td>配分(分)</td><td colspan="3">评分标准</td><td>学生自评</td><td>学生互评</td><td>教师评价</td></tr>
<tr><td>安全文明生产</td><td>10</td><td colspan="3">违反 6S 规范,扣 10 分</td><td></td><td></td><td></td></tr>
<tr><td>装前检查</td><td>5</td><td colspan="3">电器元件漏检或错检,每处扣 1 分</td><td></td><td></td><td></td></tr>
<tr><td>安装元件</td><td>20</td><td colspan="3">1. 不按布置图安装,扣 20 分
2. 元件安装不牢固,每只扣 4 分
3. 元件安装不整齐、不匀称、不合理,每只扣 3 分
4. 损坏元件,扣 20 分</td><td></td><td></td><td></td></tr>
<tr><td>布线</td><td>50</td><td colspan="3">1. 不按线路图接线,每处扣 10 分
2. 布线不符合要求,主线路每根扣 5 分,控制线路每根扣 2 分
3. 接点不符合要求,每个接点扣 1 分
4. 损伤导线绝缘或线芯,每根扣 5 分</td><td></td><td></td><td></td></tr>
<tr><td>通电试运行</td><td>15</td><td colspan="3">1. 第一次试运行不成功,扣 5 分
2. 第二次试运行不成功,扣 10 分
3. 第三次试运行不成功,扣 15 分</td><td></td><td></td><td></td></tr>
<tr><td>超时</td><td></td><td colspan="3">每超时 5 min,扣 5 分</td><td></td><td></td><td></td></tr>
<tr><td>合计</td><td>100</td><td colspan="3"></td><td></td><td></td><td></td></tr>
<tr><td colspan="2">记录</td><td colspan="6">教师签字 年 月 日</td></tr>
</table>

项 目 小 结

本项目重点介绍了工作台自动往返控制线路在机床设备中的作用及线路的工作原理。通过本项目的学习,能在项目实施过程中正确识读原理图,会将原理图转化为接线图,会按工艺要求正确安装电路,并对所安装的电路进行检修。

项目十 Y－△降压启动控制线路

任务一 认识 Y－△降压启动控制线路

◎ 知识要点

1. 了解 Y－△降压启动控制线路在机床设备中的应用。
2. 掌握 Y－△降压启动控制线路原理图的绘制、识读。

◎ 技能要点

掌握 Y－△降压启动控制线路的工作原理，并把原理图转化为接线图。

任务描述

生产中大功率电机启动存在着什么问题？会对电网产生什么样的影响？为什么要采用 Y－△降压启动？

三相异步电动机启动时，加在电动机定子绕组上的电压为电动机的额定电压，属于全压启动，也称直接启动。直接启动的优点是电气设备少，线路简单，故障机会少、维修工作量较小。异步电动机直接启动时，启动电流一般为额定电流的 4～7 倍。

在电源变压器容量不够大而电动机功率较大的情况下，直接启动将导致电源变压器输出电压下降，不仅减小电动机本身的启动转矩，而且会影响同一供电线路中其他电气设备的正常工作。因此，较大容量的电动机需采用降压启动。

通常规定：电源容量在 180 kVA 以上，电动机容量在 7 kW 以下的三相异步电动机可采用直接启动。本任务介绍一种常见的降压启动方式——Y－△降压启动。

Y－△降压启动是指电动机启动时，把定子绕组接成 Y 形，以降低启动电压，限制启动电流。待电动机启动后，再把定子绕组改接成△形，使电动机全压运行。凡是在正常运行时定子绕组做△形连接的异步电动机，均可采用这种降压启动方法。

电动机启动时，接成 Y 形，加在每相定子绕组上的启动电压只有△形接法的 $1/\sqrt{3}$，即 220 V，启动电流为△形接法的 1/3，启动转矩也只有△形接法的 1/3。所以，这种降压启动方法只适用于轻载或空载下启动。

相关知识

1. 电气控制原理图

三相异步电动机 Y－△降压启动控制线路原理图,如图 2.10-1 所示。

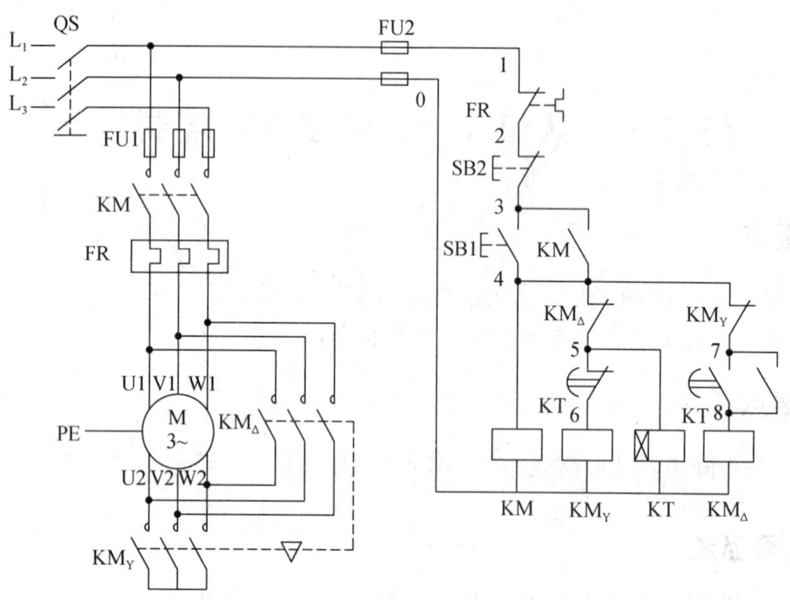

图 2.10-1　Y－△降压启动控制线路图

2. 电器元件作用

Y－△降压启动控制线路中的各电器元件及其作用见表 2.10-1。

表 2.10-1　Y－△降压启动控制线路中元件及其作用

序号	元件名称	文字符号	元件作用
1	组合开关	QS	线路电源控制
2	熔断器	FU1	主线路短路保护
3	熔断器	FU2	控制线路短路保护
4	接触器	KM	电源控制
5	接触器	KM_{Y}	电动机 Y 形启动
6	接触器	KM_{Δ}	电动机△形启动
7	按钮	SB1	电动机启动
8	按钮	SB2	电动机停止
9	时间继电器	KT	通电延时
10	热继电器	FR	电动机过载保护

任务实施

1. 工作原理

如图 2. 10-1 所示,该控制电路的控制过程及控制原理如下:

(1) 启动控制

合上开关 QS。

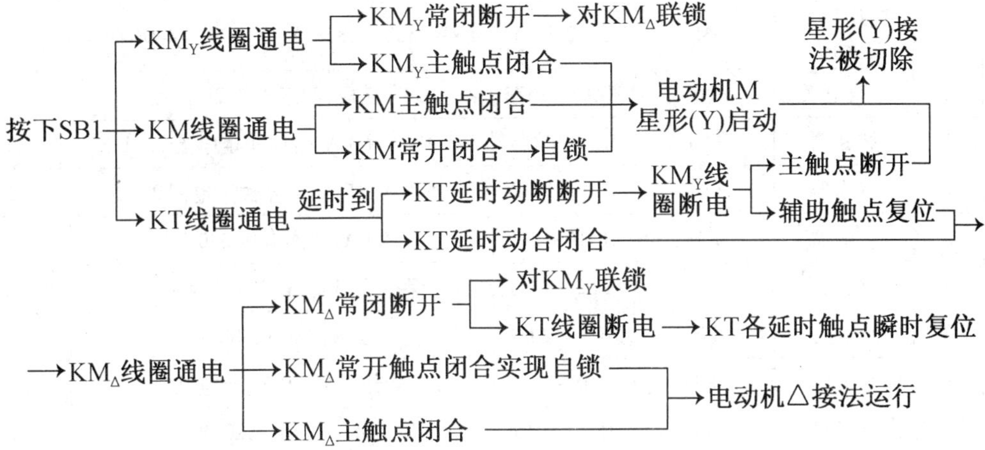

(2) 停车控制

按下SB2→各控制支路均断电→线圈均断电→主触点均断开→电动机停车；各辅助触点复位

2. 电路的保护措施

保护措施有:QS 的电源隔离作用,主、辅电路 FU1 和 FU2 的短路保护,以及热继电器 FR 的过载保护,联锁保护。

3. 线路特点

时间继电器仅于启动过程中通电,运行时没有电流通过,这种接法减少了电气故障出现的可能,提高了电气设备运行的安全性。

任务二 安装 Y-△降压启动控制线路

◎ 知识要点

掌握 Y-△降压启动控制线路原理图的绘制、识读。

◎ 技能要点

1. 规范进行 Y-△降压启动控制电路的安装与维护。
2. 掌握 Y-△降压启动控制线路的安装工艺要求及基本检修方法。

任务描述

本任务是使用表2.10-2和表2.10-3中的线路安装元件、材料安装Y－△降压启动控制线路。

表2.10-2 线路安装元件清单

序号	元件名称	文字符号	型号	规格	数量
1	三相异步电动机	M	Y112M－4	4 kW,380 V,8.8 A,△连接,1 440 r/min	1
2	组合开关	QS	HZ10－25/3	三极,额定电流25 A	1
3	熔断器	FU1	RL－60/25	500 V,60 A,熔体额定电流25 A	3
4	熔断器	FU2	RL1－15/2	500 V,15 A,熔体额定电流2 A	2
5	接触器	KM	CJ10－20	20 A,线圈电压380 V	3
6	按钮	SB	LA25－11	保护式,500 W,5 A,按钮数2	1
7	热继电器	FR	JR16－20/3	三极,25 A,380 V	1
8	时间继电器	KT	JS－7	线圈电压380 V,通电延时	1
9	端子排	XT	JX2－1015	380 V,10 A,20节	1

表2.10-3 线路安装材料清单

序号	线路安装类型	材料名称	型号	规格	数量
1	板前明线布线	主线路导线	BVL	2.5 mm²,黑色	若干
		控制线路导线	BV	1.5 mm²,红色	
		按钮线	BVR	1.7 mm²,白色	
		控制板		500 mm×650 mm	1
2	板前线槽布线	布线槽		18 mm×25 mm	若干
		主线路导线	BVR	1.5 mm²,黑色	
		控制线路导线	BVR	1 mm²,红色	
		按钮线	BVR	0.75 mm²,白色	
		控制板		500 mm×650 mm	1

相关知识

1. 电器布置图

Y－△降压启动控制线路的电器布置如图2.10-2所示。

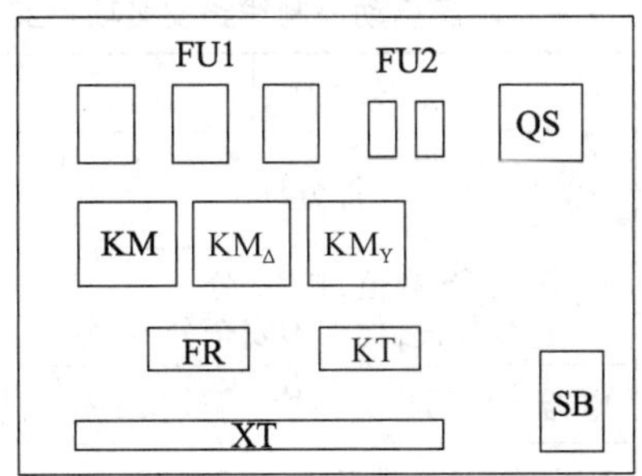

图 2.10-2 Y－△降压启动控制线路电器布置图

2. 安装工艺及步骤

(1) 识读线路图

明确线路所用电器元件及其作用,熟悉线路控制运行过程。

(2) 配置电器元件,并检验元件质量

① 电器元件的技术数据(如型号、规格、额定电压、额定电流等)应完整并符合要求,外观无损伤。

② 应在不通电的情况下,检查电器元件的电磁机构动作是否灵活,用万用表检查电磁线圈的通断情况及各触头的分合情况。

③ 检查接触器线圈额定电压与电源电压是否一致。

④ 对电动机的质量进行常规检查。

任务实施

根据表 2.10-4 完成 Y－△降压启动控制线路的安装与检测。

注意事项如下:

① 星形(Y)、三角形(△)接法的联锁保护措施。

② 电动机端盒三相绕组的首、末端的正确识别。

③ 时间继电器使用时,整定时间合适,延时触点类型的验证。

表 2.10-4 Y-△降压启动控制线路安装项目实训评价表

姓名		班级		指导教师		得分	
考核内容		配分(分)	评分标准			学生自评	学生互评	教师评价

<table>
<tr><td colspan="2">姓名</td><td>班级</td><td colspan="2"></td><td>指导教师</td><td>得分</td><td colspan="2"></td></tr>
</table>

考核内容	配分(分)	评分标准	学生自评	学生互评	教师评价
安全文明生产	20	1. 违反6S规范,扣10分 2. 乱线敷设,加扣不安全分10分			
装前检查	5	电器元件漏检或错检,每处扣1分			
安装元件	15	1. 不按布置图安装,扣20分 2. 元件安装不牢固,每只扣4分 3. 元件安装不整齐、不匀称、不合理,每只扣3分 4. 损坏元件,扣20分			
布线	40	1. 不按线路图接线,每处扣10分 2. 布线不符合要求,主线路每根扣5分,控制线路每根扣2分 3. 接点不符合要求,每个接点扣1分 4. 损伤导线绝缘或线芯,每根扣5分			
通电试运行	20	1. 整定值未整定或整定错,每只扣5分 2. 熔体规格配错,主、控电路各扣5分 3. 第一次试运行不成功,扣5分 4. 第二次试运行不成功,扣10分 5. 第三次试运行不成功,扣15分			
超时		每超时5 min,扣5分			
合计	100				
记录		教师签字　　　　年　月　日			

项目小结

本项目重点介绍了Y-△降压启动控制线路在机床设备中的作用及线路的工作原理。通过本项目的学习,能在项目实施过程中正确识读原理图,会将原理图转化为接线图,会按工艺要求正确安装电路,并对所安装的电路进行检修和维护。

思考与练习

如何科学地确定Y-△启动过程中的切换时刻,即时间继电器的时间调整依据是什么?

模块三

CAD

项目一　AutoCAD 绘图工作界面

AutoCAD 的界面形式和 Windows 的其他应用软件相似,它与 Windows 标准高度兼容的风格充分体现了 AutoCAD 界面友好、易学易用的特点,用户可以根据自己的习惯定制界面。

任务一　熟悉 AutoCAD 绘图工作界面

◎ 知识要点

1. 能够启动和退出 AutoCAD。
2. 能够打开、保存和关闭图形文件。
3. 熟悉用户工作界面。

◎ 技能要点

1. 掌握 AutoCAD 2008 的基本操作方法。
2. 熟练进行文件的新建、打开、保存和关闭操作。

任务分析

AutoCAD 2008 是 Autodesk 公司开发的。它所提供的功能可使用户更快速、准确地完成设计工作。在进行设计工作之前要先熟悉 AutoCAD 2008 的工作界面,能够打开、保存和关闭图形文件。

相关知识

1. AutoCAD 2008 的启动

与其他软件相似,AutoCAD 2008 也提供了几种启动方法,下面分别进行介绍。

★ 通过“开始”程序菜单启动:AutoCAD 2008 安装好后,系统将在开始程序菜单中创建 AutoCAD 2008 程序组。如图 3.1-1 所示,单击该菜单中的相应程序就可以启动了。

★ 通过桌面快捷方式启动:双击桌面上的 AutoCAD 2008 图标。

★ 通过打开已有的 AutoCAD 文件启动:如果用户计算机中有 AutoCAD 图形文件,双击该扩展名为“. dwg”的文件,也可启动 AutoCAD 2008 并打开该图形文件。

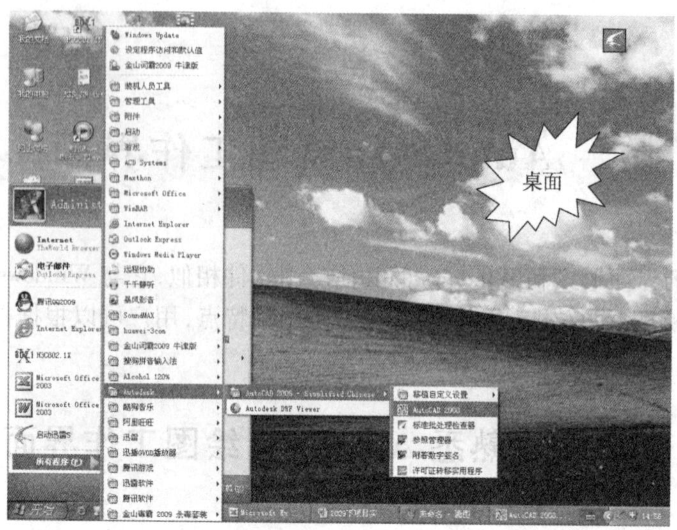

图 3.1-1　通过桌面上“开始”菜单启动 AutoCAD 2008

2. AutoCAD 2008 的工作界面

如图 3.1-2 所示,AutoCAD 2008 中文版工作界面主要包括标题栏、菜单栏、工具栏、面板窗口、绘图区域、坐标系、文本窗口及命令行、状态栏、滚动条等。

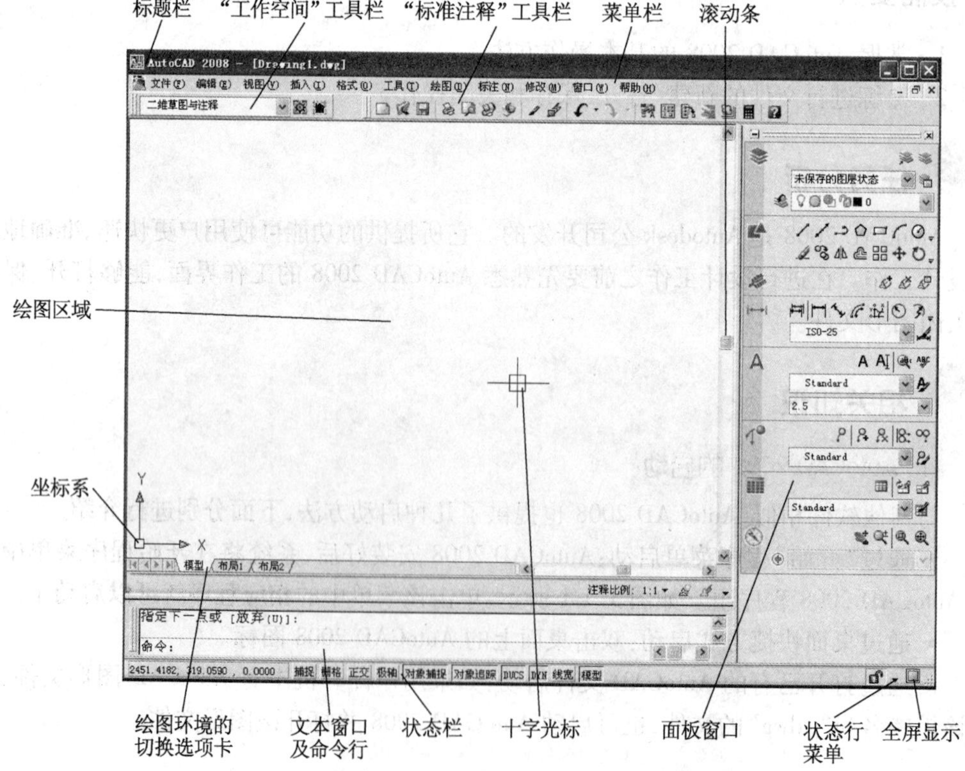

图 3.1-2　AutoCAD 2008 工作界面

(1) 标题栏

标题栏的功能是显示软件的名称、版本及当前图形文件的文件名。此处,单击标题栏最右端的窗口按钮 _ 🗗 ×,可实现窗口的最小化、最大化或还原及 AutoCAD 2008 的关闭。运行 AutoCAD 2008,在没有打开任何图形文件的情况下,标题栏显示的是“AutoCAD 2008 – [Drawing1. dwg]”,其中“Drawing1. dwg”是系统缺省的文件名。

(2) 菜单栏

AutoCAD 2008 的菜单栏包括了“文件”“编辑”“视图”“插入”“格式”“工具”“绘图”“标注”“修改”“窗口”“帮助”11 个菜单项。用户只要单击其中的任何一个选项,便可以得到它的子菜单,如图 3. 1-3 所示。

另外,在菜单命令中还会出现以下情况:

★ 菜单命令后出现“…”符号时,系统将弹出相应的子对话框,让用户进一步地设置与选择。

★ 菜单命令后出现“▶”符号时,系统将显示下一级子菜单。

★ 菜单命令以灰色显示时,表明该命令当前状态下不可选用。

★ 命令窗口、工具栏、状态栏、标题栏都设置了快捷菜单。分别在相应处单击鼠标右键,就可以设置所需要的命令。如在绘图区域内右击鼠标将弹出如图 3. 1-4 所示快捷菜单。

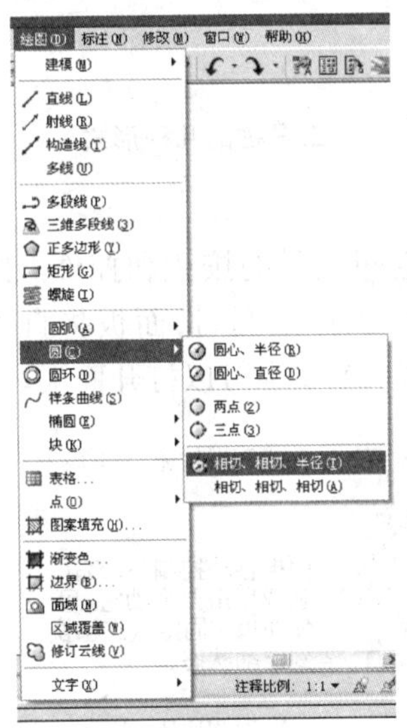

图 3. 1-3 下拉菜单的子菜单

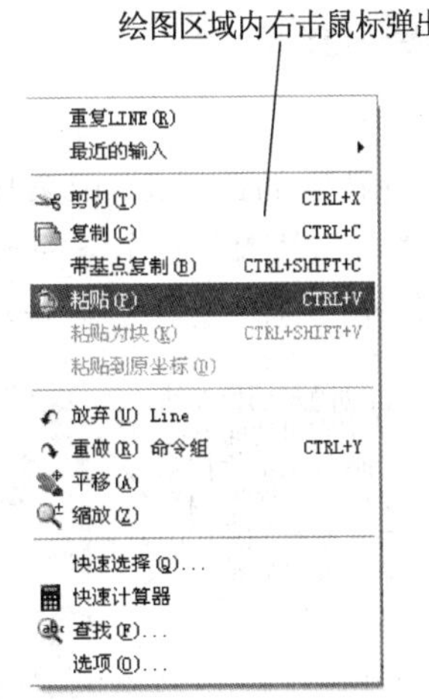

图 3. 1-4 快捷菜单

(3) 工具栏

工具栏是代替命令的简便工具,使用它们可以完成绝大部分的绘图工作。在 AutoCAD 2008 中,系统共提供了 30 多个已命名的工具栏。

在“二维草图与注释”工作空间下,“标准注释”和“工作空间”工具栏处于打开状态。如果要显示其他工具栏,可在任一打开的工具栏中单击鼠标右键,这时将打开一个工具栏快捷菜单,利用它可以选择需要打开的工具栏,如图 3. 1-5 所示。

工具栏有两种状态:一种是固定状态,此时工具栏位于屏幕绘图区的左侧、右侧或上方;另一种是浮动状态,此时可将工具栏移至任意位置。当工具栏处于浮动状态时,用户还可通过单击其边界并且拖动改变其形状。如果某个工具的右下角带有一个三角符号,表明该工具为带有附加工具的随位工具,如图 3.1-6 所示。

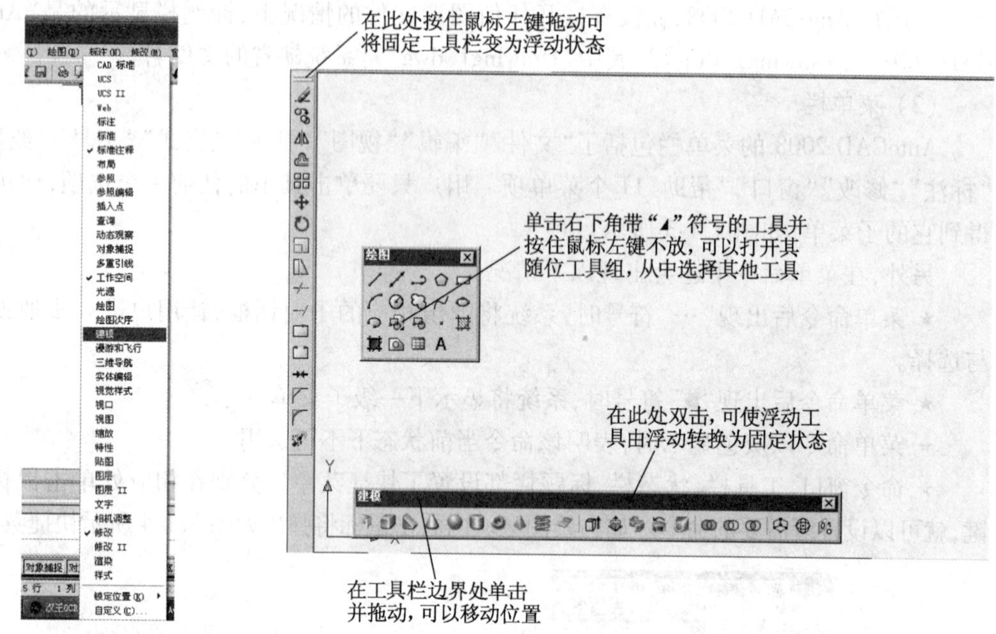

图 3.1-5 工具栏快捷菜单

图 3.1-6 工具栏的几种形式

(4) 面板窗口

面板是一种特殊的选项板,用来显示与工作空间关联的按钮和控件。默认情况下,当使用"二维草图与注释"工作空间或"三维建模"工作空间时,面板将自动打开,如图 3.1-7 所示。此外,选择"工具"→"选项板"→"面板"菜单也可以打开面板。

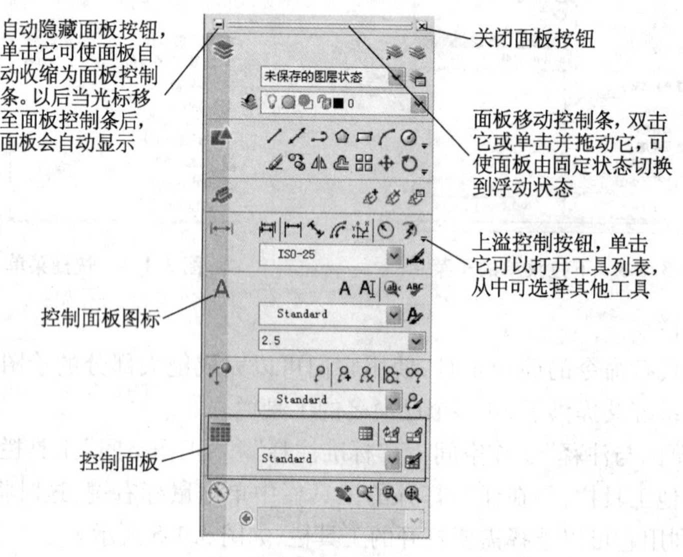

图 3.1-7 面板窗口

如图 3. 1-7 所示,面板窗口实际上是由一系列控制面板组成的,每个控制面板均包含相关的工具。控制面板左侧的大图标被称为控制面板图标,它标识了该控制面板的作用。

要隐藏某个控制面板,可以在该控制面板所在区域单击鼠标右键,然后从弹出的快捷菜单中选择“隐藏”。另外,选择“控制台”菜单下的某个面板名也可显示或隐藏某个控制面板,如图 3. 1-8 a 所示。

此外,如需隐藏面板,可单击面板窗口左上角的隐藏按钮。隐藏面板后,面板将收缩为一个控制条。以后要显示面板,只需将光标移至该控制条所在区域即可,如图 3. 1-8 b 所示。

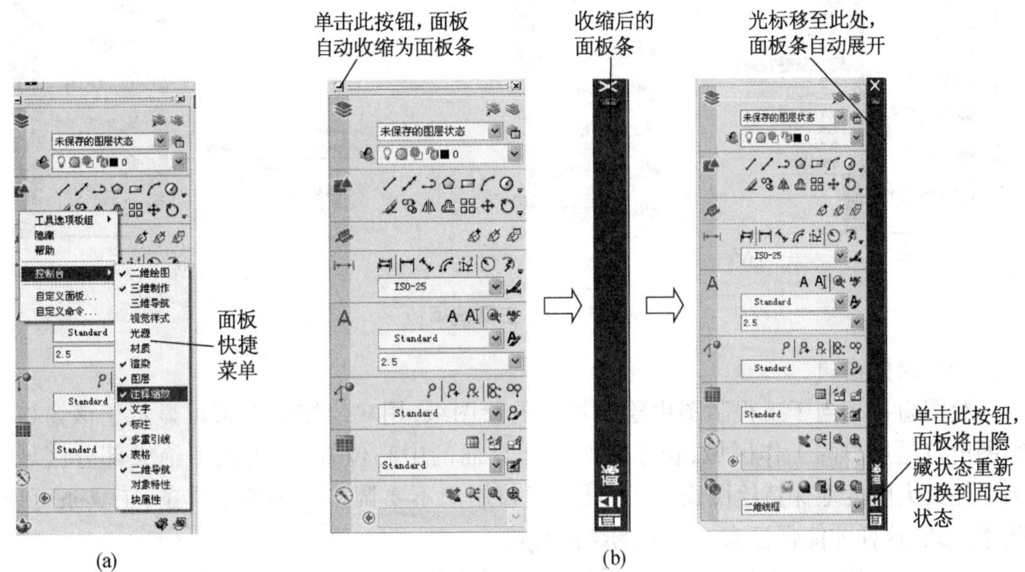

图 3. 1-8 面板快捷菜单和面板的隐藏与展开

(5) 工具选项板

工具选项板中保存了一组标准图块、图案和命令工具,如图 3. 1-9 所示。其中,要打开工具选项板,可按【Ctrl + 3】组合键,或者单击“标准注释”工具栏中的“工具选项板”按钮。要改变工具选项板内容,可单击工具选项板右侧控制条下方的图标,然后从弹出的快捷菜单中选择相应的菜单项,如图 3. 1-9 a 所示。

如果暂时不使用工具选项板,可单击其右上角的按钮关闭它,需要时再打开。同样,工具选项板也有固定、自动隐藏、浮动等几种状态,其用法与面板相同,此处不再详细讲述。

此外,要使用工具选项板中的图块,可直接将相应图块拖入图形编辑区;要使用图案,可将其拖入编辑区中的某个封闭图形区域。例如:图 3. 1-9 b 所示,在工具选项板中,选取“建筑”选项卡中“公制样例”下的“车辆 - 英制”工具,将其拖放到绘图窗口内,即可绘制出小汽车。

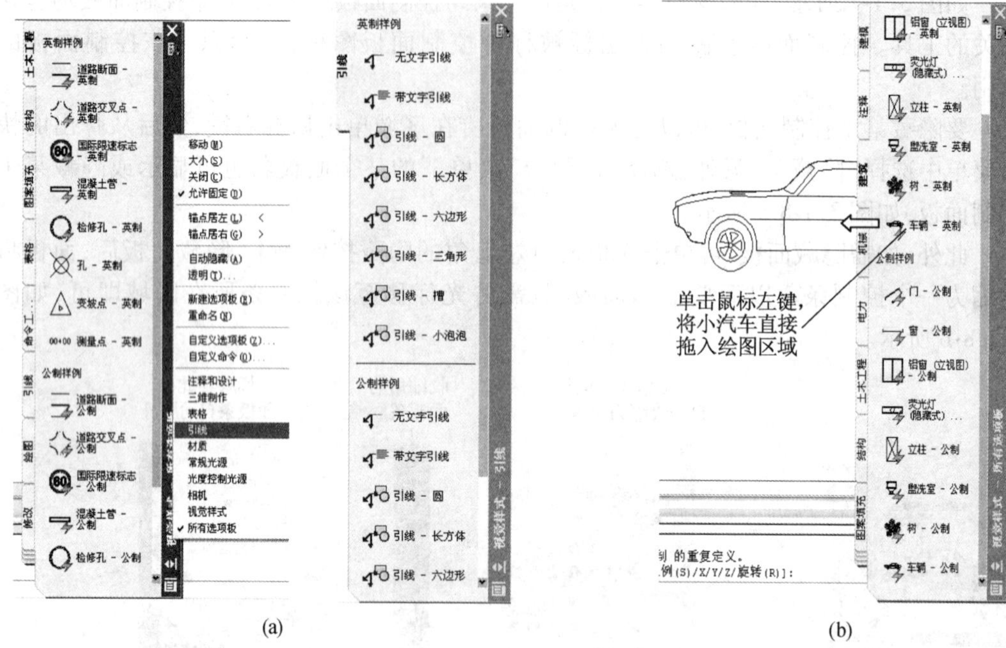

图 3.1-9　工具选项板

(6) 绘图窗口

绘图窗口相当于工程制图中绘图板上的绘图纸,用户绘制的图形可显示于该窗口。绘图窗口是用户的工作区域,位于整个工作界面的中心位置,并占据了绝大部分区域。为了能最大限度地保持绘图窗口的范围,建议用户不要调出过多的工具条,工具条可以随用随调,这样才能保证有一个好的绘图环境。

绘图窗口的左下方显示了坐标系的图标,该图标指示了绘图时的正方位,其中“X”和“Y”分别表示 X 轴和 Y 轴,箭头表示 X 轴和 Y 轴的正方向。默认情况下,坐标系为世界坐标系(WCS)。如果重新设置了坐标系原点或调整了坐标轴的方向,这时坐标系就变成了用户坐标系(UCS),如图 3.1-10 所示。

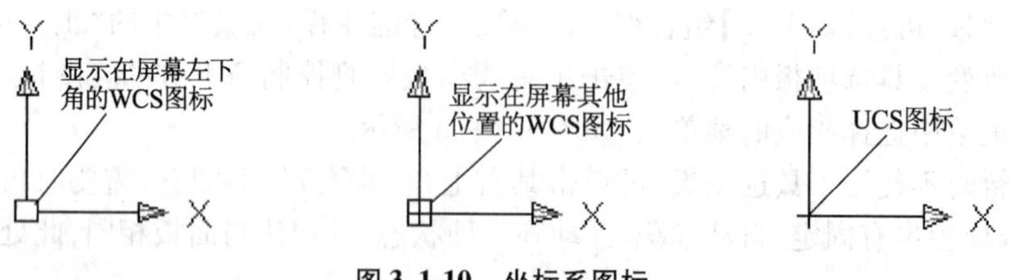

图 3.1-10　坐标系图标

提示

绘制二维图形时,XY 平面与屏幕平行,而 Z 轴垂直于屏幕(方向向外),因此看不到 Z 轴。

绘图区域中包含了两种绘图环境,分别为模型空间和图纸空间,系统在窗口的左下角为其提供了 3 个切换选项卡,缺省情况下,“模型”选项卡被选中,也就是用户通常情况下在模型空间绘制图形。单击布局 1 或布局 2 选项卡,即可切换到图纸空间,也就是用户通常情况下在图纸空间输出图形。

(7) 命令提示窗口

命令提示窗口是用户与 AutoCAD 2008 对话的窗口,一方面,用户所要表达的一切信息都要从这里传递给计算机;另一方面,系统提供的信息也将在这里显示。命令提示窗口位于绘图窗口的下方,是一个水平方向的较长的小窗口,如图 3.1-11 所示。

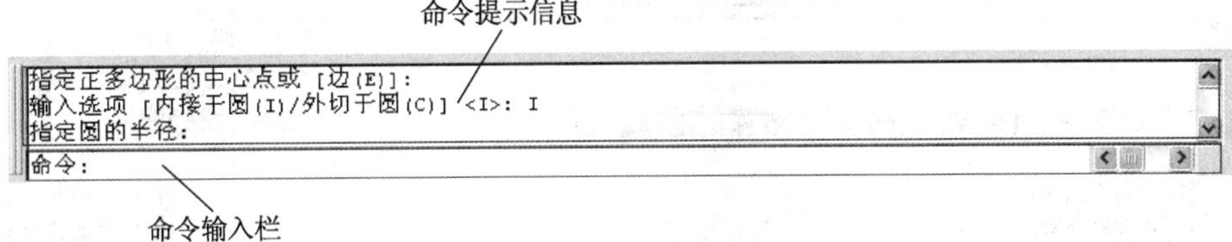

图 3.1-11 命令提示窗口

用户可以调整命令提示窗口的大小与位置:将鼠标放置于命令提示窗口的上边框线,光标将变为双向箭头,此时按住鼠标左键并上下移动,即可调整该窗口的大小;按住鼠标左键将命令提示窗口拖动到其他位置,就会使其变成浮动状态。

若用户需要详细了解命令提示信息,可以利用鼠标拖动窗口右侧的滚动条来查看,或者按键盘上的【F2】键,打开 AutoCAD 文本窗口,如图 3.1-12 所示,从中可以查看更多命令信息,再次按键盘上的【F2】键,即可关闭该文本窗口。

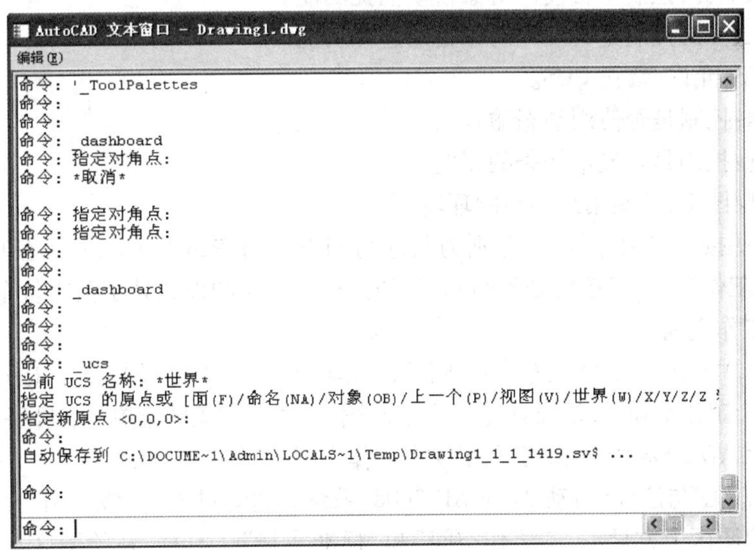

图 3.1-12 文本窗口

(8) 滚动条

在绘图窗口的下面和右侧各有一个滚动条,用户可利用这两个滚动条上、下、左、右移动来观察图形。

(9) 状态栏

状态栏位于工作界面的最底部,主要用来显示当前工作状态与相关信息。当光标出现在绘图窗口时,状态栏左边的坐标显示区将显示当前光标所在位置的坐标值,如图 3.1-13 所示。

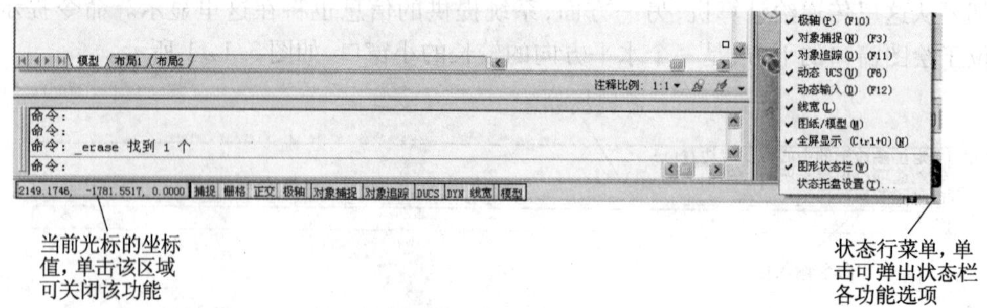

图 3.1-13 状态栏

状态栏中间的 10 个按钮用于控制相应的工作状态,其功能如下:

◎ 捕捉:控制是否使用捕捉功能。

◎ 栅格:控制是否显示栅格。

◎ 正交:控制是否以正交模式绘图。

◎ 极轴:控制是否使用极轴追踪对象。

◎ 对象捕捉:控制是否使用对象自动捕捉功能。

◎ 对象追踪:控制是否使用对象自动追踪功能。

◎ DUCS:允许/禁止 UCS。

◎ DYN:控制是否使用动态输入。

◎ 线宽:控制是否显示线条的宽度。

◎ 模型/图纸:控制用户的绘图环境。

以上这些按钮有两种状态,分别为凸起与凹下。当按钮处于凹下状态时,表示相应的设置处于工作状态;当按钮处于凸起状态时,表示相应的设置处于关闭状态。

(10) 工作空间

在 AutoCAD 中,为了快速适应用户不同工作环境的需要,系统提供了工作空间这一概念。选择某个工作空间时,系统只会显示与某个任务类型相关的菜单、工具栏和选项板。

在 AutoCAD 2008 中,系统定义了 3 个工作空间,其特点如下:

◎ 二维草图与注释:启动 AutoCAD 2008,系统将自动进入“二维草图与注释”工作空间,此时在绘图区上方显示了“工作空间”和“标准注释”工具栏,在绘图区右侧显示了面板,如图 3.1-14 所示。

◎ 三维建模:此时在绘图区上方显示了“工作空间”“标准”和“图层”工具栏,在绘图区右侧显示了三维操作面板和工具选项板。

◎ AutoCAD 经典:显示 AutoCAD 经典界面,此时在绘图区上方显示了“标准”“样式”“工作空间”“图层”和“特性”工具栏,在绘图区左侧显示了“绘图”工具栏,在绘图区右侧显示了工具选项板和“修改”工具栏。

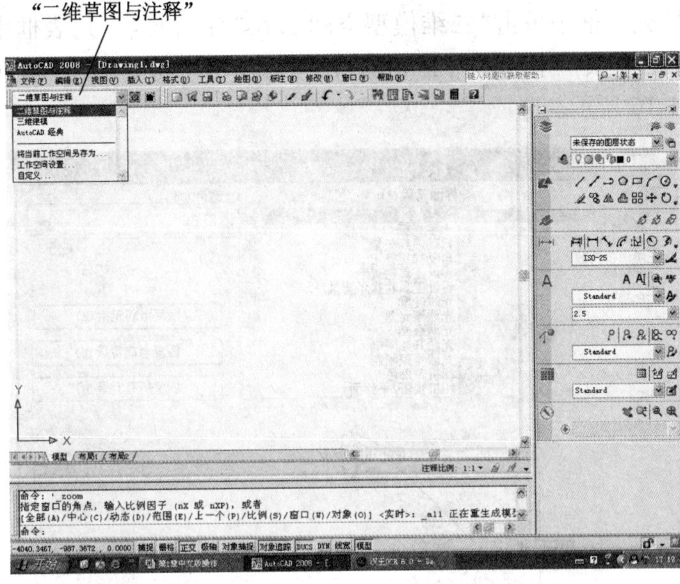

图 3.1-14 AutoCAD 2008“二维草图与注释”空间

3. 设置个性化绘图界面

启动 AutoCAD 之后，即可开始绘图，但有时可能会感到当前的绘图环境并不是那么令人满意，这时可以绘图者的个性化要求进行绘图界面的设置。例如，如果希望将绘图窗口的底色设置为白色，则具体设置步骤如下：

① 选择“工具”→“选项”菜单，打开“选项”对话框，然后单击“显示”选项卡，如图 3.1-15 所示。

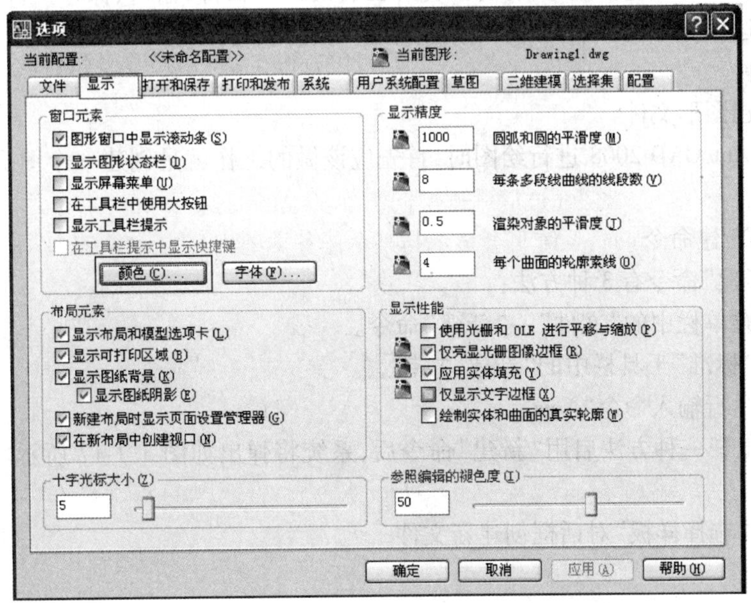

图 3.1-15 “选项”对话框

② 单击“窗口元素”区域内的 颜色(C)... 按钮,打开“图形窗口颜色”对话框。

③ 在“背景”列表框中单击“二维模型空间”,在“界面元素”列表框中单击“统一背景”,在“颜色”下拉列表框中选择“白”,此时在“预览”框中将显示选择的背景颜色,供用户观看,如图 3.1-16 所示。

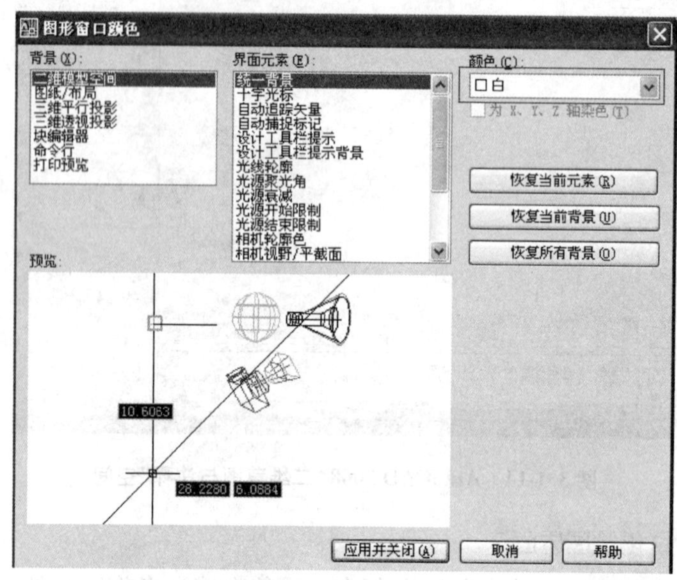

图 3.1-16 “图形窗口颜色”对话框

④ 单击 应用并关闭(A) 按钮,此时绘图窗口的底色即被设置为白色。

4. 文件操作命令

文件的管理一般包括创建新文件,打开已有的图形文件,输入、保存文件,输出、关闭文件等。在运用 AutoCAD 2008 进行设计和绘图时,必须熟练掌握这些操作,这样才能管理好图形文件。

(1) 新建图形文件

在应用 AutoCAD 2008 进行绘图时,首先应该做的工作就是创建一个图形文件,步骤如下:

① 启用新建命令

启用“新建”命令有 3 种方法:

★ 选择菜单栏中的“文件”→“新建”命令。

★ 单击“标准”工具栏中的“新建”按钮。

★ 在命令行输入命令“New”。

通过以上任一种方法启用“新建”命令后,系统将弹出如图 3.1-17 所示“选择样板”对话框。

② 利用“选择样板”对话框创建新文件

图 3.1-17 “选择样板”对话框

在“选择样板”对话框中，系统在列表框中列出了许多标准的样板文件，用户可从中选取一种合适的样板文件，单击打开(O)按钮，将选中的样板文件打开，此时用户即可在该样板文件上创建图形。用户直接双击列表框中的样板文件，也可将该文件打开。

系统在“选择样板”对话框中还提供了两个空白文件，分别是“acad”与“acadiso”。当用户需要从空白文件开始绘图时，就可以按此种方式进行。

用户还可以单击“选择样板”对话框中右下端的“打开”按钮右侧的▼按钮，弹出如图 3.1-18 所示下拉菜单，选取其中的“无样板打开－公制”选项，即可创建空白文件。

图 3.1-18 创建空白文件

(2) 打开图形文件

当用户要对原有文件进行修改或进行打印输出时，就要利用“打开”命令将其打开，从而可以进行浏览或编辑。

启用“打开”图形文件命令有 3 种方法：

★ 选择“文件”→“打开”菜单命令。

★ 单击“标准”工具栏中的“打开”按钮。

★ 在命令行输入命令“OPEN”。

利用以上任意一种方法启用“打开”命令，系统将弹出如图 3.1-19 所示“选择文件”对话框。打开图形的方法有两种：一种是用鼠标在要打开的图形文件上双击；另一种是先选中图形文件，然后再按对话框右下角的按钮打开(O)。

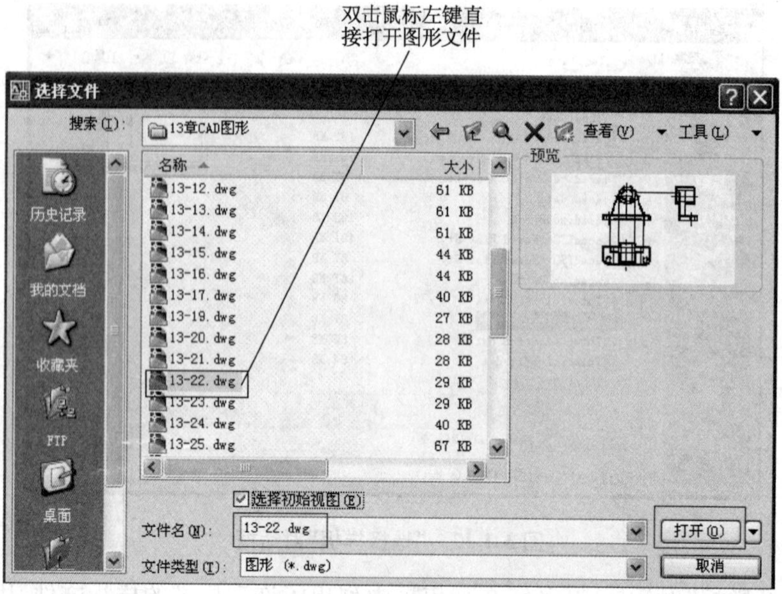

图 3.1-19 "选择文件"对话框

(3) 保存图形文件

AutoCAD 2008 创建的图形文件的扩展名为"dwg",保存图形文件有两种方式。

① 以当前文件名保存图形

启用"保存"图形文件命令有 3 种方法:

★ 选择"文件"→"保存"菜单命令。

★ 单击"标准"工具栏中的"保存"按钮。

★ 在命令行输入命令"QSAVE"。

利用以上任意一种方法"保存"图形文件,系统将当前图形文件以原文件名直接保存到原来的位置,即原文件覆盖。

② 指定新的文件名保存图形

在 AutoCAD 2008 中,利用"另存为"命令可以指定新的文件名保存图形。

启用"另存为"命令有两种方法:

★ 选择"文件"→"另存为"→"保存"菜单命令。

★ 在命令行输入命令"SAVEAS"。

启用"另存为"命令后,系统将弹出如图 3.1-20 所示"图形另存为"对话框,此时用户可以在文件名栏输入文件的新名称,并可指定该文件保存的位置和文件类型。

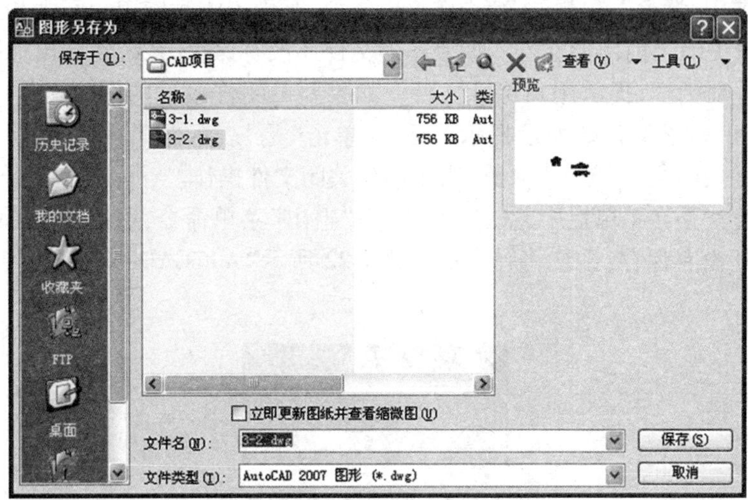

图 3.1-20 “图形另存为”对话框

(4) 输出图形文件

如果要将 AutoCAD 2008 文件以其他不同文件格式保存,可应用“输出”命令实现。AutoCAD 2008 可以输出多种格式的图形文件,其方法如下:

★ 选择“菜单”→“文件”→“输出”命令。

★ 在命令行输入命令“EXPORT”。

利用以上任意一种方法启用“输出”命令后,系统将弹出如图 3.1-21 所示“输出数据”对话框,在对话框中的“文件类型”下拉列表中可以选择输出图形文件的格式。

图 3.1-21 “输出数据”对话框

(5) 关闭图形文件

当用户保存图形文件后,可以将图形文件关闭。

在菜单栏中,选择“文件”→“关闭”菜单命令,或是关闭绘图窗口右上角的“关闭”按钮,就可以关闭当前图形文件。如果图形文件还没有保存,系统将弹出如图 3.1-22 所示“AutoCAD”对话框,提示用户保存文件。如果要关闭修改过的图形文件,图形尚未保存,系统会弹出如图 3.1-23 所示提示对话框,单击“是”表示保存并关闭文件,单击“否”表示不保存并关闭文件,单击“取消”表示取消关闭文件操作。

另一种方法是在菜单栏中,选择“文件”→“退出”菜单命令,退出 AutoCAD 2008。如果图形文件还没有保存,系统将弹出如图 3.1-22 所示“AutoCAD”对话框,提示用户保存文件。

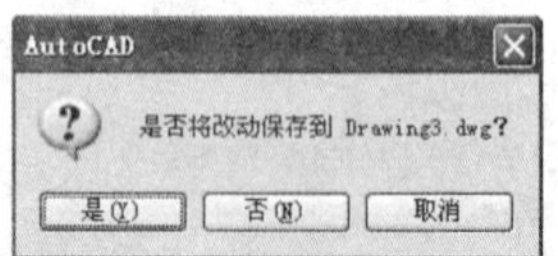

图 3.1-22 “AutoCAD”对话框

图 3.1-23 提示对话框

任务实施

(1) 练习调出绘图界面没有的工具栏,然后调整其形状和位置。

(2) 练习打开和关闭工具选项板,将其分别置于浮动状态和固定状态。

(3) 练习改变绘图界面的颜色。

(4) 练习创建文件,打开文件,保存文件。

知识链接

AutoCAD 的发展及学习方法

一、AutoCAD 发展概况

AutoCAD 是美国 Autodesk 公司于 1982 年推出的一种通用的计算机辅助绘图和设计软件。随着技术的不断更新,AutoCAD 也在日益创新,从 1982 年开始的 AutoCAD 1.0 版到 2008 年 AutoCAD 2008 版的推出,共经历了 22 种版本的演变,实现了由个人设计到协同设计、共享资源的转变。其功能逐步增强、日趋完善,从简易的二维图形绘制,发展成集三维设计、真实感显示及通用数据库管理于一体的软件包,并进一步朝人性化、自动化方向发展。

二、学习 AutoCAD 2008 的方法

AutoCAD 2008 绘图软件具有其自身的特点，如果要学好它，就必须了解其特点。学习 AutoCAD 时，应注意以下几点：

1. 学习 AutoCAD 就是学习绘图命令。如果用户想让计算机绘图，就必须向计算机发出指令，完成一个任务后，继续向它发出指令，最后绘制出完美图形。在 AutoCAD 中，无论是选择了某个菜单项，还是单击了某个工具按钮，都相当于执行了一个命令。学习过程中尽量掌握每个命令的英文全称或缩写，例如，“写块”命令的英文全称为“WBLOCK”，其缩写为“W”，直接按【W】键即可执行“WBLOCK”命令。

2. 学会观察命令行。在 AutoCAD 中，不管以何种方式输入命令，命令行中都会提示用户下一步该怎样操作，此时，操作者一定要观察命令行所提示的操作方法，对每个命令的功能和用途做到心中有数，按命令行的提示进行操作，这样通过连续不断的人机对话，在实际绘图时才能具体问题具体分析，进行正确操作。

3. 学会使用动态输入功能（DYN）。动态输入是自 2006 版开始增加的新功能，使用它可以直观地观察角度和直线长度，对于绘制角度和判断直线的长度等有很大的帮助。

4. 学会使用 AutoCAD 帮助功能。AutoCAD 为用户提供了强大的帮助功能，它就好比是一本教材，不管用户当前执行什么样的操作，按【F1】键，AutoCAD 就会显示该命令的具体定义和操作过程等内容。

5. 讲练结合，多进行上机操作。按照教材所讲述的知识，熟悉使用 AutoCAD 绘图的特点与规律，与使用菜单和工具相比，使用快捷键效率更高，在上机中快速掌握各种命令的用法。

项目小结

本项目主要介绍 AutoCAD 2008 的工作界面，包括 AutoCAD 2008 的启动、保存与关闭。

思考与练习

1. 利用 AutoCAD 2008 绘制图形时，可以通过哪几种方式创建新的图形文件？
2. AutoCAD 2008 提供哪些工具栏，如何打开和关闭它们？
3. AutoCAD 2008 工作界面主要包括哪几个部分？

项目二 直线平面图形的绘制及编辑

直线是所有图形的基础,在 AutoCAD 中,直线、射线和构造线是最简单的绘图命令。

任务一 直线图形的绘制——凳子

◎ 知识要点

1. 理解相对坐标,熟练地使用相对坐标确定点的位置。
2. 熟记绘制直线的命令。

◎ 技能要点

1. 掌握绘制直线的操作。
2. 根据图形熟练地使用各种方法绘制直线。
3. 能够进行删除、修剪等图形编辑的操作。

任务描述

本任务是绘制图 3.2-1 所示的凳子。

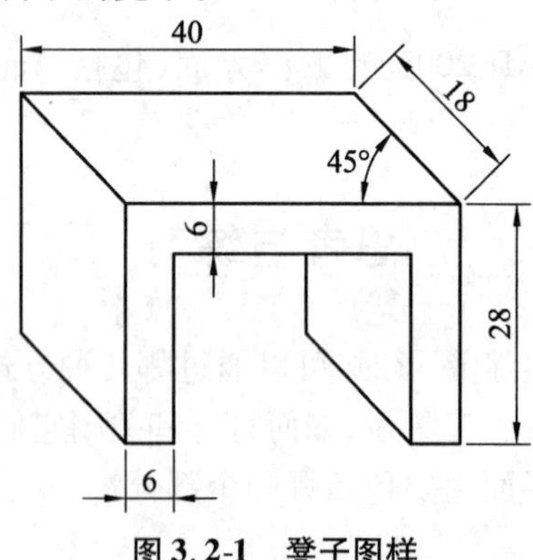

图 3.2-1 凳子图样

任务分析

图形特点:由水平线、垂直线、斜线组成。

使用命令:直线。

相关知识

1. 平面图形绘制及编辑的主要命令

(1)“绘图”工具栏

“绘图”工具栏(图3.2-2)是绘制常见实体的命令集,用于绘制各种线、弧、圆、椭圆等二维图形。在缺省状态下该工具栏显示在AutoCAD窗口的左侧,该工具栏中几乎所有的命令都可以在“绘图”菜单中找到。

图3.2-2　“绘图”工具栏

(2)“修改”工具栏

“修改”工具栏(图3.2-3)中的工具用于修改已存在的实体,可对实体进行移位、复制、旋转、删除、修剪、拉伸等操作。这个工具栏中的所有命令都可以在“修改”菜单中找到。

图3.2-3　“修改”工具栏

2. 对象捕捉

用户在绘图时,经常需要使用图形一些特殊位置的点,如端点、中点、交点等。如果单靠眼睛去捕捉这些点是不精确的。AutoCAD提供了实体捕捉方式来提高精确性。

(1)“对象捕捉”工具栏

“对象捕捉”工具栏如图3.2-4所示。

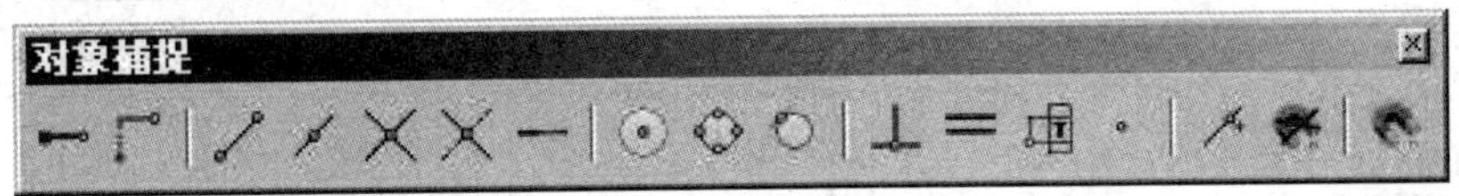

图3.2-4　捕捉工具栏

“对象捕捉”工具栏中各项功能如下:

◎ 最近点捕捉:可以捕捉对象与指定点距离最近的点。这些对象包括直线、圆、圆弧、复合线、椭圆、样条曲线等距光标最近的点。

◎ 端点捕捉:可以捕捉到圆弧、直线、复合线、射线、平面等距光标最近的端点。

◎ 中点捕捉:可以捕捉到圆弧、直线、复合线、实体填充线、样条曲线等实体的中点。

◎ 圆心捕捉:可以捕捉到圆弧、圆、椭圆和椭圆弧的圆心。

◎ 垂足捕捉:可以捕捉到与圆弧、圆、构造线、椭圆、椭圆弧、直线、复合线、射线、实体或样条曲线等正交的点,也可以捕捉到对象的外观延伸的正交点。

◎ 切点捕捉：可以在圆或圆弧上捕捉到与上一点相连的点,这两点形成的直线与该圆或圆弧相切。

◎ 象限捕捉：可以捕捉到圆弧、圆或椭圆最近的象限点。

◎ 插入点捕捉：可以捕捉到块、文字、属性或属性定义等的插入点。

◎ 点捕捉：可捕捉到用"Point"命令绘制的点或"Divide"命令和"Measure"放置的点。

◎ 交点捕捉：可以捕捉到圆弧、圆、椭圆、椭圆弧、直线、复合线、射线、样条曲线或构造线等对象之间的交点。

◎ 延伸捕捉：延伸捕捉模式用于捕捉直线或圆弧的延伸点。

◎ 平行捕捉：平行捕捉模式用于绘制平行于另一对象的一直线。

(2) 启动"对象捕捉"功能的方法

① 单击工具栏图标按钮法:单击"对象捕捉"工具栏(图 3.2-5 a)中的按钮。

② 启动快捷菜单法:按住【Shift】或【Ctrl】键,单击鼠标右键,在"对象捕捉"快捷菜单(图 3.2-5 b)中选取所需模式。

③ 单击状态栏上的对象捕捉按钮,启用"对象捕捉"法。在该按钮上右击弹出如图 3.2-5 c 所示对话框。

(a)

临时追踪点(K)
自(F)
两点之间的中点(T)
点过滤器(T)
端点(E)
中点(M)
交点(I)
外观交点(A)
延长线(X)
圆心(C)
象限点(Q)
切点(G)
垂足(P)
平行线(L)
节点(D)
插入点(S)
最近点(R)
无(N)
对象捕捉设置(O)...

(b)

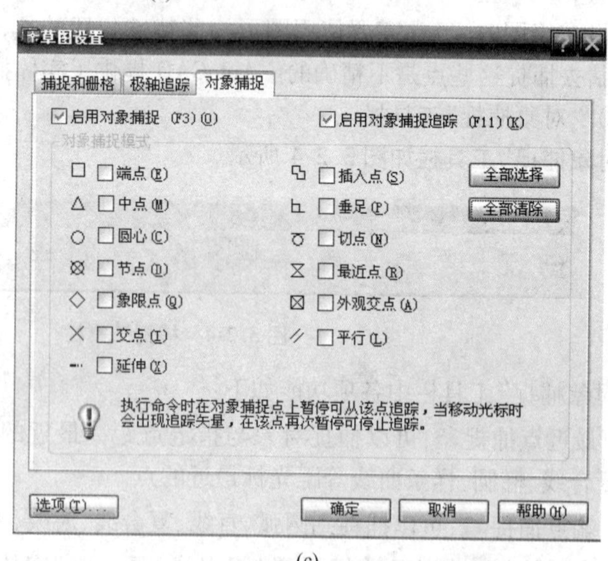

(c)

图 3.2-5　对象捕捉

3. 坐标输入方式

(1) 绝对坐标:以坐标原点(0,0,0)为基点来定位其他所有的点。

(2) 相对坐标:以某点为基点来定位该点的位置,表示方式“@ *X*,*Y*”。

(3) 极坐标:输入距离和角度,用尖括号“ < ”分开。例如,“@ 5 <30”表示距离为 5,角度为 30°。

任务实施

1. 操作流程

操作流程如图 3.2-6 所示。

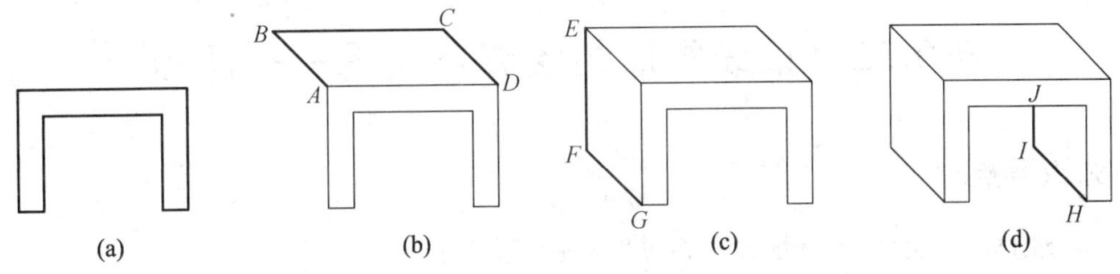

图 3.2-6 操作流程图

2. 操作步骤

(1) 启动 AutoCAD 2008,新建一个图形文件。

(2) 用输入相对直角坐标点的方法绘制图 3.2-6 a 所示线段。单击“绘图”工具栏中的╱按钮,执行“直线”命令,命令提示窗口中显示如下:

```
命令: _line 指定第一点:
指定下一点或[放弃(U)]: @6,0
指定下一点或[放弃(U)]: @0,22
指定下一点或[闭合(C)/放弃(U)]: @28,0
指定下一点或[闭合(C)/放弃(U)]: @0, -22
指定下一点或[闭合(C)/放弃(U)]: @6,0
指定下一点或[闭合(C)/放弃(U)]: @0,28
指定下一点或[闭合(C)/放弃(U)]: @ -40,0
指定下一点或[闭合(C)/放弃(U)]: c
```

(3) 用输入点的相对极轴坐标的方法,结合对象捕捉,绘制图 3.2-6 b 所示直线。

打开对象捕捉、极轴追踪,并设置自动捕捉模式点为端点、交点。操作步骤为:单击╱按钮,捕捉端点 *A*,绘制直线 *AB*,*BC*,捕捉端点 *D*。显示如下提示:

```
命令: _line 指定第一点:
指定下一点或 [放弃(U)]: @18 <135
指定下一点或 [放弃(U)]: @40,0
指定下一点或 [闭合(C)/放弃(U)]:
```

(4) 完成余下线段,如图3.2-6 c,d所示。操作步骤为:捕捉端点E,绘制直线EF,捕捉端点G;捕捉端点H,绘制直线HI,捕捉交点J。命令提示窗口中显示如下:

```
命令:_line 指定第一点:
指定下一点或[放弃(U)]:28
指定下一点或[放弃(U)]:
命令:_line 指定第一点:
指定下一点或[放弃(U)]:@18<135
指定下一点或[放弃(U)]:
指定下一点或[闭合(C)/放弃(U)]:
```

任务二 直线图形的绘制及编辑——汗衫

◎ 知识要点

1. 理解相对坐标,熟练地使用相对坐标确定点的位置。
2. 熟记绘制构造线的命令。

◎ 技能要点

1. 掌握绘制构造线的操作。
2. 根据图形熟练地使用绘制构造线的方法绘制直线。
3. 能够进行偏移、延伸和镜像等图形编辑的操作。

任务描述

本任务是绘制图3.2-7所示的汗衫。

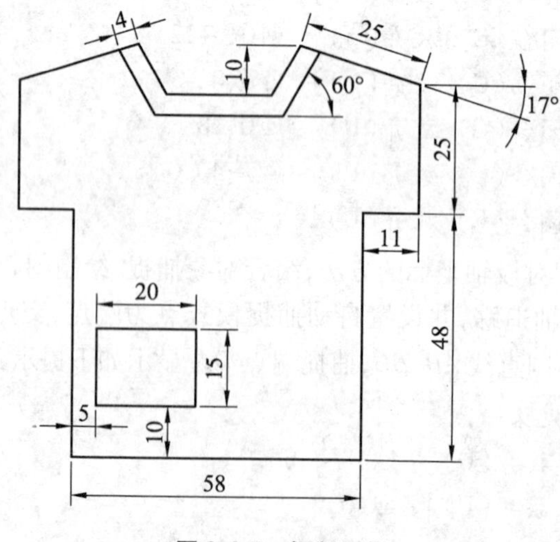

图3.2-7 汗衫图样

任务分析

图形特点:由水平线、垂直线、斜线所构成,衫领由 3 组平行线构成。

使用命令:点、直线、构造线、偏移、镜像、延伸、剪切。

相关知识

1. “构造线”命令(XL)

“构造线”命令,一般作为辅助线使用,创建的线是无限长的。“构造线”命令的启用方式有:

★ 直接在“绘图”工具栏上点击“构造线”按钮。

★ 在菜单栏选择“绘图”→“构造线”。

★ 直接在命令行中输入快捷键“XL”。

提示

在构造线命令行中:H 为水平构造线,V 为垂直构造线,A 为角度(可设定构造线角度,也可参考其他斜线进行角度复制),B 为二等分(等分角度,两直线夹角平分线),O 为偏移(通过 T,可以任意设置距离)。

2. “偏移”命令(O)

在实际应用中,常利用“偏移”命令创建平行线或等距离分布图形。

(1) 指定距离偏移对象的步骤

① 启用“偏移”命令。方法如下:

★ 在菜单栏选择“修改”→“偏移”。

★ 在命令行输入快捷键“O”。

★ 单击“修改”工具栏上的“偏移”按钮。

② 指定偏移距离。

③ 选择要偏移的对象。

④ 指定要放置新对象的一侧。

⑤ 选择另一个要偏移的对象或按【Enter】键结束命令。

(2) 使偏移对象通过一个点的步骤

① 从“修改”菜单中选择“偏移”。

② 输入“T”(通过点)。

③ 选择要偏移的对象。

④ 指定通过点。

⑤ 选择另一个要偏移的对象或按【Enter】键结束命令。

3. “修剪”命令(TR)

“修剪”命令的使用步骤:

① 在命令栏中输入快捷键“TR”,或单击“修改”工具栏中的“修剪”按钮。

② 选择作为剪切边的对象,可选择图形中的所有对象作为可能的剪切边,按【Enter】键确定即可。

③ 选择要修剪的对象。

4. “延伸”命令(EX)

延伸命令的使用步骤:

① 在命令栏中输入快捷键“EX”,或单击“修改”工具栏中的“延伸”按钮--/。

② 选择作为边界的对象,可选择图形中的所有对象作为可能的边界,按【Enter】键即可。

③ 选择要延伸的对象。

5. “镜像”命令(MI)

“镜像”命令的使用步骤:

① 在命令栏中输入快捷键“MI”,或在“修改”工具栏中选择“镜像”按钮⊿⊾。

② 选择要镜像的对象。

③ 指定镜像直线的第一点和第二点。

④ 按【Enter】键是保留对象,按“Y”将其删除。

任务实施

1. 操作流程

操作流程如图3.2-8所示。

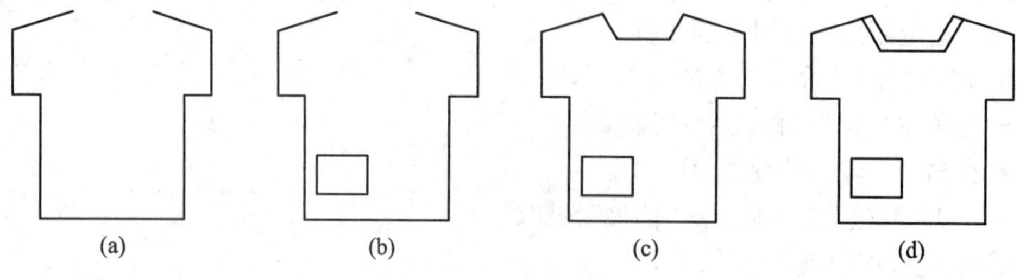

图3.2-8 操作流程图

2. 操作步骤

(1) 启动“直线”命令╱和“镜像”命令⊿⊾,绘制衣服轮廓。命令窗口中的提示如下:

```
命令: _line 指定第一点:
指定下一点或[放弃(U)]: 58
指定下一点或[放弃(U)]: 48
指定下一点或[闭合(C)/放弃(U)]: 11
指定下一点或[闭合(C)/放弃(U)]: 25
指定下一点或[闭合(C)/放弃(U)]: @25<163
指定下一点或[闭合(C)/放弃(U)]:
命令: _mirror
选择对象:指定对角点:找到4个
```

选择对象:
指定镜像线的第一点:指定镜像线的第二点:
是否删除源对象?[是(Y)/否(N)] <N>:

(2) 绘制衣服小口袋。命令窗口中提示如下:

命令: _line 指定第一点:
指定下一点或[放弃(U)]: @5,10
指定下一点或[放弃(U)]: 20
指定下一点或[闭合(C)/放弃(U)]: 15
指定下一点或[闭合(C)/放弃(U)]: 20
指定下一点或[闭合(C)/放弃(U)]:
指定下一点或[闭合(C)/放弃(U)]:

(3) 启动"构造线"命令绘制领口。命令窗口中提示如下:

命令: _xline 指定点或[水平(H)/垂直(V)/角度(A)/二等分(B)/偏移(O)]: h
指定通过点: _tt 指定临时对象追踪点:
指定通过点: 10
命令: _xline 指定点或[水平(H)/垂直(V)/角度(A)/二等分(B)/偏移(O)]: a
输入构造线的角度(0)或[参照(R)]: 60
指定通过点:
命令: _xline 指定点或[水平(H)/垂直(V)/角度(A)/二等分(B)/偏移(O)]: a
输入构造线的角度(0)或[参照(R)]: 120
指定通过点:

(4) 用"修剪"命令删除多余线条,绘制完整的衣领口。命令窗口中提示如下:

命令: _trim
当前设置:投影=UCS,边=无
选择剪切边...
选择对象: 找到1个
选择对象: 找到1个,总计2个
选择对象: 找到1个,总计3个
选择对象: 找到1个,总计4个
选择对象: 找到1个,总计5个
选择对象:
选择要修剪的对象,或按住Shift键选择要延伸的对象,或[投影(P)/边(E)/放弃(U)]:

选择要修剪的对象,或按住 Shift 键选择要延伸的对象,或[投影(P)/边(E)/放弃(U)]:

选择要修剪的对象,或按住 Shift 键选择要延伸的对象,或[投影(P)/边(E)/放弃(U)]:

选择要修剪的对象,或按住 Shift 键选择要延伸的对象,或[投影(P)/边(E)/放弃(U)]:

选择要修剪的对象,或按住 Shift 键选择要延伸的对象,或[投影(P)/边(E)/放弃(U)]:

选择要修剪的对象,或按住 Shift 键选择要延伸的对象,或[投影(P)/边(E)/放弃(U)]:

选择要修剪的对象,或按住 Shift 键选择要延伸的对象,或[投影(P)/边(E)/放弃(U)]:

(5) 用“偏移”命令绘制衣领的3组平行线。命令窗口提示如下:

命令: _offset

指定偏移距离或[通过(T)] <5.0000>: 4

选择要偏移的对象或 <退出>:

指定点以确定偏移所在一侧:

选择要偏移的对象或 <退出>:

指定点以确定偏移所在一侧:

选择要偏移的对象或 <退出>:

选择要偏移的对象或 <退出>:

指定点以确定偏移所在一侧:

选择要偏移的对象或 <退出>:

(6) 用“延伸”命令完善衣领口。命令窗口提示如下:

命令: _extend

当前设置:投影 = UCS,边 = 无

选择边界的边...

选择对象: 找到 1 个

选择对象: 找到 1 个,总计 2 个

选择对象:

选择要延伸的对象,或按住 Shift 键选择要修剪的对象,或[投影(P)/边(E)/放弃(U)]:

选择要延伸的对象,或按住 Shift 键选择要修剪的对象,或[投影(P)/边(E)/放弃(U)]:

选择要延伸的对象,或按住 Shift 键选择要修剪的对象,或[投影(P)/边(E)/放弃(U)]:

选择要延伸的对象,或按住 Shift 键选择要修剪的对象,或[投影(P)/边(E)/放弃(U)]:

知识链接

选用合适的命令

用户能够驾驭 AutoCAD,是通过向它发出一系列的命令实现的。AutoCAD 接到命令后,会立即执行该命令并完成其相应的功能。在具体操作过程中,尽管有多种途径能够达到同样的目的,但如果命令选用得当,则会明显减少操作步骤,提高绘图效率。下面仅列举绘制直线的案例。

1. 在 AutoCAD 中,使用 LINE,XLINE,RAY,PLINE,MLINE 命令均可生成直线或线段,但唯有 LINE 命令使用的频率最高,也最为灵活。

2. 为保证物体三视图之间"长对正、宽相等、高平齐"的对应关系,应选用 XLINE 和 RAY 命令绘出若干条辅助线,然后再用 TRIM 剪截掉多余的部分。

3. 当一次生成多条彼此平行的线段,且各条线段可能使用不同的颜色和线型时,可选择 MLINE 命令。

项 目 小 结

在本项目中,主要介绍了直线及构造线等绘制命令,通过本项目的学习应掌握删除、修剪、延伸、偏移及镜像操作步骤。

思考与练习

用直线命令绘制以下图形。

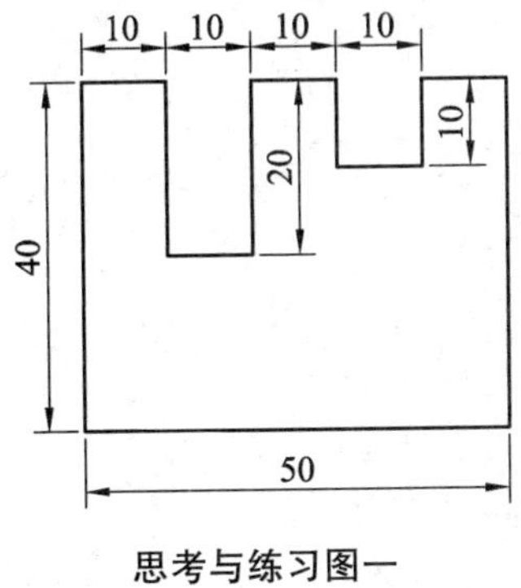

思考与练习图一

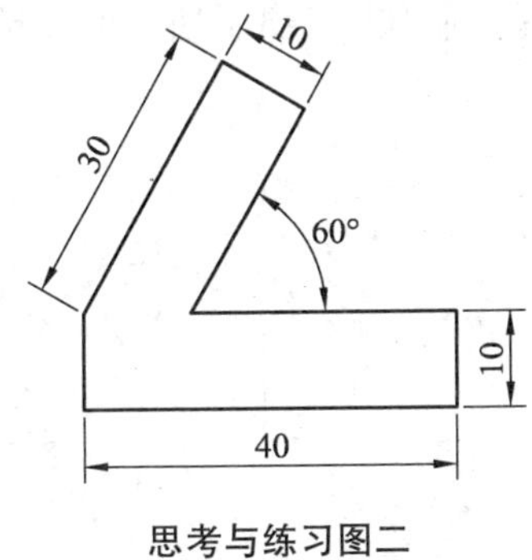

思考与练习图二

项目三 圆弧平面图形的绘制及编辑

本项目包含两个绘图任务,通过完成这些任务,读者可以学会圆、椭圆、圆弧及椭圆弧连接的绘制方法,掌握移动、复制、旋转及阵列等命令的使用方法。

任务一 圆弧平面图形的绘制——闹钟

◎ 知识要点

1. 理解对象的选择、图层的设置。
2. 熟记圆、圆弧、椭圆、椭圆弧绘制命令及对象的阵列命令。

◎ 技能要点

1. 能根据图形的实际要求设置图层。
2. 掌握绘图命令圆、圆弧、椭圆、椭圆弧的操作方法。
3. 掌握对象矩形及环形阵列的操作方法。
4. 熟练掌握圆弧平面图形的绘制方法。

任务描述

本任务是绘制如图 3.3-1 所示的闹钟。

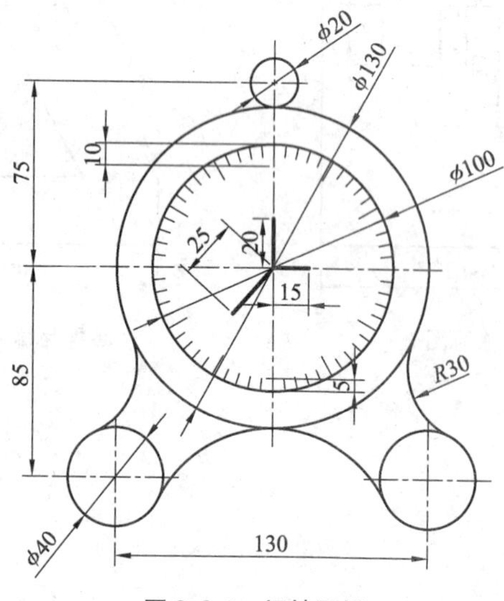

图 3.3-1 闹钟图样

任务分析

图形特点:由五个圆、两段与两个圆的切弧、一段与三个圆的切弧、两条切线、圆周均匀分布的刻度线及指针直线所构成。

使用命令:直线、圆、圆弧、阵列。

相关知识

1. 对象的选择

在执行一个编辑命令时,当命令行提示“选择对象”时,可以用以下各种方式来选择对象,构造选择集:

① 直接点选对象。

② 使用选择窗口选择对象:指定了第一个角点以后,从左向右拖动(选择窗口),仅选择完全包含在选择区域内的对象。

③ 使用交叉选择来选择对象:添加对象时,在命令行输入“c”,只要图框经过的地方,无论是相交还是包含在内都删除对象。

④ 添加或去除对象:添加对象时,可直接选取或利用矩形窗口。若要删除对象时,可先按【shift】键或命令行输入“r”选择要清除的多个图形元素。

2. 图层的设置

在“图层”工具栏中单击“图层特性管理器”图标,弹出“图层特性管理器”对话框(图 3.3-2),单击“新建图层”图标,即建立了 1 个图层。

(1) 设置图层颜色

单击“颜色”列与“文字”行的交叉处“白色”,弹出“选择颜色”对话框(图 3.3-3)→单击“品红”→单击“确定”按钮,可设置该图层的颜色为品红。

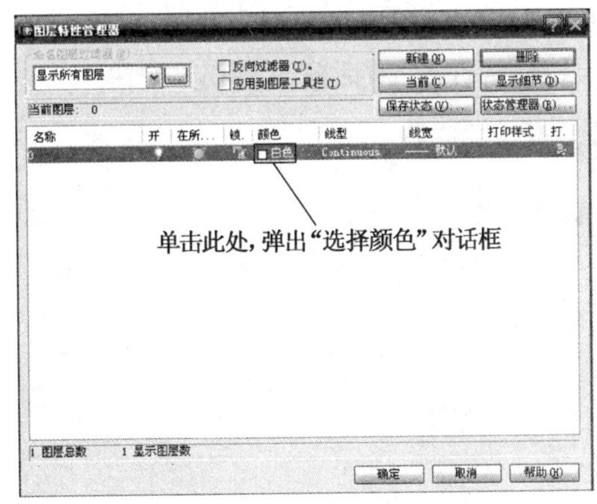

图 3.3-2 “图层特性管理器”对话框

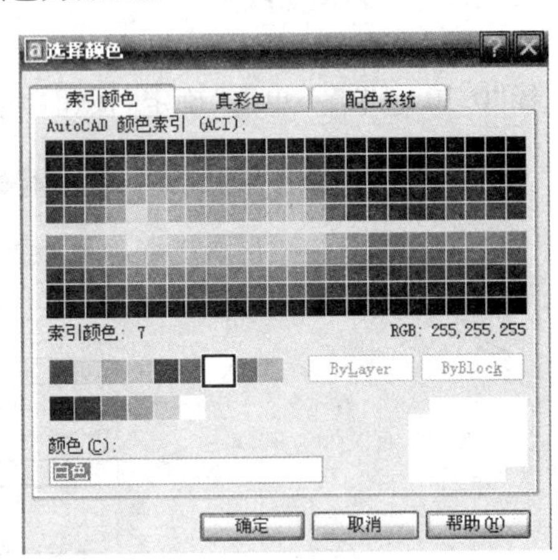

图 3.3-3 “选择颜色”对话框

(2) 设置图层线型

单击“线型”列与“中心线”行的交叉处“Continuous”,弹出“选择线型”对话框(图

3.3-4)→单击“加载”按钮,出现“加载或重载线型”对话框(图3.3-5)→选择所需线型→单击“确定”按钮。

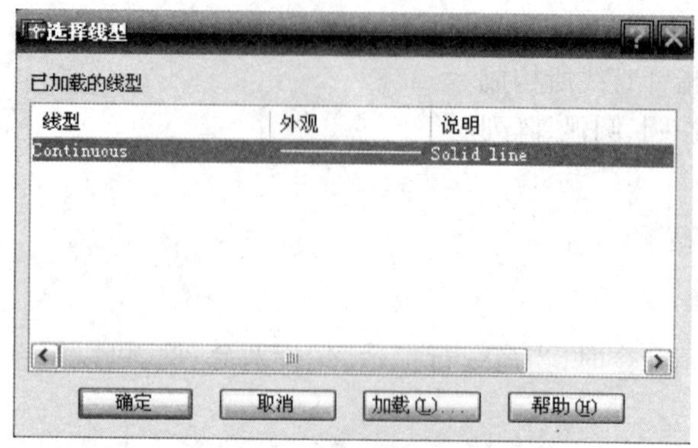

图3.3-4 “选择线型”对话框

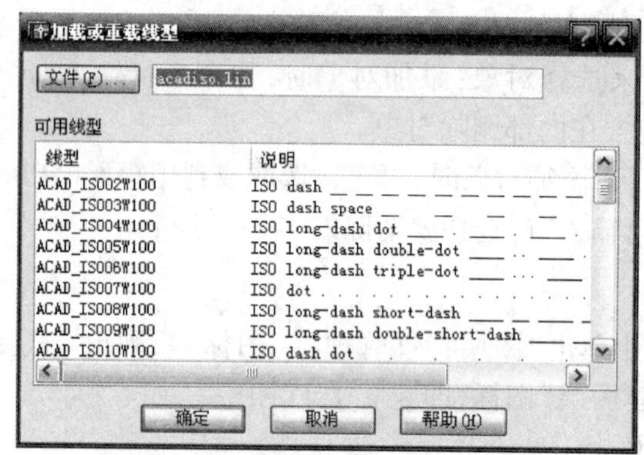

图3.3-5 “加载或重载线型”对话框

(3) 设置图层线宽

单击“线宽”列与“粗实线”行的交叉处“默认”,弹出“线宽”对话框(图3.3-6)→选择“0.30毫米”→单击“确定”按钮→单击“图层特性管理器”对话框的“确定”按钮。

图3.3-6 “线宽”对话框

3."圆"命令(C)

(1) 启用圆命令的方式

① 直接在"绘图"工具栏上点击"圆"按钮。

② 在菜单栏选择"绘图"→"圆"。

③ 直接在命令行中输入快捷键"C"。

(2) 绘制圆的几种形式

① 通过指定圆心和半径或直径绘制圆:在命令栏中输入快捷键"C",指定圆心,指定半径或直径。

② 创建与两个对象相切的圆:选择 AutoCAD 中"切点"对象捕捉模式,在命令栏中输入快捷键"C",点击"T",选择与要绘制的圆相切的第一个对象,选择与要绘制的圆相切的第二个对象,指定圆的半径。

③ 三点(3P)绘圆:通过单击第一点、第二点、第三点确定一个圆。

④ 相切、相切、相切(A)绘圆:选择三个相切对象可以画一个圆。

⑤ 二点(2P)绘圆:指定两点确定一个圆。

在"绘图"菜单中提供了6种画圆方法(图3.3-7)。

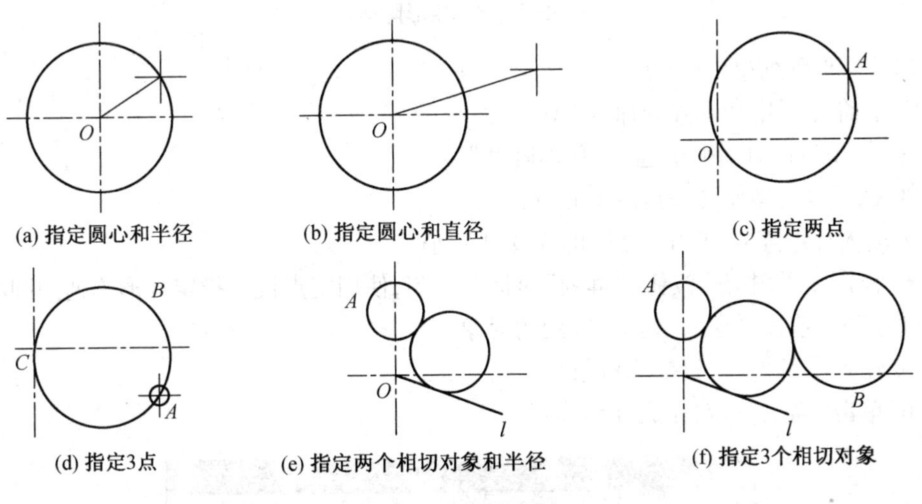

图3.3-7 圆的画法

4."阵列"命令

(1) 矩形阵列(图3.3-8)

① 在命令栏中输入快捷键"AR"或单击"修改"工具栏上的"阵列"按钮,弹出"矩阵"对话框。

② 在"阵列"对话框中选择"矩形阵列",点击"选择对象"去选择要阵列的对象,然后按【Enter】键确定。

③ 使用以下方法之一指定对象间水平和垂直间距(偏移):

★ 在行偏移和列偏移中分别输入行间距和列间距,可添加"+"或"-"确定方向。

★ 单击"拾取行列偏移"按钮,使用定点设备指定阵列中某个单元的相对角点,此单元决定行和列的水平和垂直间距。

★ 单击“拾取行偏移或“拾取列偏移”按钮,使用定点设备指定水平和垂直间距,要修改阵列的旋转角度,请在“阵列角度”旁边输入新角度。

④ 单击“确定”按钮。

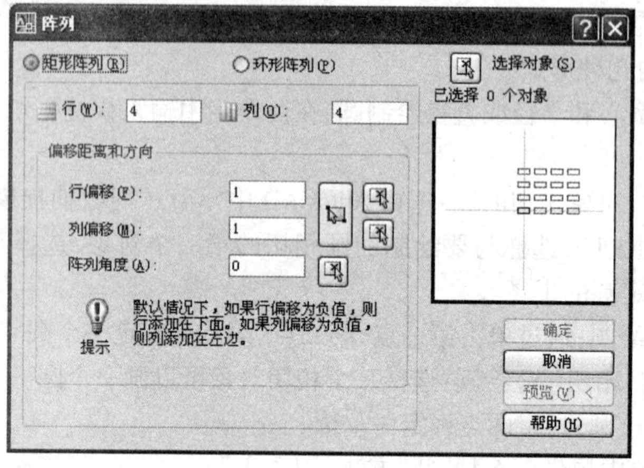

图 3.3-8 矩形阵列

(2) 环形阵列(图 3.3-9)

① 在命令栏中输入阵列命令“AR”。

② 在“阵列”对话框中选择“环形阵列”。

③ 执行以下操作之一指定中心点:

★ 输入环形阵列中“中心点”的 X,Y 坐标值。

★ 单击“拾取中点”按钮,“阵列”对话框关闭,使用定点设备指定环形阵列的圆心。

④ 点击“选择对象”,选择要阵列的对象。

⑤ 输入项目数目(包括原对象)。

⑥ 单击“确定”按钮完成环形阵列。

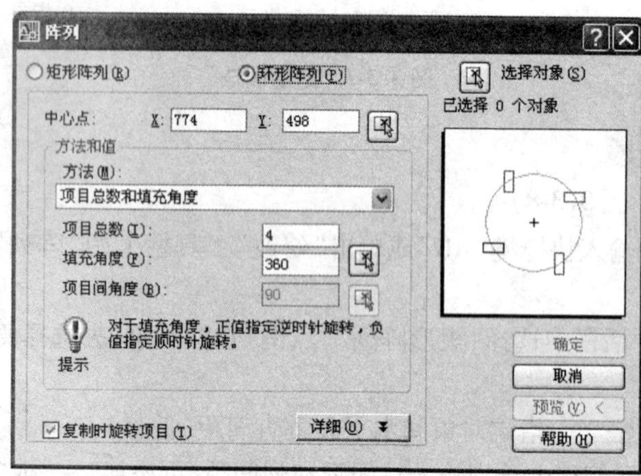

图 3.3-9 环形阵列

任务实施

1. 操作流程

操作流程如图 3.3-10 所示。

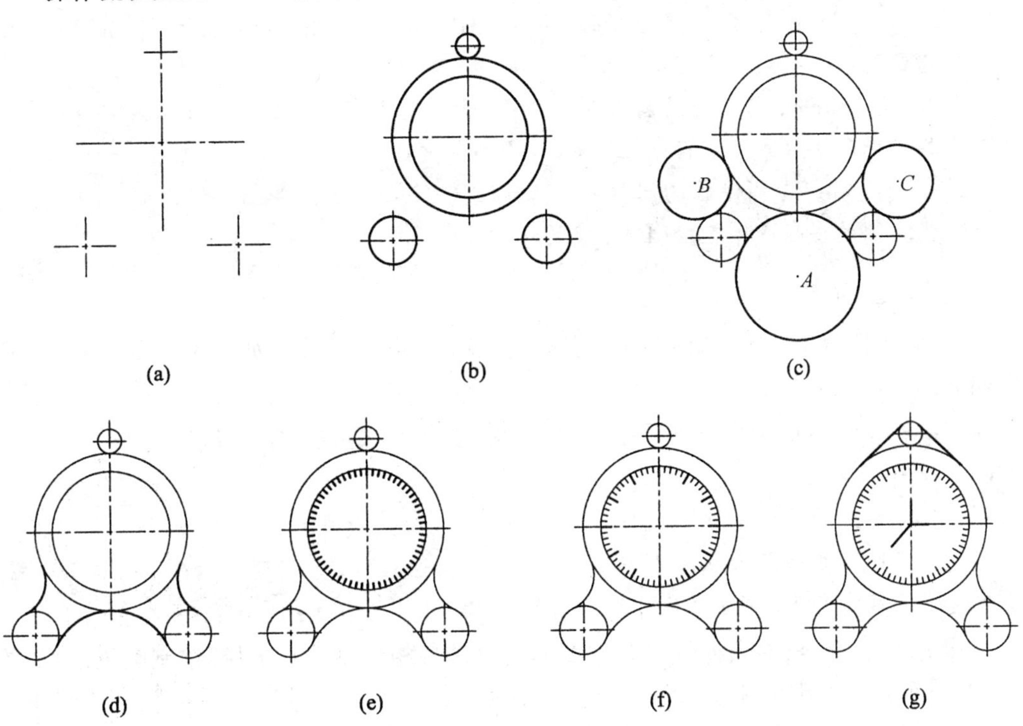

图 3.3-10 操作流程图

2. 操作步骤

(1) 设置图层

单击"图层特性管理器"图标,弹出"图层特性管理器"对话框,创建以下图层:

名称	颜色	线型	线宽
轮廓线	品红	Continuous	0.5
中心线	白色	Center	默认

(2) 绘制中心线

按图 3.3-1 中所给尺寸,在中心线层绘制中心线,如图 3.3-10 a 所示。

(3) 绘制圆

切换到轮廓线图层,用"圆"命令,根据给定圆心、半径或直径绘制直径为 20,40,40,100,130 的 5 个整圆,如图 3.3-10 b 所示。命令如下:

```
命令：_circle 指定圆的圆心或［三点(3P)/两点(2P)/相切、相切、半径(T)］：
指定圆的半径或［直径(D)］：50                                (半径为50)
命令：_circle 指定圆的圆心或［三点(3P)/两点(2P)/相切、相切、半径(T)］：
指定圆的半径或［直径(D)］<50.0000>：65                        (半径为65)
命令：_circle 指定圆的圆心或［三点(3P)/两点(2P)/相切、相切、半径(T)］：
指定圆的半径或［直径(D)］<65.0000>：10
命令：_circle 指定圆的圆心或［三点(3P)/两点(2P)/相切、相切、半径(T)］：
指定圆的半径或［直径(D)］<10.0000>：20
命令：_circle 指定圆的圆心或［三点(3P)/两点(2P)/相切、相切、半径(T)］：
指定圆的半径或［直径(D)］<20.0000>：20
```

(4) 绘制圆弧

① 用“圆”命令，对象捕捉打开切点模式，根据三点绘制圆 A，如图 3.3-10 c 所示。命令如下：

```
命令：_circle 指定圆的圆心或［三点(3P)/两点(2P)/相切、相切、半径(T)］：3p
指定圆上的第一个点：
指定圆上的第二个点：
指定圆上的第三个点：
```

② 用“圆”命令，对象捕捉打开切点模式，根据“相切、相切、半径”绘制圆 B，C，如图 3.3-10 c 所示。“相切、相切、半径”绘圆命令如下：

```
命令：_circle 指定圆的圆心或［三点(3P)/两点(2P)/相切、相切、半径(T)］：t
指定对象与圆的第一个切点：
指定对象与圆的第二个切点：
指定圆的半径 <20.0000>：30
```

③ 修剪多余的圆弧，修剪后效果如图 3.3-10 d 所示。

(5) 绘制闹钟刻度线

① 使用“直线”命令，在直径为 100 的圆上绘制长为 5 的一条短线。

② 单击“修改”工具栏中的器按钮，启动“阵列”命令，弹出“阵列”对话框，设置如图 3.3-11 所示。

注意：中心点选择直径为 100 的圆的圆心。

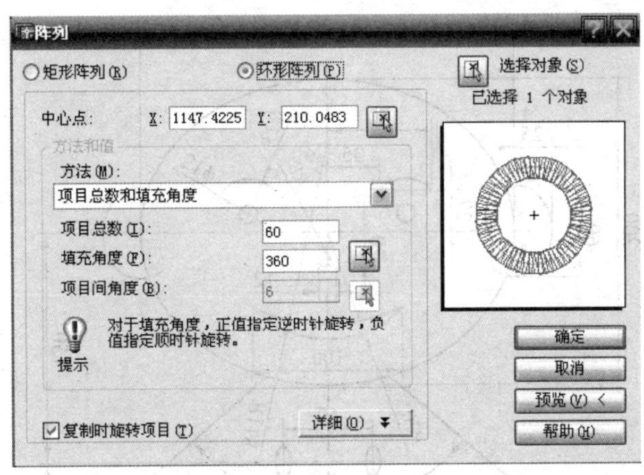

图 3.3-11 环形阵列设置

③ 单击“预览”弹出如图 3.3-12 所示对话框，单击“确定”按钮，阵列效果如图 3.3-10 e 所示。

图 3.3-12 阵列预览

④ 用同样的方法得到如图 3.3-10 f 所示效果，此处不再详述。

(6) 绘制指针及两条切线

① 启动“直线”命令，按图 3.3-1 中尺寸绘制 3 条指针线；

② 启动“直线”命令，启动切点的捕捉模式，绘制两条切线，如图 3.3-10 g 所示，至此完成闹钟的绘制。

任务二 圆弧平面图形的绘制及编辑——木偶

◎ 知识要点

1. 理解对象的选择、图层的设置。
2. 熟记圆弧、椭圆及椭圆弧绘制命令。

◎ 技能要点

1. 能根据图形的实际要求设置图层。
2. 掌握绘图命令圆弧、椭圆、椭圆弧的操作方法。

任务描述

本任务是绘制如图 3.3-13 所示的木偶。

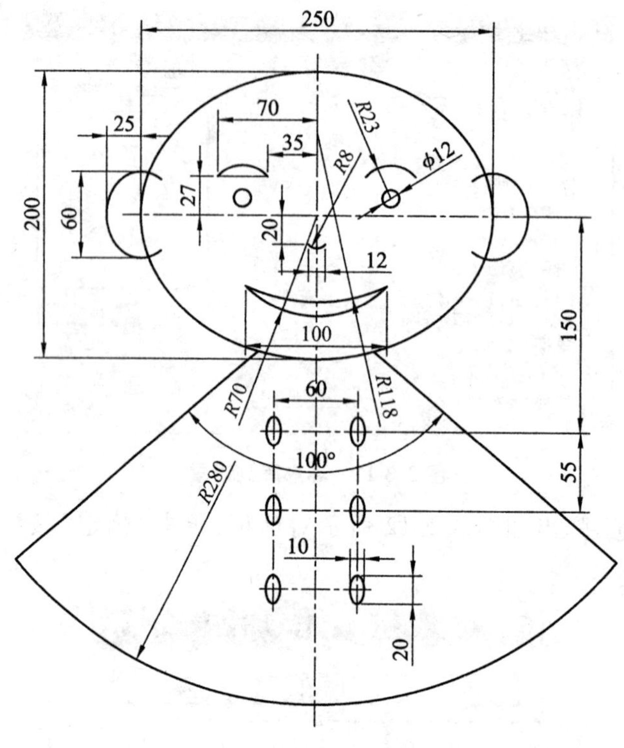

图 3.3-13 木偶图样

任务分析

图形特点:主要由椭圆、椭圆弧、圆及圆弧等构成,面部多个图素是对称图形,衣服上的椭圆形的纽扣成矩形阵列。

使用命令:椭圆、椭圆弧、圆、圆弧、镜像、直线、阵列。

相关知识

1. "圆弧"命令(A)

(1) 启用"圆弧"命令的方式

★ 直接在"绘图"工具栏上点击"圆弧"按钮。

★ 在"绘图"菜单下单击"圆弧"命令。

★ 直接在命令行中输入快捷键"A"。

(2) 绘制圆弧的几种方式

"绘图"菜单中提供了11种绘制圆弧的方式,以下介绍常用的几种:

① 通过指定三点绘制圆弧:确定弧的起点位置,确定第二点的位置,确定第三点的位置。

② 通过指定"起点、圆心、端点"绘制圆弧。

③ 已知起点、中心点和端点,可以通过首先指定起点或中心点来绘制圆弧,中心点是指圆弧所在圆的圆心。

④ 通过指定起点、圆心、角度绘制圆弧：如果存在可以捕捉到的起点和圆心，并且已知包含角度，可以使用“起点，圆心，角度”或“圆心，起点，角度”选项绘制圆弧。

⑤ 如果已知两个端点但不能捕捉到圆心，可以使用“起点，端点，角度”选项绘制圆弧。

⑥ 通过指定起点、圆心、长度绘制圆弧：如果可以捕捉到起点和中心点，并且已知弦长，可使用“起点，圆心，长度”或“圆心，起点，长度”选项（弧的弦长决定包含角度）绘制圆弧。

2. “椭圆”命令(EL)

(1) 启用“椭圆”命令的方式

★ 直接在“绘图”工具栏上点击“椭圆”按钮。

★ 在“绘图”菜单下单击“椭圆”命令。

★ 直接在命令行中输入快捷键“EL”。

(2) 绘制椭圆的两种方法

① 中心点：通过指定椭圆中心、一个轴的端点（主轴）及另一个轴的半轴长度绘制椭圆，如图 3.3-14 a 所示。

② 轴、端点：通过指定一个轴的两个端点（主轴）和另一个轴的半轴长度绘制椭圆，如图 3.3-14 b 所示。

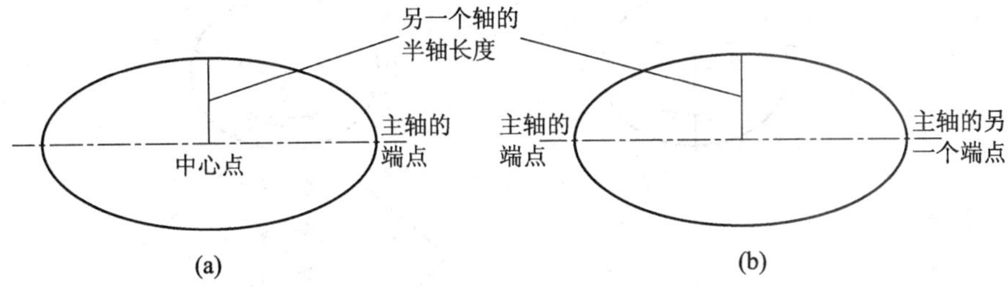

图 3.3-14 椭圆绘制的两种方法

3. “椭圆弧”命令

(1) 启用“椭圆弧”命令的方式

★ 直接在“绘图”工具栏上点击“椭圆弧”按钮。

★ 在“绘图”菜单下单击“椭圆弧”命令。

(2) 椭圆弧的绘制

椭圆弧的绘制方法为按照命令行提示绘制，顺时针方向是图形去除的部分，逆时针方向是图形保留的部分，如图 3.3-15 所示。

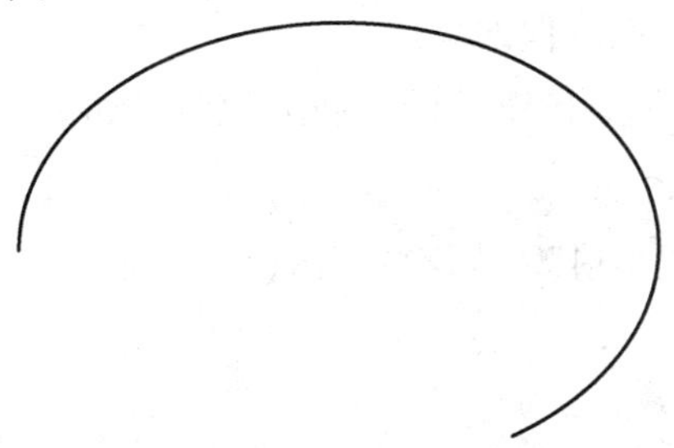

图 3.3-15 椭圆弧的绘制

任务实施

1. 操作流程图

操作流程如图 3.3-16 所示。

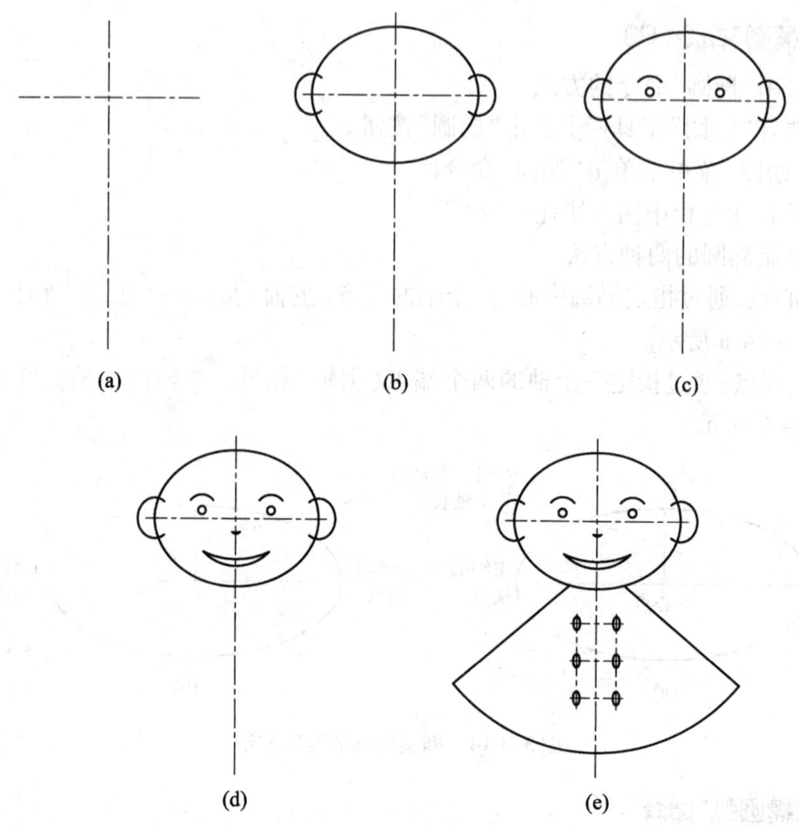

图 3.3-16 操作流程图

2. 操作步骤

(1) 设置图层,绘制定位线

按任务一中的步骤,设置好图层,在中心线图层绘制如图 3.3-16 a 所示定位线。

(2) 绘制椭圆及椭圆弧

① 启动"椭圆"命令,绘制木偶的脸。

单击"绘图"工具条中的按钮,执行"椭圆"命令,如下:

```
命令: _ellipse
指定椭圆的轴端点或 [圆弧(A)/中心点(C)]: c
指定椭圆的中心点:
指定轴的端点: 125
指定另一条半轴长度或 [旋转(R)]: 100
```

② 启动“椭圆弧”命令，绘制木偶的左耳朵。

单击“绘图”工具条中的按钮，执行“椭圆弧”命令，如下：

```
命令: _ellipse
指定椭圆的轴端点或[圆弧(A)/中心点(C)]: _a
指定椭圆弧的轴端点或[中心点(C)]: c
指定椭圆弧的中心点:
指定轴的端点: 30
指定另一条半轴长度或[旋转(R)]: 25
指定起始角度或[参数(P)]: -30
指定终止角度或[参数(P)/包含角度(I)]: 210
```

右耳朵可以采用同种方法或采用“镜像”命令绘制，结果如图3.3-16 b 所示。

(3) 绘制圆及圆弧

① 启动“圆弧”命令，绘制木偶的左眉毛、鼻子和嘴巴。

单击“绘图”工具条中的按钮，执行“圆弧”命令，左眉毛命令如下：

```
命令: _arc  指定圆弧的起点或[圆心(C)]:
指定圆弧的第二个点或[圆心(C)/端点(E)]: _e
指定圆弧的端点:
指定圆弧的圆心或[角度(A)/方向(D)/半径(R)]: _r
指定圆弧的半径: 23
```

鼻子命令如下：

```
命令: _arc  指定圆弧的起点或[圆心(C)]:
指定圆弧的第二个点或[圆心(C)/端点(E)]: _e
指定圆弧的端点:
指定圆弧的圆心或[角度(A)/方向(D)/半径(R)]: _r
指定圆弧的半径: 8
```

嘴巴命令如下：

```
命令: _arc  指定圆弧的起点或[圆心(C)]:
指定圆弧的第二个点或[圆心(C)/端点(E)]: _e
指定圆弧的端点:
指定圆弧的圆心或[角度(A)/方向(D)/半径(R)]: _r
指定圆弧的半径: 70
命令: _arc  指定圆弧的起点或[圆心(C)]:
指定圆弧的第二个点或[圆心(C)/端点(E)]: _e
指定圆弧的端点:
指定圆弧的圆心或[角度(A)/方向(D)/半径(R)]: _r
指定圆弧的半径: 118
```

② 启动“圆”命令,绘制木偶的眼睛。

单击“绘图”工具栏中的按钮,执行“圆”命令,眼睛命令如下:

```
命令: _circle 指定圆的圆心或[三点(3P)/两点(2P)/相切、相切、半径(T)]:
指定圆的半径或[直径(D)]: 6
```

右眉毛及右眼的绘制可以采用上述同种方法,也可以采用“镜像”命令完成,绘制结果如图3.3-16 c所示。

(4) 绘制木偶的衣服

① 启动“直线”命令,绘制衣服,命令如下:

```
命令: _line 指定第一点:
指定下一点或[放弃(U)]: @280 < -140
指定下一点或[放弃(U)]: *取消*
```

② 启动“圆弧”命令,绘制衣服,命令如下:

```
命令: _arc 指定圆弧的起点或[圆心(C)]:
指定圆弧的第二个点或[圆心(C)/端点(E)]: _e
指定圆弧的端点:
指定圆弧的圆心或[角度(A)/方向(D)/半径(R)]: _r
指定圆弧的半径: 280
```

③ 启动“椭圆”命令,绘制衣服上的纽扣,命令如下:

```
命令: _ellipse
指定椭圆的轴端点或[圆弧(A)/中心点(C)]: c
指定椭圆的中心点:
指定轴的端点: 10
指定另一条半轴长度或[旋转(R)]: 5
```

余下的纽扣可以采用“复制”或者“阵列”命令完成,操作步骤分别是:

a. “复制”。

```
命令: _copy
选择对象: 找到1个
选择对象:
指定基点或位移,或者[重复(M)]:指定位移的第二点或 <用第一点作位移>:
```

b. “阵列”,设置如图3.3-17所示。

```
命令: _array
选择对象: 找到1个
选择对象:
```

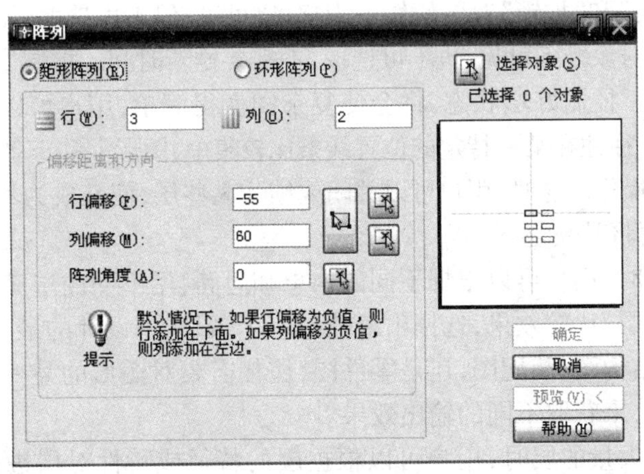

图 3.3-17 阵列设置

最终完成结果如图 3.3-16 e 所示。

知识链接

熟练应用图层

在 AutoCAD 的使用中，绘制各种图形，不管繁简与否，都会使用到“层”。图形越复杂，所涉及的“层”也越多。“层”虽说是 AutoCAD 中较简单的工具，但也是最有效的工具之一。切实理解“层”的概念，合理运用“层”的各项操作，都将直接影响图形绘制的质量。同时，也可使烦琐的工作变得简单而有趣。

AutoCAD 的“层”可以简单而形象地理解为：一层挨一层放置的透明的电子纸。用户可以根据需要增加或删除某一层或多个层。在每一层上，都可以进行图形绘制，能够设置任意的线型与颜色。在图形绘制之前，为了便于以后的使用，最好先创建几个层。层的创建可通过下拉菜单“格式”→“图层”完成，也可通过单击工具条中的“图层”实现创建。创建时，可一次定义一个或多个层名，层名之间应用逗号隔开，每个层名中不能有空格。层名限于使用标准字母、数字及连字符（ - ）、美元符号（ $ ）和下划线（_），且层名最长不可以超过 31 个字符。当层名重复时将执行前者。对于新建的层，其颜色和线型将自动定义为“白”和“Continuous”，状态为打开。

在层的使用过程中，可以根据需要设置层的特性。AutoCAD 支持 255 种颜色选择，线型库中包括了多种待选线型。选择设置不同的颜色和线型，可以使得屏幕上的图形美观且便于区分。线型的设置比较简单，只要单击“线型设置”，即可根据需要设置。颜色的设置同样简单，通过单击“颜色设置”弹出颜色对话框，即可根据个人喜好，选择各种颜色。但应提醒使用者，在图形的输出过程中，线条的宽度一般是通过颜色来设置的。为了便于设置线宽，建议在选择颜色的时候，应优先选择标准颜色，然后再考虑其他的颜色。

为了便于用户对层的使用，AutoCAD 提供了几种用来控制层状态的方法，即开/关、加锁/解锁、冻结/解冻 6 种状态，“开”“解冻”“解锁”对层的作用：对象是可见的，而且可选取，需要刷新时间。“关”和“加锁”对层的作用为:对象可见,但不可选取,需要刷新时间。“冻结”对层的作用为:对象既不可见,也不可选取,不需要刷新时间。控制层的状态,直接影响绘图的效果及质量。控制好层状态,将会使复杂图变得简单,用户可以随心所欲地绘制。在绘制复杂图形时,往往在某一特定的位置线条比较集中,图形混乱,不易区分,绘制或修改过程中容易产生误操作。这时,用户可以关闭或锁住某些层,使其成为不可见或不可选项,待到绘制完成后,再将其恢复。

在绘制效果图时,用户可以根据不同的构想和思路,用不同的层完成不同的设计,然后逐次打开每一个层,比较效果,选择出最佳的一个,以实现设计的最佳化。在图形的输出过程中,不管是结构图、装配图,还是零件图,往往需要对图形的某一部分输出,用户也可以通过改变状态,来获取不同的输出效果。

同一图形中有大量的层时,用户可以根据层的特征或特性对层进行分组,将具有某种共同特点的层过滤出来。过滤的途径分为:通过状态过滤;用层名过滤;用颜色和线型过滤。过滤功能的设置是通过 Set Layer Filters 对话框来实现的。想撤销过滤功能时,通过清除 Filters On 复选框,或使用 Set Layer Filters 对话框中的 Reset 按钮恢复原状态。使用层的过程中,可能会根据需要对层重新命名,或修改其某些选项。这时,用户可通过下拉菜单“格式”→“重命名”发出命令,或在命令行键入“Rename”,然后根据提示进行。这两种操作可以用来重新命名块、文本类型、层、线型、尺寸格式、视图等。当某些层不需要时,用户可在命令行键入“Purge”,系统提示选择对象类型,然后逐个提示未引用对象,输入 y 将其删除。

项目小结

在本项目中,主要介绍了圆及圆弧、椭圆及椭圆弧等绘制命令,通过本项目的学习应掌握圆、圆弧、椭圆、椭圆弧及阵列的操作步骤,熟练掌握创建图层的方法。

思考与练习

绘制以下两个图形。

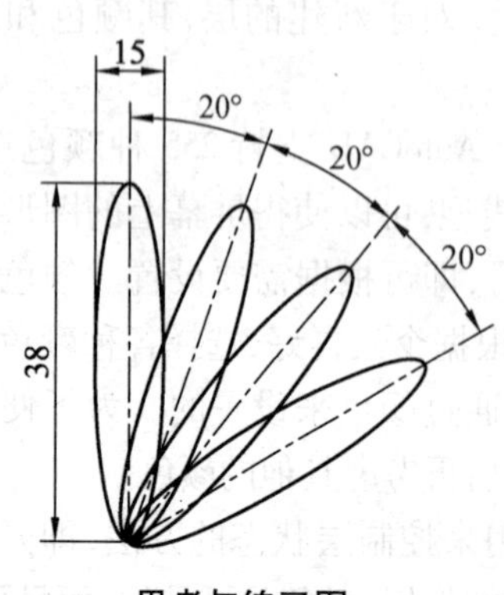

思考与练习图一

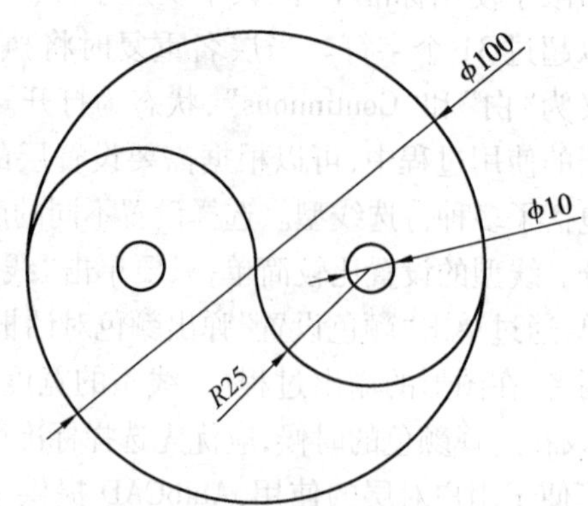

思考与练习图二

项目四 多段线及多边形图形的绘制及编辑

本项目包含两个绘图任务，通过完成这些任务，读者可以学会多段线及正多边形的绘制方法，掌握圆角、缩放等命令的使用方法。

任务一 多段线构成平面图形的绘制——吊兰

◎ 知识要点

1. 掌握用多段线命令绘制等宽直线的方法。
2. 掌握用多段线命令绘制不等宽直线的方法。
3. 掌握用多段线命令绘制等宽及不等宽弧线的方法。

◎ 技能要点

1. 掌握绘制多段线的命令。
2. 能够对图像进行分析。

任务描述

本任务是绘制如图 3.4-1 所示的吊兰。

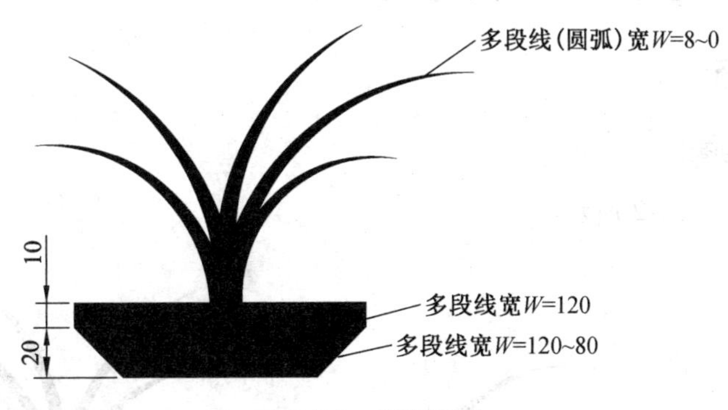

图 3.4-1 吊兰图样

任务分析

图形特点：吊兰茎由粗变细尖，呈圆弧形状向外伸展；花盆上半部由实心的矩形组成，下半部由实心的梯形组成。

使用命令：多段线。

相关知识

1. 多段线的含义

多段线,又名复合线、多义线,是由不同宽度、不同线型的若干条直线段和弧线段组成的连续线段。系统将一条多段线作为一个实体来处理,可用分解命令将其分解为普通直线。

2. “多段线”命令的启用方式

★ 在“绘图”工具栏中单击“多段线”命令。
★ 在下拉菜单中选择“绘图”→“多段线”。
★ 在命令行输入“pline”。

系统提示:

```
命令: _pline (pl)
指定起点:
当前线宽为 0.0000
指定下一点或 [圆弧(A)/闭合(C)/半宽(H)/长度(L)/放弃(U)/宽度(W)]:
```

3. 参数说明

圆弧(A):转到画圆弧方式,arc。
闭合(C):连接起点和终点,结束命令,close。
半宽(H):定义线的半宽度,half。
长度(L):绘制一条与前面角度相同,并指定长度的新线段,line。
放弃(U):取消上一次操作,undo。
宽度(W):设定起始点线宽、终点线宽,width。

任务实施

1. 操作流程图

操作流程如图 3.4-2 所示。

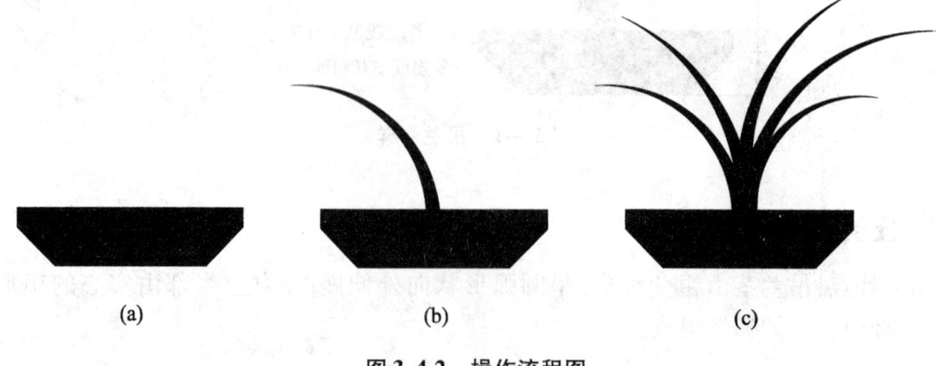

图 3.4-2 操作流程图

2. 操作步骤

(1) 绘制花盆

单击“绘图”工具条中的按钮,执行“多段线”命令,结果如图 3.4-2 a 所示。命令如下:

```
命令: _pline
指定起点:
当前线宽为 80.0000
指定下一个点或 [圆弧(A)/半宽(H)/长度(L)/放弃(U)/宽度(W)]: w
指定起点宽度 <80.0000>:
指定端点宽度 <80.0000>: 120
指定下一个点或 [圆弧(A)/半宽(H)/长度(L)/放弃(U)/宽度(W)]: 20
指定下一点或 [圆弧(A)/闭合(C)/半宽(H)/长度(L)/放弃(U)/宽度(W)]: w
指定起点宽度 <120.0000>:
指定端点宽度 <120.0000>:
指定下一点或[圆弧(A)/闭合(C)/半宽(H)/长度(L)/放弃(U)/宽度(W)]:10
```

(2) 绘制一根吊兰茎

单击“绘图”工具条中的按钮,执行“多段线”命令,结果如图 3.4-2 b 所示,命令如下:

```
命令: _pline
指定起点:
当前线宽为 120.0000
指定下一个点或 [圆弧(A)/半宽(H)/长度(L)/放弃(U)/宽度(W)]: a
指定圆弧的端点或
[角度(A)/圆心(CE)/方向(D)/半宽(H)/直线(L)/半径(R)/第二个点(S)/放弃(U)/宽度(W)]: w
指定起点宽度 <120.0000>: 8
指定端点宽度 <8.0000>: 0
指定圆弧的端点或
[角度(A)/圆心(CE)/方向(D)/半宽(H)/直线(L)/半径(R)/第二个点(S)/放弃(U)/宽度(W)]:
指定圆弧的端点或
```

(3) 绘制所有吊兰茎

重复步骤(2),绘制完所有吊兰茎,结果如图 3.4-2 c 所示。

任务二 正多边形图形的绘制及编辑——十瓣花

◎ 知识要点

1. 熟记正多边形、复制及缩放等命令。
2. 理解内接圆和外切圆的区别。

◎ 技能要点

1. 能根据图形分析作图步骤。
2. 掌握正多边形、复制及缩放的操作方法。

任务描述

本任务是绘制如图 3.4-3 所示的十瓣花。

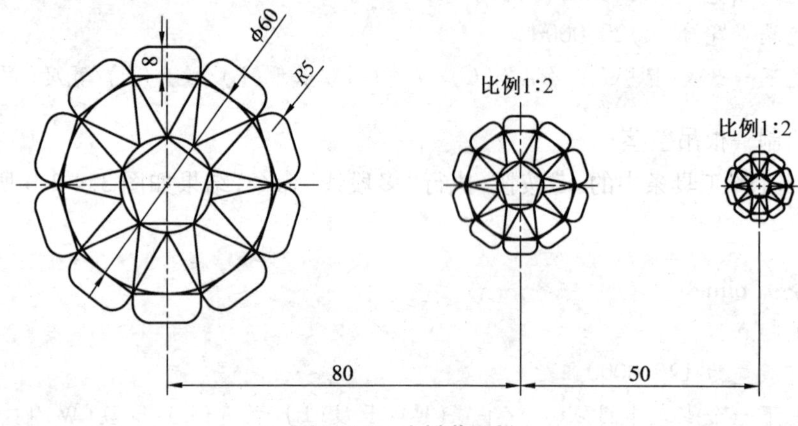

图 3.4-3 十瓣花图样

任务分析

图形特点:由正十边形、正三角形、正五边形、倒圆角的矩形及两个正多边形内接、外切圆所构成。

使用命令:正多边形、直线、倒圆角、圆、修剪、阵列、复制、缩放等。

相关知识

1. "正多边形"命令(POL)

它是具有 3 ~ 1024 条等长边的闭合多段线创建,特点为每个边都相等。

(1) 启用“正多边形”命令的方式

★ 直接在“绘图”工具栏上点击“正多边形”按钮。

★ 在“绘图”菜单下单击“正多边形”命令。

★ 直接在命令中输入快捷键“POL”。

(2) 绘制正多边形的步骤

① 绘制内接正多边形

在命令栏中输入快捷键“POL”,然后输入边数,指定正多边形的中心,输入“i”确定,再输入半径长度。

注:“内接于圆”表示绘制的多边形将内接于假想的圆。

② 绘制外切正多边形

在命令栏中输入快捷键“POL”,然后输入边数,指定正多边形的中心,输入“C”确定,再输入半径长度。

注:“外切于圆”表示绘制的多边形将外切于假想的圆。

③ 通过指定一条边绘制正多边形

在命令行中输入快捷键“POL”,然后输入边数,输入“E”,指定正多边线段的起点,指定正多边线段的端点。

2. “圆角”命令(F)

(1) 启用“圆角”命令的方式

★ 从“修改”菜单中选择“圆角”。

★ 在命令行中输入快捷键“F”。

★ 单击“修改”工具栏中的“圆角”按钮。

(2) 设置圆角的步骤

① 单击“修改”工具栏中的“圆角”按钮。

② 在命令栏中输入“R”,输入圆角半径值。

③ 选择要进行圆角的对象。

任务实施

1. 操作流程图

操作流程如图 3.4-4 所示。

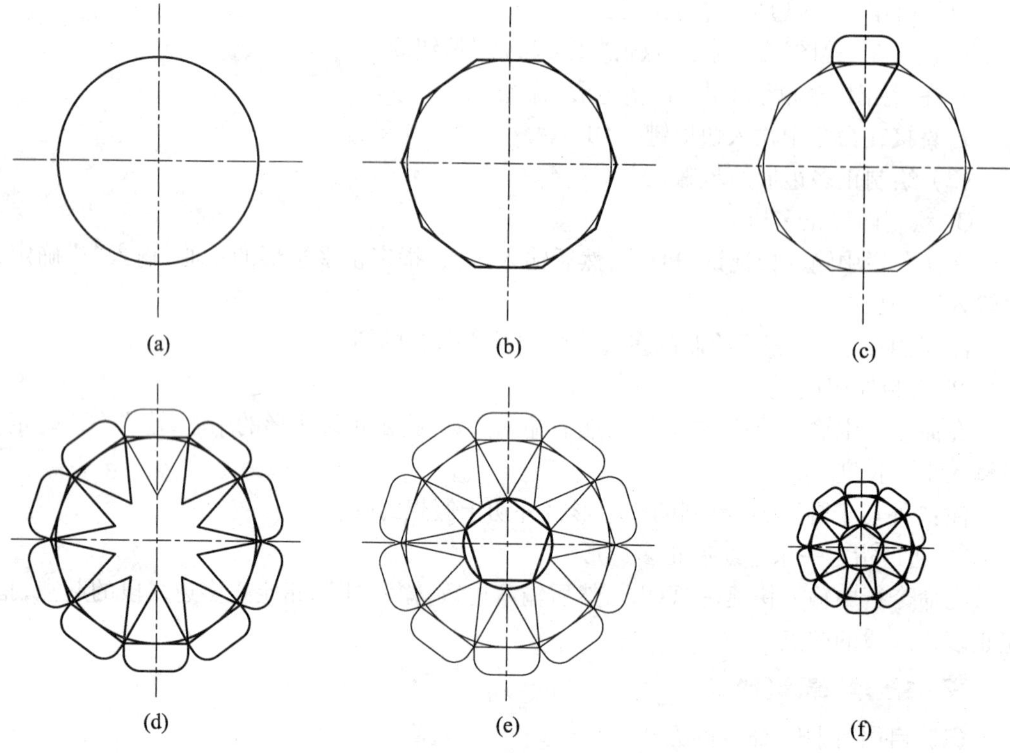

图 3.4-4 操作流程图

2. 操作步骤

(1) 绘制定位线(图 3.4-4 a)

```
命令：_line 指定第一点：
指定下一点或［放弃(U)］：
指定下一点或［放弃(U)］：
命令：
命令：
命令：_line 指定第一点：
指定下一点或［放弃(U)］：
指定下一点或［放弃(U)］：
命令：
命令：
命令：_circle 指定圆的圆心或［三点(3P)/两点(2P)/相切、相切、半径(T)］：
指定圆的半径或［直径(D)］：30
```

(2) 绘制十边形(图 3.4-4 b)

```
命令：_polygon 输入边的数目 <4>：10
指定正多边形的中心点或［边(E)］：
```

输入选项［内接于圆(I)/外切于圆(C)］<I>：c
指定圆的半径：30

(3) 绘制三角形、矩形、圆角(图3.4-4 c)

命令：_polygon 输入边的数目 <10>：3
指定正多边形的中心点或［边(E)］：e
指定边的第一个端点：
指定边的第二个端点：
命令：_rectang
指定第一个角点或［倒角(C)/标高(E)/圆角(F)/厚度(T)/宽度(W)］：*取消*
命令：
命令：_line 指定第一点：
指定下一点或［放弃(U)］：8
指定下一点或［放弃(U)］：
指定下一点或［闭合(C)/放弃(U)］：
指定下一点或［闭合(C)/放弃(U)］：
指定下一点或［闭合(C)/放弃(U)］：
命令：
命令：
命令：_fillet
当前设置：模式＝修剪，半径 ＝ 0.0000
选择第一个对象或［多段线(P)/半径(R)/修剪(T)/多个(U)］：r
指定圆角半径 <0.0000>：5
选择第一个对象或［多段线(P)/半径(R)/修剪(T)/多个(U)］：
选择第二个对象：
命令：
命令：
命令：_fillet
当前设置：模式＝修剪，半径 ＝ 5.0000
选择第一个对象或［多段线(P)/半径(R)/修剪(T)/多个(U)］：
选择第二个对象：

(4) 阵列(图3.4-4 d)

命令：_array
指定阵列中心点：
选择对象：找到1个
选择对象：找到1个，总计2个
选择对象：指定对角点：找到0个

```
选择对象: 找到 1 个,总计 3 个
选择对象: 找到 1 个,总计 4 个
选择对象: 找到 1 个,总计 5 个
选择对象: 找到 1 个 (1 个重复),总计 5 个
选择对象: 找到 1 个,总计 6 个
```

(5) 绘制五边形及圆(图 3.4-4 e)

```
命令: _polygon  输入边的数目 <5>:
指定正多边形的中心点或 [边(E)]: e
指定边的第一个端点:
指定边的第二个端点:
命令:
命令:
命令: _circle  指定圆的圆心或 [三点(3P)/两点(2P)/相切、相切、半径(T)]:
指定圆的半径或 [直径(D)] <30.0000>:
```

(6) 比例缩放(图 3.4-4 f)

```
命令: _scale
选择对象: 指定对角点: 找到 66 个
选择对象:
指定基点:
指定比例因子或 [参照(R)]:0.5
```

知识链接

设置系统参数

通过 AutoCAD 的“选项”对话框,可以设置各项系统参数。通过菜单栏的“工具”→“选项”命令,可以打开“选项”对话框;也可以通过在命令提示窗口中单击鼠标右键,或者在未运行任何命令也未选择任何对象的情况下在绘图区域中单击鼠标右键,然后选择“选项”,均可以打开如图 3.4-5 所示的“选项”对话框。其中包括“文件”“显示”“打开和保存”“打印和发布”“系统”“用户系统配置”“草图”“三维建模”“选择集”“配置”10 个选项卡。下面对其中一些常用的设置予以介绍。

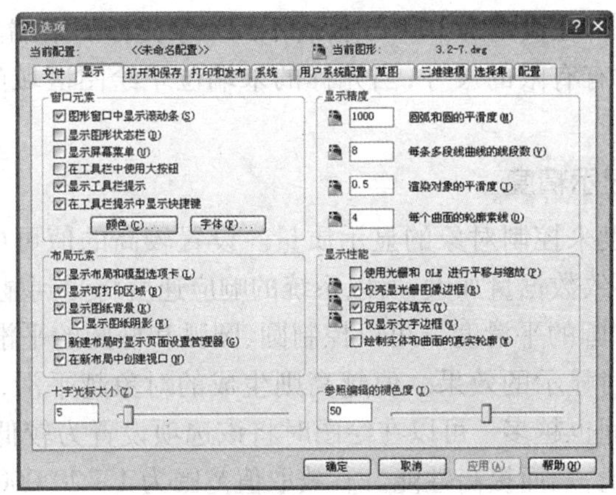

图 3.4-5 “选项”对话框的“显示”选项卡

1. 设置显示性能

“显示”选项卡内有 6 个选项组,包括“窗口元素”“显示精度”“布局元素”“显示性能”“十字光标大小”和“参照编辑的褪色度”,如图 3.4-5 所示。

(1) 设置绘图区域背景色及命令行字体

① 设置绘图区域背景色:单击“颜色”按钮,弹出“图形窗口颜色”对话框,如图 3.4-6 所示,在“窗口元素”下拉列表中可以选择改变颜色的窗口元素。

> **提示**
>
> AutoCAD 启动的时候,读者可以看到用户界面的绘图区域是黑色的,如果觉得黑色不方便,可以通过“颜色选项”对话框将背景改成白色。

② 设置命令行窗口的字体:单击“字体”按钮,弹出如图 3.4-7 所示“命令行窗口字体”对话框,从中可以指定命令行窗口中文字的字体。

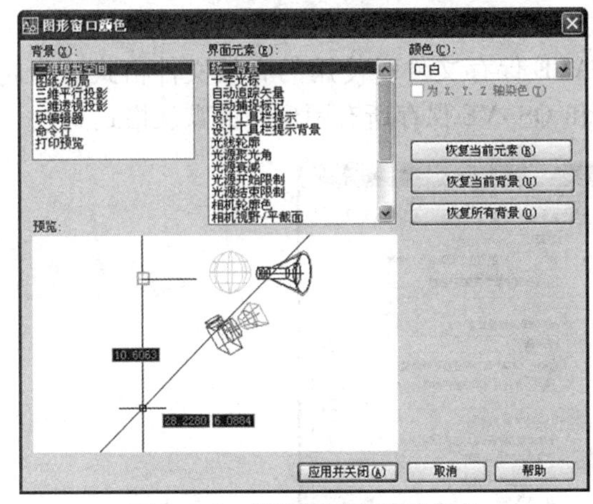

图 3.4-6 修改模型空间背景色

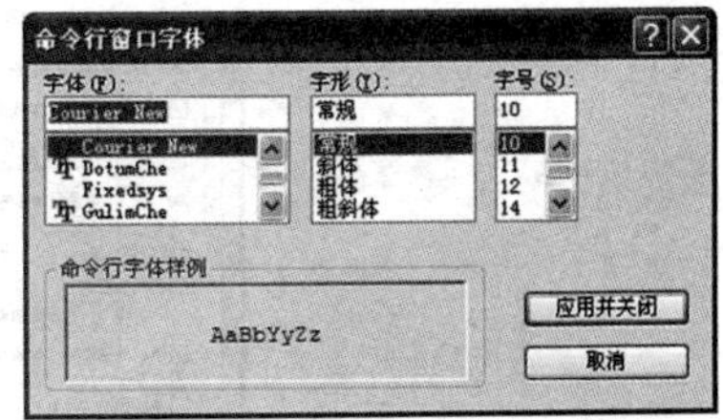

图 3.4-7 “命令行窗口字体”对话框

2. 修改十字光标的大小

AutoCAD 利用一个可拖动的滑块来控制十字光标的尺寸。光标的大小范围可以从全屏幕的1%到100%。在设定为100%时,看不到十字光标的末端。当尺寸减为99%或者更小时,十字光标才有有限的尺寸,当光标的末端位于绘图区域的边界时可见。默认尺寸为5%。

3. 设置图形的显示精度

通过设置显示精度来控制对象的显示质量。设置较高的值可以提高对象的显示质量,但是由于同时会导致数据量加大,所以系统的响应速度将受到显著影响。

通过设置"圆弧和圆的平滑度",可以控制圆、圆弧和椭圆的平滑度,如图3.4-8所示为两种不同平滑度值时显示的效果。值越高则生成的对象越平滑,但同时重生成、平移和缩放对象所需的时间也越多。可以在绘图时将该选项设置为较低的值(如100),而在渲染时增加该选项的值,从而提高性能。有效取值范围为1~20 000,默认设置为1 000。该设置将会被保存在图形中。要更改新图形的默认值,需要在用于创建新图形的样板文件中指定此设置。

(a) 平滑度值低　　(b) 平滑度值高

图3.4-8　不同平滑度值下的显示效果

4. 设置文件打开和保存方式

"打开和保存"选项卡中的选项用来设置打开和保存文件的相关选项,如图3.4-9所示。

(1) 设置文件保存方式

"文件保存"选项组用于控制保存文件的相关设置。

另存为:显示用SAVE、SAVEAS和QSAVE保存文件时使用的有效文件格式。为此选项选定的文件格式是用SAVE、SAVEAS和QSAVE保存所有图形时的默认格式。

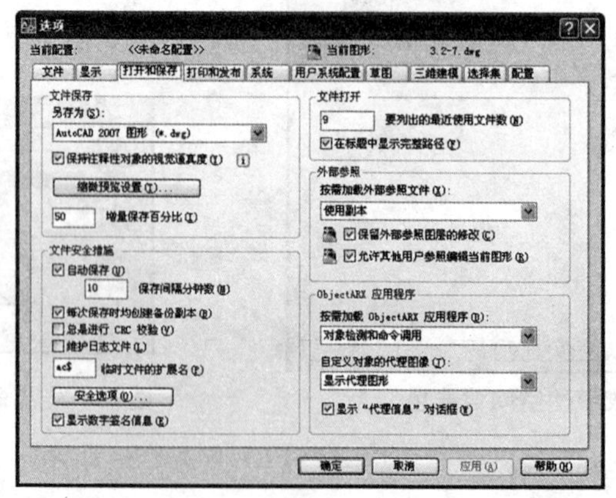

图3.4-9　"选项"对话框中"打开和保存"选项卡

（2）设置自动保存

为了避免突然停电或者死机造成工作成果丢失，可以设置自动保存，使系统在一定时间间隔内自动保存一次文件。

① 自动保存：在“文件安全措施”选项组内选择“自动保存”，系统就会以“保存间隔分钟数”文本框中所指定的时间间隔自动保存图形。

② 每次保存均创建备份：指定保存图形时是否创建图形的备份副本，创建的备份副本和图形位于相同的位置。

5. 设置草图

“草图”选项卡用于指定多个基本编辑选项，包括对自动捕捉、自动追踪、对齐点获取、靶框大小及工具栏提示外观等多项内容进行设置，如图 3.4-10 所示。此处只介绍工具栏提示外观的设置。

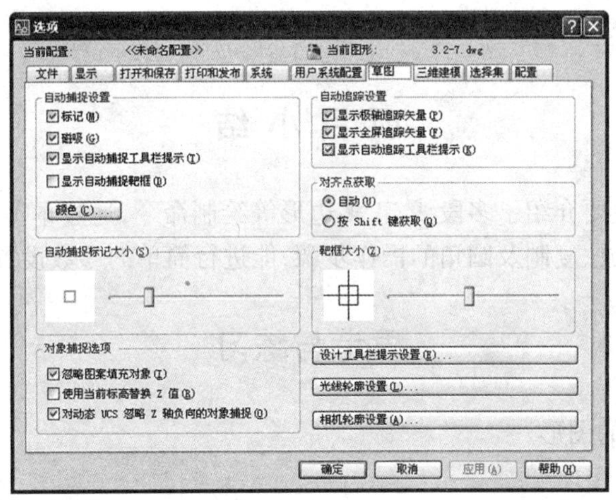

图 3.4-10 “选项”对话框的“草图”选项卡

“工具栏提示外观”用于控制绘图工具栏提示的颜色、大小和透明度。单击“设计工具栏提示设置”按钮，将弹出“工具栏提示外观”对话框，如图 3.4-11 所示，单击其中“模型颜色”按钮，将弹出设定模型颜色的颜色选择对话框，单击其中“颜色”按钮，将弹出设定布局颜色的颜色对话框。

6. 设置选择参数

“选择”选项卡用于设置选择对象时的相关参数，如图 3.4-12 所示。

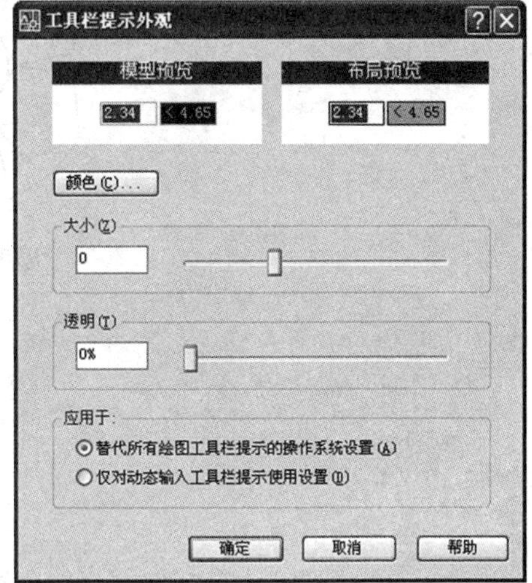

图 3.4-11 “工具栏提示外观”对话框

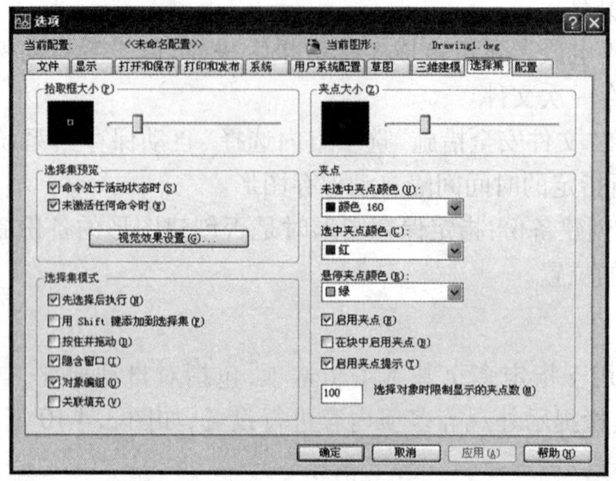

图 3.4-12 “选项”对话框的“选择”选项卡

项目小结

在本项目中,主要介绍了多段线、正多边形等绘制命令,通过本项目的学习应掌握多段线、正多边形、缩放、复制及圆角的操作步骤,能进行简单的参数设置。

思考与练习

完成下图所示的图形。

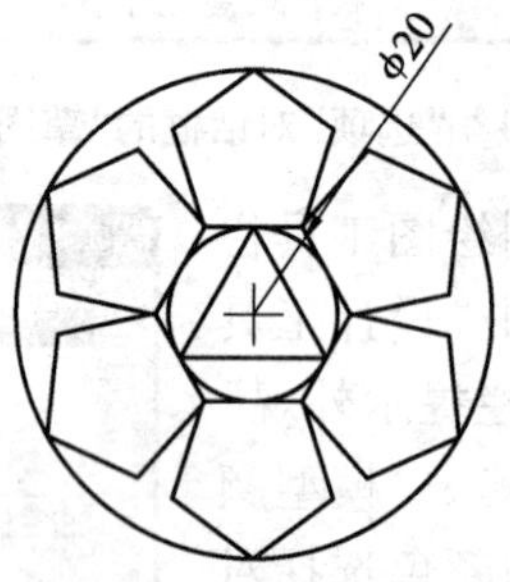

思考与练习图

项目五 矩形图形的绘制及编辑

本项目包含一个绘图任务，通过完成这些任务，读者可以学会矩形的绘制方法，掌握面域和阵列等命令的使用方法。

任务一 矩形图形的绘制——木围栏

◎ 知识要点

1. 掌握查询距离、面积及周长等信息的方法。
2. 掌握绘制矩形的命令。
3. 掌握面域、布尔运算及图案填充的方法。

◎ 技能要点

1. 掌握查询距离、面积及周长等信息的方法。
2. 掌握绘制矩形的命令。
3. 掌握面域、布尔运算及图案填充的方法。
4. 培养学生的观察能力和严谨的求实精神。

任务描述

本任务是完成图 3.5-1 所示的木围栏。

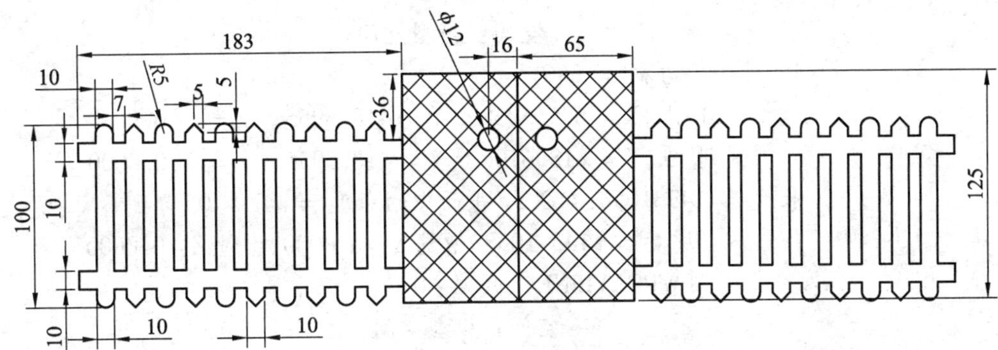

图 3.5-1 木围栏图样

任务分析

图形特点:由直角、圆角及倒角3种形状的矩形所构成,并按规律排列。

使用命令:矩形、镜像、阵列、面域及布尔运算。

相关知识

1. 列出对象的图形信息

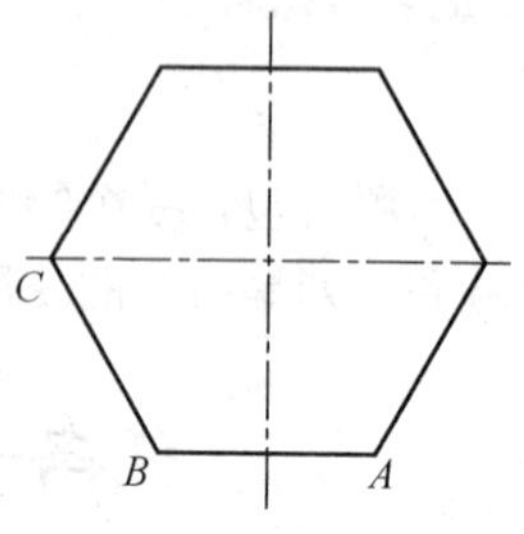

图3.5-2 正六边形

"列表显示"命令LIST将列表显示图形信息,这些信息随着对象类型的不同而不同,包括的内容有对象类型、图层、颜色等,以及对象的一些几何特性,如直线的长度、端点坐标、圆心位置、半径大小、圆的面积及周长等。

【例一】 列表显示如图3.5-2所示的图形信息。

单击菜单栏中"工具"→"查询"→"列表显示",启动"列表"命令,AutoCAD命令行提示如下:

```
命令: _list
选择对象: 指定对角点: 找到 3 个
选择对象:
                    LINE        图层: 图层 1
                                空间: 模型空间
                     句柄 = 367
                  自 点,X = 741.0642    Y = 477.8721    Z =    0.0000
                  到 点,X = 741.0642    Y = 355.2657    Z =    0.0000
            长度 = 122.6064,在 XY 平面中的角度 =    270
                    增量 X =0.0000,增量 Y = -122.6064,增量 Z =0.0000
                    LINE        图层: 图层 1
                                空间: 模型空间
                     句柄 = 366
                  自 点,X = 675.5048    Y = 418.5955    Z =    0.0000
                  到 点,X = 818.6106    Y = 418.5955    Z =    0.0000
            长度 = 143.1058,在 XY 平面中的角度 =    0
                    增量 X =143.1058,增量 Y =0.0000,增量 Z =0.0000
                    LWPOLYLINE    图层: 0
                                空间: 模型空间
                     线宽: 0.30 毫米
                     句柄 = 365
```

2. 测量距离

“距离”命令 DIST 可以测量对象上两点间的距离,同时,还能计算出与两点连线有关的某些角度。

【例二】 测量图 3.5-2 所示的 *AB*,*BC* 两条直线的距离。

单击“工具”→“查询”→“距离”,启动“距离”命令,AutoCAD 命令行提示如下:

```
命令:DIST
指定第一点: 指定第二点:
距离 = 50.0000,XY 平面中的倾角 = 0, 与 XY 平面的夹角 = 0
X 增量 = 50.0000, Y 增量 = 0.0000, Z 增量 = 0.0000
命令: _dist 指定第一点: 指定第二点:
距离 = 50.0000,XY 平面中的倾角 = 240, 与 XY 平面的夹角 = 0
X 增量 = -25.0000, Y 增量 = -43.3013, Z 增量 = 0.0000
```

3. 测量面积及周长

“面积”命令 AREA 可以计算出圆、面域、多边形或是一个指定区域的面积和周长,还可以进行面积的加、减运算。

【例三】 测量图 3.5-2 的周长及面积。

单击菜单栏中“工具”→“查询”→“面积”,启动“面积”命令,AutoCAD 命令行提示如下:

```
命令:AREA
指定第一个角点或 [对象(O)/加(A)/减(S)]: A
指定第一个角点或 [对象(O)/减(S)]:
指定下一个角点或按 ENTER 键全选 (“加”模式):
指定下一个角点或按 ENTER 键全选 (“加”模式):
指定下一个角点或按 ENTER 键全选 (“加”模式):
指定下一个角点或按 ENTER 键全选 (“加”模式):
指定下一个角点或按 ENTER 键全选 (“加”模式):
指定下一个角点或按 ENTER 键全选 (“加”模式):
面积 = 6495.1905,周长 = 300.0000
总面积 = 6495.1905
```

4. “矩形”命令(REC)

方法:在命令行输“矩形”命令的快捷键“Rec”,按【Enter】键,用鼠标左键在绘图窗口中指定第一角点,并拖动鼠标,在命令行输入“@ *X*,*Y*”,按【Enter】键完成绘制。

X 为矩形在水平方向上的距离;*Y* 指矩形在垂直方向上的距离。

(1) 指定第一点,如在拖出一个点后在命令行中输入“D”,这时会使用尺寸方法创建矩形。按完“D”后确定,输入矩形的长度和宽度,指定另外一个角将这一点定位在矩形的内部(图 3.5-3 a)。

(2) 不指定第一点直接点击“C”确定,指定矩形的第一个倒角距离和指定矩形的第二个倒角距离,便可出来一个带有倒角的矩形(图 3.5-3 b)。

(3) 不指定第一点而直接点击“F”确定,指定矩形的圆角半径,便出现一个有圆角的矩形(图 3.5-3 c)。

(4) 宽度,在不指定第一点时直接点击“W”确定,指定矩形的线宽粗细,便可出现一个有宽度的矩形(图 3.5-3 d)。

(5) 厚度,自身的厚度相当于长方体的高度。标高,提升物体(图 3.5-3 e)。

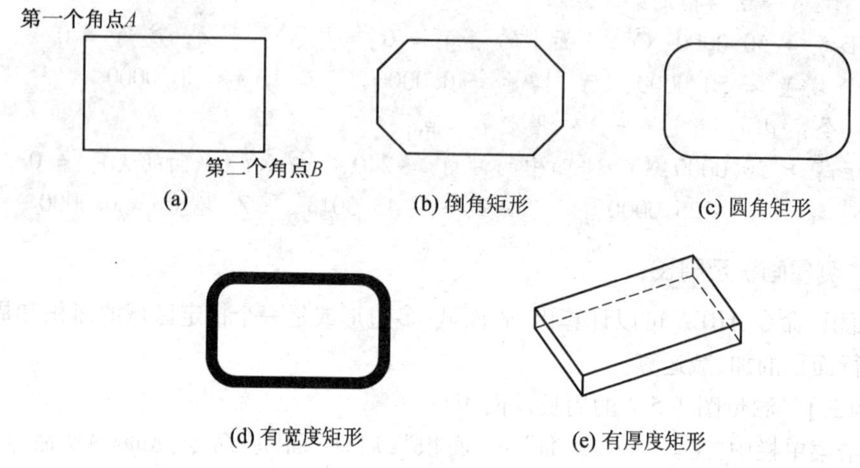

图 3.5-3 矩形的画法

任务实施

1. 操作流程

操作流程如图 3.5-4 所示。

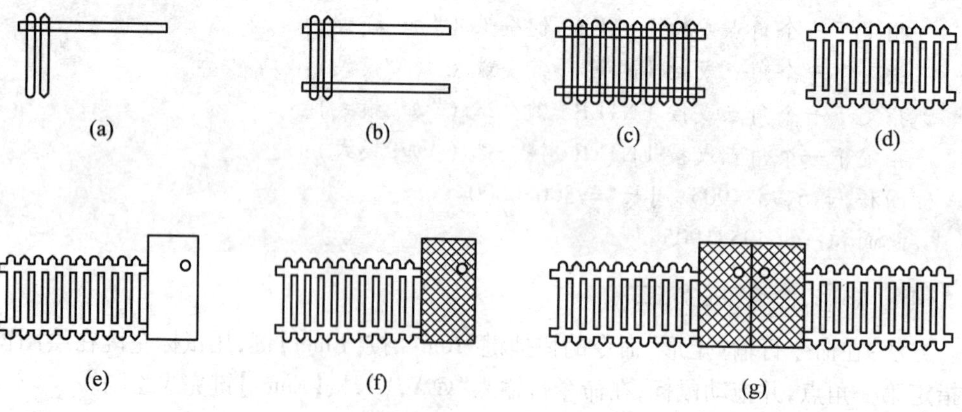

图 3.5-4 操作流程图

2. 操作步骤

(1) 绘制直角矩形、圆角矩形及倒角矩形(图3.5-4 a)

① 绘制直角矩形

单击“绘图”工具栏中的“矩形”按钮,执行“矩形”命令,系统提示如下:

```
命令: _rectang
指定第一个角点或[倒角(C)/标高(E)/圆角(F)/厚度(T)/宽度(W)]:
指定另一个角点或[尺寸(D)]: @183,10
```

② 绘制圆角矩形

单击“绘图”工具栏中的“矩形”按钮,执行“矩形”命令,系统提示如下:

```
命令: _rectang
指定第一个角点或[倒角(C)/标高(E)/圆角(F)/厚度(T)/宽度(W)]: f
指定矩形的圆角半径 <0.0000>: 5
指定第一个角点或[倒角(C)/标高(E)/圆角(F)/厚度(T)/宽度(W)]: _from
基点:
<对象捕捉追踪 开>  <对象捕捉 开> <偏移>: @10,20
指定另一个角点或[尺寸(D)]: @10,-100
```

③ 绘制倒角矩形

单击“绘图”工具栏中的“矩形”按钮,执行“矩形”命令,系统提示如下:

```
命令: _rectang
当前矩形模式:  圆角=5.0000
指定第一个角点或[倒角(C)/标高(E)/圆角(F)/厚度(T)/宽度(W)]: c
指定矩形的第一个倒角距离 <5.0000>: 5
指定矩形的第二个倒角距离 <5.0000>: 5
指定第一个角点或[倒角(C)/标高(E)/圆角(F)/厚度(T)/宽度(W)]: _from
基点: <偏移>:
@27,20
指定另一个角点或[尺寸(D)]: @10,-100
```

(2) 镜像直角矩形(图3.5-4 b)

单击“修改”工具栏中的“镜像”按钮,执行“镜像”命令,系统提示如下:

```
命令: _mirror
选择对象: 找到 1 个
选择对象:
指定镜像线的第一点: 指定镜像线的第二点:
是否删除源对象?[是(Y)/否(N)] <N>:
```

(3) 对倒角矩形和圆角矩形进行矩形阵列(图3.5-4 c)

启动“阵列”命令,设置“阵列”对话框中的参数:行为1;列为5;行偏移“0”;列偏移

“34”,如图 3.5-5 所示。

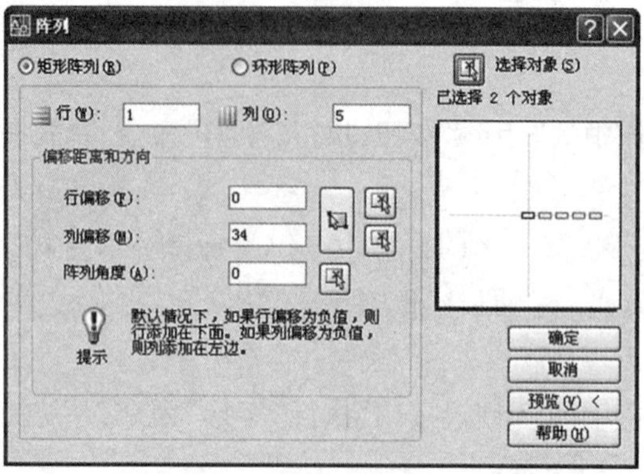

图 3.5-5　矩形阵列参数设置

(4) 把所有的矩形转化成面域

单击“绘图”工具栏中的按钮,执行“面域”命令,系统提示如下:

```
命令: _region
选择对象: 指定对角点: 找到 12 个
选择对象:
已提取 12 个环。
已创建 12 个面域。
```

(5) 完成布尔并集运算(图 3.5-4 d)

单击菜单“修改”→“实体编辑”→“并集”,启动“布尔并集”命令,系统提示如下:

```
命令: _union
选择对象: 指定对角点: 找到 12 个
选择对象:
```

(6) 绘制小门(图 3.5-4 e)

① 启动“矩形”命令,绘制门,提示如下:

```
命令: _rectang
当前矩形模式:  倒角 =5.0000 x 5.0000
指定第一个角点或[倒角(C)/标高(E)/圆角(F)/厚度(T)/宽度(W)]: c
指定矩形的第一个倒角距离 <5.0000 >: 0
指定矩形的第二个倒角距离 <5.0000 >: 0
指定第一个角点或[倒角(C)/标高(E)/圆角(F)/厚度(T)/宽度(W)]: _tt
指定临时对象追踪点:
指定第一个角点或[倒角(C)/标高(E)/圆角(F)/厚度(T)/宽度(W)]: 10
指定另一个角点或[尺寸(D)]: @65,125
```

② 启动“圆”命令,绘制拉手小圆。

(7) 使用“填充”命令填充图案(图 3.5-4 f)

① 单击“绘图”工具栏中的按钮,启动“图案填充”命令,系统弹出“图案填充和渐变色”对话框,如图 3.5-6 所示。

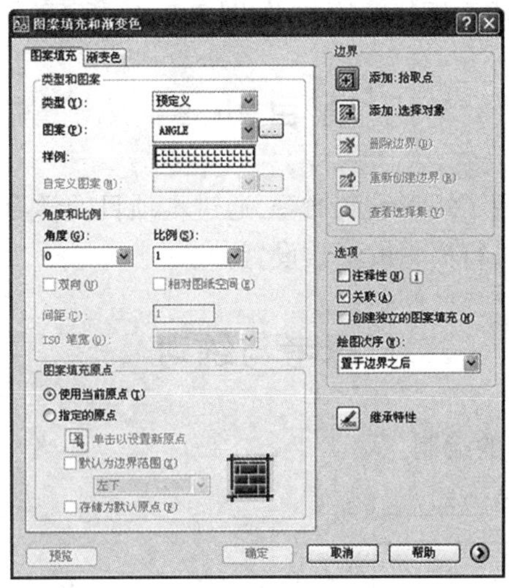

图 3.5-6 “图案填充和渐变色”对话框

② 单击“图案”下拉列表右边的按钮弹出“填充图案选项板”对话框,选择“ANSI”选项卡,然后选择剖面线“ANSI37”,如图 3.5-7 所示。

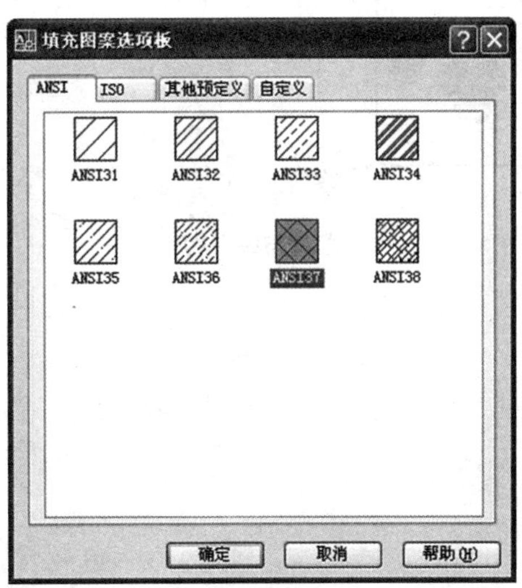

图 3.5-7 “填充图案选项板”对话框

③ 单击“填充图案选项板”对话框中的 确定 按钮,返回“图案填充和渐变色”对话框,在“比例”文本框中输入“3”。

④ 单击按钮,返回绘图窗口。

⑤ 单击填充区域的任意点,然后按【Enter】键。

⑥单击 预览 按钮,观察填充的预览图,若符合要求,单击鼠标右键,完成剖面图案的填充。若不符合要求,按【Esc】键。

(8) 镜像,完成绘制

启用“镜像”命令,完成木围栏的绘制,如图 3.5-4 g 所示。

项 目 小 结

在本项目中,主要介绍了矩形绘制命令,通过本项目的学习应掌握面域、图案填充和阵列命令的操作步骤,能进行简单的参数设置。

思考与练习

完成下图所示扑克牌的绘制。

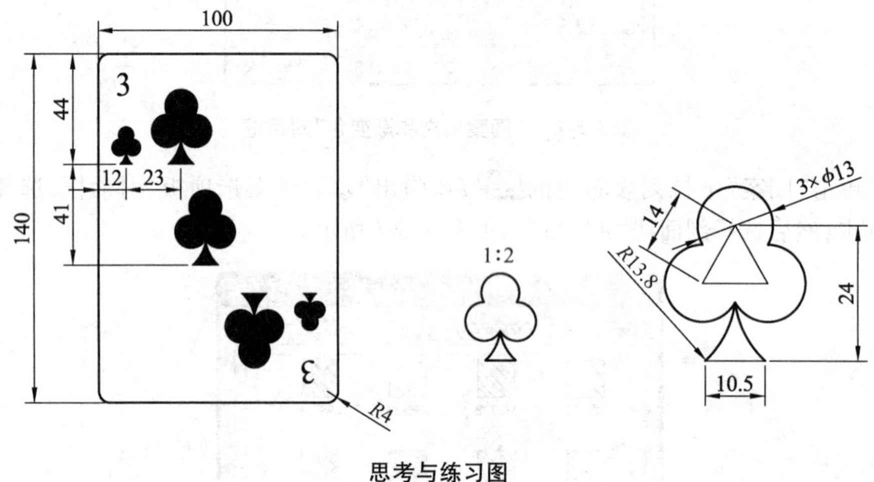

思考与练习图

项目六 倾斜图形的绘制及编辑

本项目包含一个绘图任务，通过完成这些任务，读者可以学会倾斜图形绘制方法，掌握旋转、对齐等命令的使用方法。

任务一 绘制及编辑倾斜图形

◎ 知识要点

1. 了解夹点的编辑方式。
2. 掌握对齐命令的操作。

◎ 技能要点

1. 掌握用夹点的方法进行图形的编辑操作。
2. 掌握将一个图形移动到另外一个位置的绘图能力。
3. 掌握对齐命令绘制倾斜图形的方法。

任务描述

本任务是绘制图 3.6-1 所示的图样。

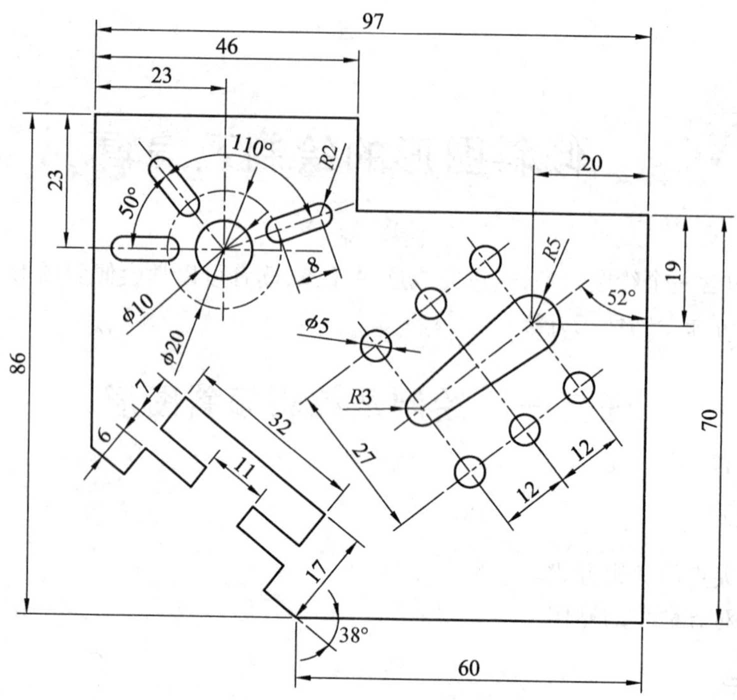

图 3.6-1 倾斜图形图样

任务分析

图形特点:由 3 个部分构成的倾斜图形。

使用命令:直线、圆、旋转及对齐。

相关知识

1. “旋转”命令(RO)

旋转命令的使用方法如下:

① 调用“旋转”命令:

★ 在菜单栏中选择“修改”→“旋转”。

★ 在命令行输入快捷键“RO”。

★ 单击“修改”工具栏上的“旋转”按钮。

② 选择要旋转的对象。

③ 指定旋转基点。

④ 输入旋转角度,确定。

2. “对齐”命令(AL)

对齐命令的使用方法如下:

① 从菜单栏中选择“修改”→“三维操作”→“对齐”(快捷键“AL”)。

② 选择要对齐的对象。

③ 指定源点。

④ 指定目标点。

⑤ 指定基于对齐点缩放对象。

任务实施

1. 操作流程

操作流程如图 3.6-2 所示。

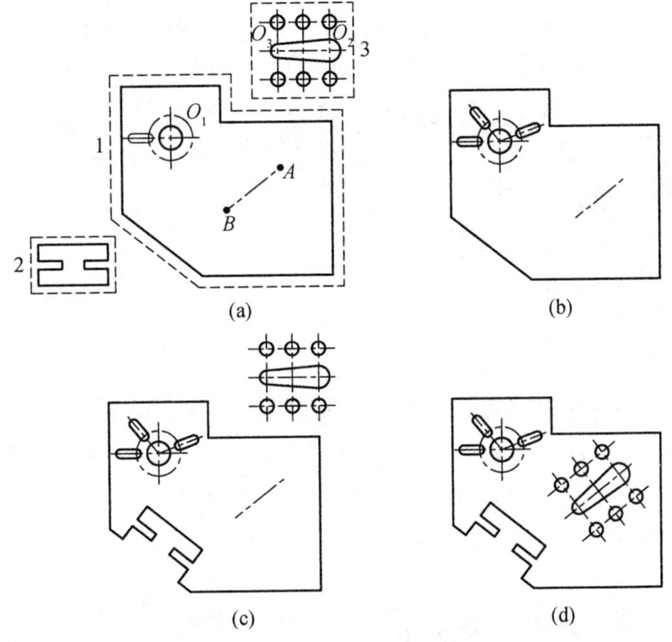

图 3.6-2 操作流程图

2. 操作步骤

(1) 创建轮廓线、中心线图层;设置线型全局比例因子为 0.4;打开极轴追踪、对象捕捉及对象追踪功能。

(2) 绘制图形的 3 个组成部分,如图 3.6-2 a 所示。

① 启动“直线”及“圆”等命令,切换到对应图层,绘制图中线框 1 中的直线轮廓图形,并按照尺寸要求,绘制定位线 AB(与中心距 O_2O_3等长)、中心线、圆及圆角矩形。

② 绘制线框 2 内的图形。

③ 绘制线框 3 内的图形。

(3) 启动“旋转”命令,绘制另外两个圆角矩形,如图 3.6-2 b 所示。

单击“绘图”工具栏中的按钮,执行“旋转”命令,系统提示:

```
命令: _rotate
UCS 当前的正角方向:  ANGDIR = 逆时针   ANGBASE = 0
选择对象:指定对角点: 找到 4 个
选择对象:
指定基点:
指定旋转角度或 [参照(R)]: -50
```

用同样的方法,输入旋转角度 -160°,可得第三个圆角矩形。

(4) 启动"对齐"命令,将线框 2 内的图素移到线框 1 里直线轮廓图形的相应位置,如图 3.6-2 c 所示。

单击"修改"→"三维操作"→"对齐",启动"对齐"命令,系统提示:

```
命令: _align
选择对象: 指定对角点: 找到 12 个
选择对象:
指定第一个源点:
指定第一个目标点:
指定第二个源点:
指定第二个目标点:
指定第三个源点或 <继续>:
是否基于对齐点缩放对象? [是(Y)/否(N)] <否>:
```

(5) 启动"修剪"命令,修剪步骤(4)的多余线段。

(6) 启动"对齐"命令,将线框 3 内的图素移到线框 1 里指定的位置,如图 3.6-2 d 所示。

单击菜单"修改"→"三维操作"→"对齐",启动"对齐"命令,系统提示:

```
命令: _align
选择对象: 指定对角点: 找到 16 个
选择对象:
指定第一个源点:
指定第一个目标点:
指定第二个源点:
指定第二个目标点:
指定第三个源点或 <继续>:
是否基于对齐点缩放对象? [是(Y)/否(N)] <否>:
```

知识链接

夹点的编辑

CAD 中的夹点是指为了便于控制和操纵实体,而在每一实体的某些特别的位置上设定的特征点,亦称关键点。夹点不仅可以用来捕获指定实体上的点,而且还可以控制、编辑处理图形。各实体夹点的位置见表 3.6-1。

表 3.6-1 各实体夹点的位置

实体	夹点位置
点	在点上
直线	两端点及中点
多段线	线的端点和节点
圆弧	端点、中点和圆心
形	插入点
宽线	四个节点
圆	四分点和圆心
多边形	端点
文本	插入点及第二对齐点
图块	插入点
属性	插入点
尺寸标注	标注文字中心和四个端点

在不执行任何命令的情况下选中对象，显示其夹点，默认为蓝色，称为“冷点”；然后单击其中一个夹点，夹点颜色将变为红色，称为“热点”，这个时候，命令行提示：

```
** 拉伸
指定拉伸点或 [基点(B)/复制(C)/放弃(U)/退出(X)]:
```

在热点上单击鼠标右键，会弹出如图 3.6-3 所示的选项菜单。

由上述内容可知，夹点支持拉伸(stretch)、移动(move)、旋转(rotate)、缩放(scale)、镜像(mirror)等编辑操作。可以根据提示进行相关的操作。

按住【Shift】键，在夹点上单击鼠标左键，可以选中多个夹点，如图 3.6-4 所示。

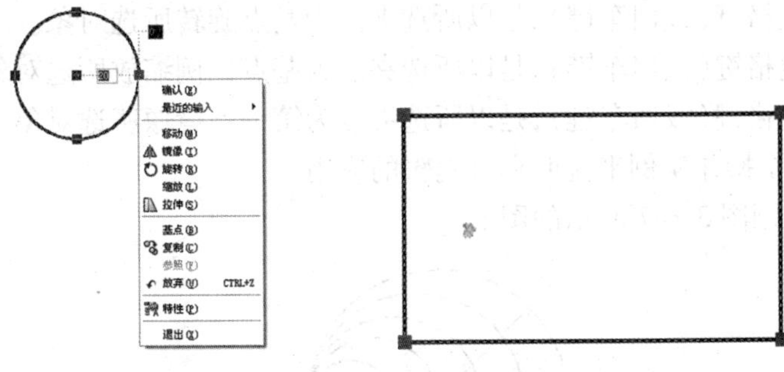

图 3.6-3 夹点编辑　　图 3.6-4 选中多个夹点

在选择多个夹点后，选定夹点间对象的形状将保持原样。如图 3.6-4 所示的矩形，选中三个夹点后，三个夹点之间的距离是不改变的，如图 3.6-5 所示。

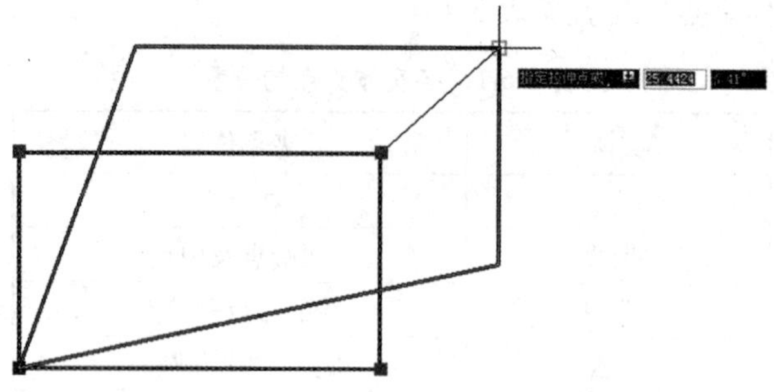

图 3.6-5 用夹点创建多个副本

选中矩形的一个夹点，进行"旋转"操作，同时按住【Ctrl】键，可实现创建多个副本的功能。

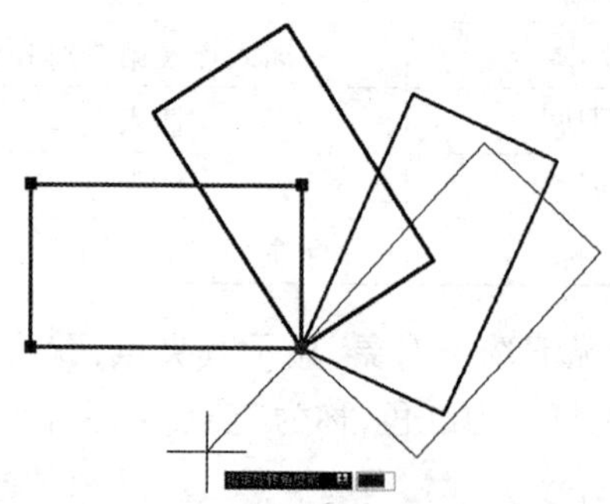

图 3.6-6 用夹点旋转创建多个副本

关于夹点操作的一些技巧如下：

◎ 选择端点夹点直接执行拉伸命令。

◎ 选择中点夹点直接执行移动命令。

◎ 选择两实体的重合夹点，命令同时作用于两个实体。

◎ 按一次空格键(或回车键)，是以所选夹点为基点移动所选对象。

◎ 按两次空格键(或回车键)，是以所选夹点为基点旋转所选对象。

◎ 按三次空格键(或回车键)，是以所选夹点为基点比例缩放所选对象。

◎ 按四次空格键(或回车键)，是以所选夹点为第一点镜像所选对象。

下面通过一个操作实例来说明夹点编辑的应用。

【例一】 绘制图 3.6-7 所示的图形。

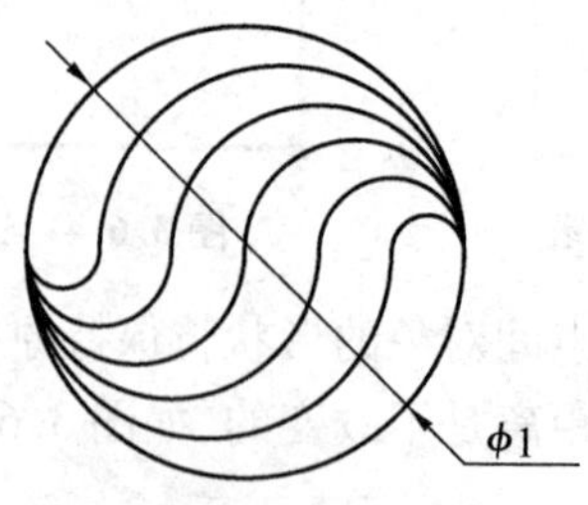

图 3.6-7 例一图

操作步骤:

① 画直径为 1 的半圆,如图 3.6-8 所示。

② 激活右端点为关键点,待命令行出现拉伸提示时,按三次回车键至比例缩放,选择“复制(C)”,并依次输入比例缩放因子 1/6,2/6,3/6,4/6,5/6,结果如图 3.6-9 所示。

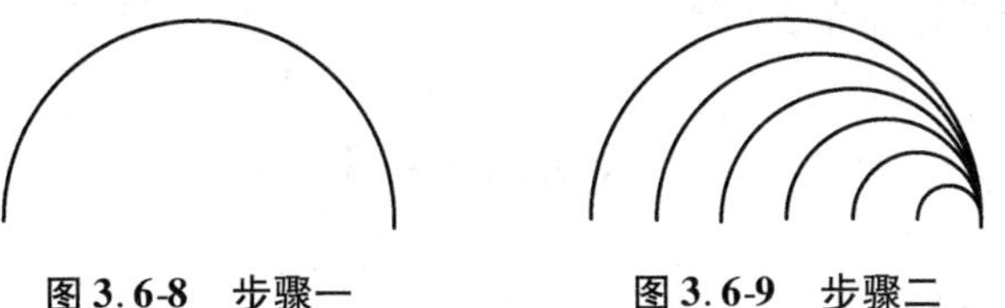

图 3.6-8 步骤一　　图 3.6-9 步骤二

③ 按住【Shift】键,选中 6 个半圆的圆心。

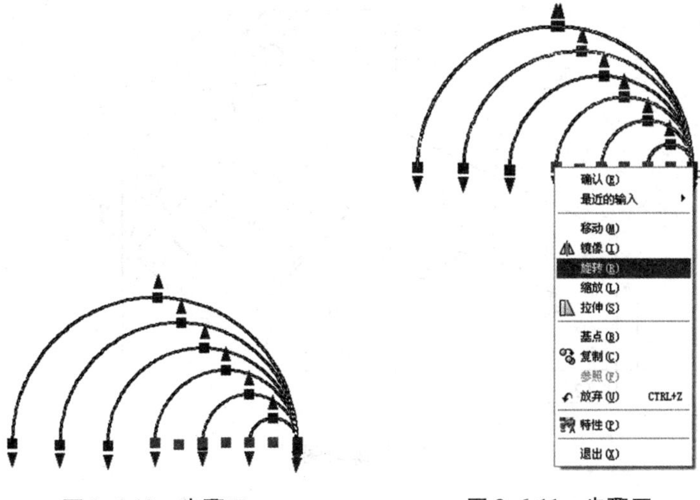

图 3.6-10 步骤三　　图 3.6-11 步骤四

④ 以最大半圆(直径为 1)的圆心为夹点,进行夹点编辑操作,点击鼠标右键选择“旋转”,或者按两次空格键。

⑤ 输入“C”,进行复制,然后选择旋转角度为 180°。得到最终结果。

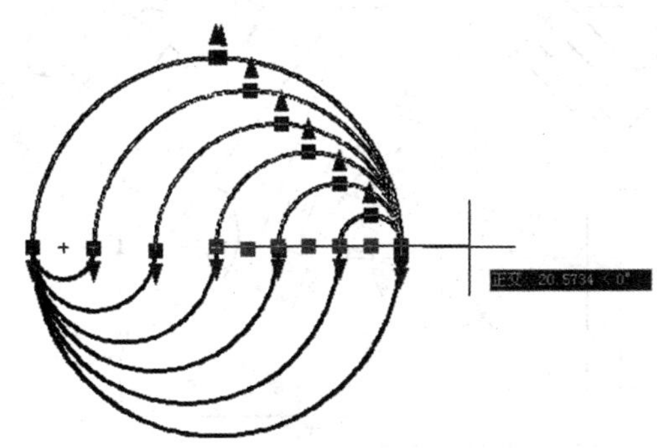

图 3.6-12 步骤五

注:作此图的关键点在于只有选择直径为 1 的半圆圆心为夹点进行夹点编辑,才能得到最终的效果。

项 目 小 结

在本项目中,主要介绍了倾斜图形绘制方法,通过本项目的学习应掌握旋转、对齐等命令的操作步骤,能进行简单的参数设置。

思考与练习

完成下图所示图形。

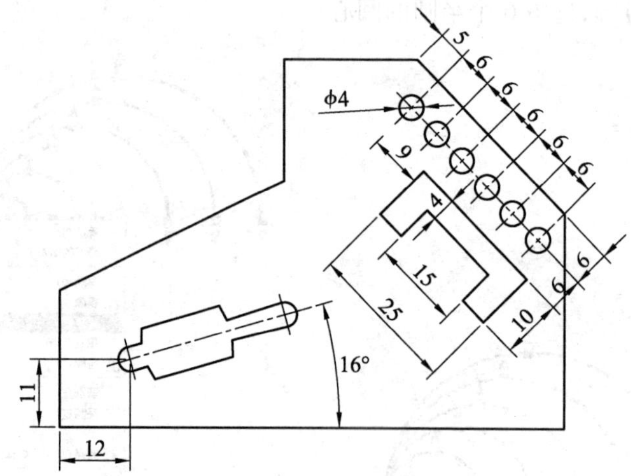

思考与练习图一

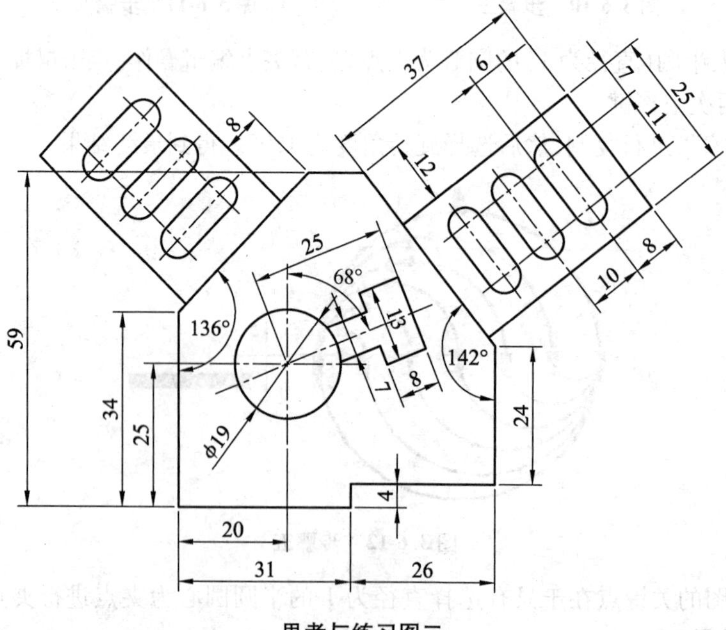

思考与练习图二

项目七 块的创建与文字的书写

本项目包含两个绘图任务，通过完成这些任务，读者可以学会图形块的创建及文字的输入。

任务一 创建块及使用块属性——表面粗糙度

◎ 知识要点

1. 掌握块的创建及插入。
2. 掌握块的编辑。
3. 能够进行文字输入。

◎ 技能要点

1. 掌握块的创建及插入。
2. 掌握块的编辑。
3. 能够进行文字输入。
4. 培养学生的观察能力和严谨的求实精神。

任务描述

标注图 3.7-1 所示的表面粗糙度，学习创建块及使用块属性。

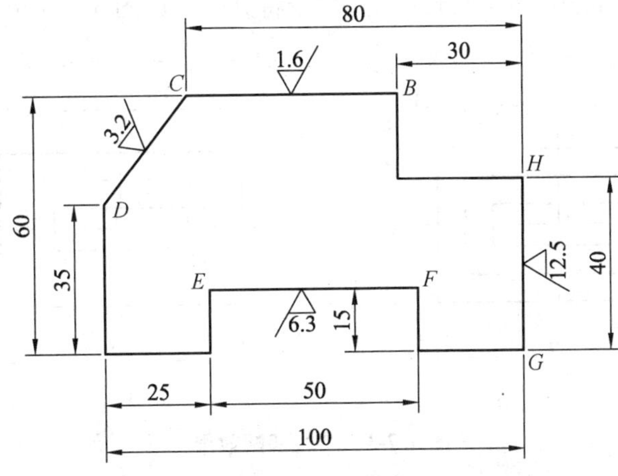

图 3.7-1 表面粗糙度标注图样

任务分析

图形特点:粗糙度符号一样,但是参数不一样。创建及使用块属性,能方便快速地绘制这类符号或图形。

使用命令:直线、多边形、修剪、定义属性、创建块、插入块。

相关知识

“对象特性匹配”命令将源对象的属性(颜色、线型、图层、线型比例、文字样式、尺寸样式等)传递给目标对象。操作时要选择两个对象,第一个是源对象,第二个是目标对象。

选择源对象后,鼠标指针变成“刷子”的形状,用此“刷子”来选取接受属性匹配的目标对象,源对象的属性则传递给目标对象。

如果用户仅想使目标对象的部分属性与源对象相同,可以选择源对象后,在命令行输入“S”或单击右键,在弹出的快捷菜单中选取“设置”选项,弹出“特性设置”对话框,如图 3.7-2 所示。

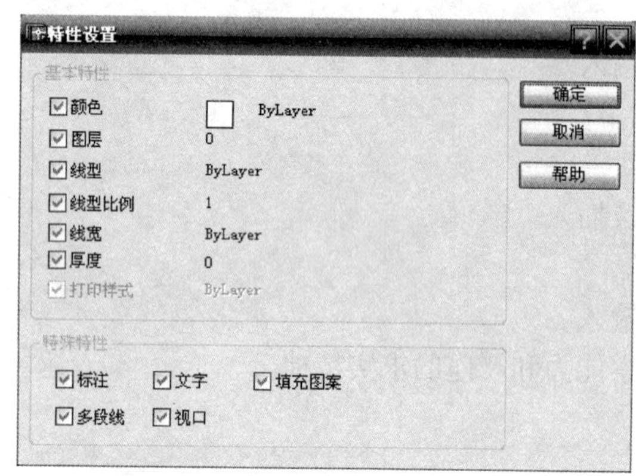

图 3.7-2 “特性设置”对话框

绘制图 3.7-3 a,再用“对象特性匹配”命令将其修改成图 3.7-3 b。

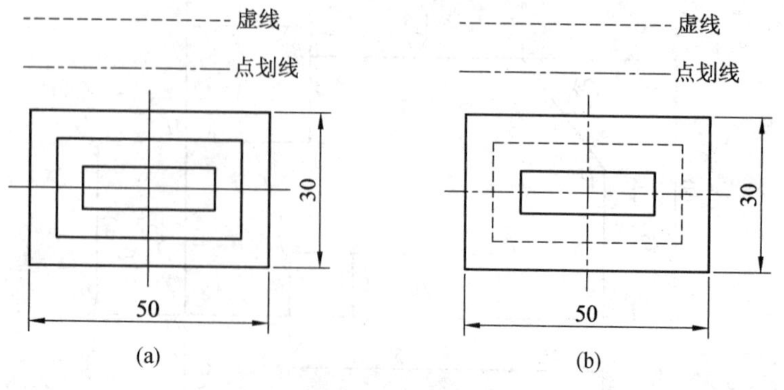

图 3.7-3 特性匹配效果

启动“对象特性匹配”命令的方法:单击“标准”工具栏中的 按钮,或者单击菜单

“修改”→“特性匹配”。

任务实施

1. 操作流程

操作流程如图 3.7-4 所示。

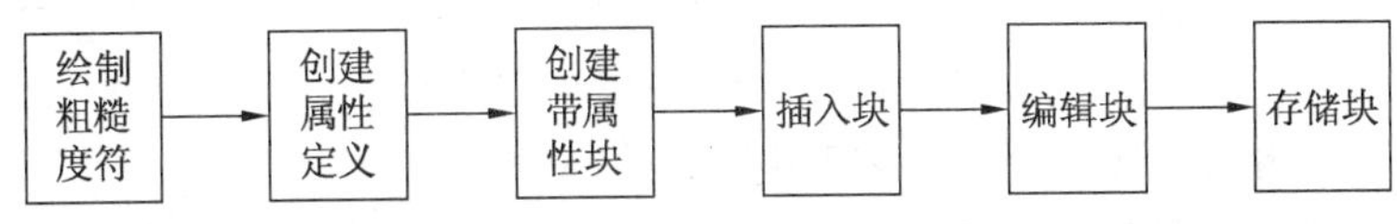

图 3.7-4 操作流程图

2. 操作步骤

(1) 绘制粗糙度的符号

粗糙度的符号及尺寸如图 3.7-5 所示。取字高为 3.5，则 $H_1=5$，$H_2=11$。

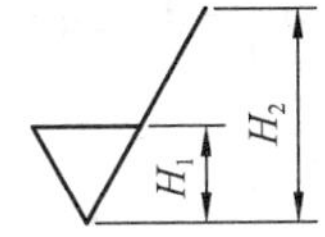

图 3.7-5 表面粗糙度符号尺寸

① 单击“状态栏”中的“正交”模式按钮，使其处于按下状态(“正交”模式)。单击“绘制”工具栏中“直线”图标，命令行的显示如下：

```
命令: _line 指定第一点:    (单击绘图区域内任意一点)
指定下一点或 [放弃(U)]:  (鼠标水平右移，单击绘图区域内另一点)
指定下一点或 [放弃(U)]:  (按【Enter】键)
```

结果如图 3.7-6 所示。

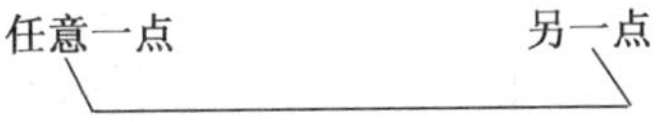

任意一点　　另一点

图 3.7-6 绘制直线

② 单击“修改”工具栏中“偏移”图标，命令行的显示如下：

```
命令: _offset
当前设置: 删除源=否  图层=源  OFFSETGAPTYPE=0
指定偏移距离或 [通过(T)/删除(E)/图层(L)] <通过>: 5  (按【Enter】键)
选择要偏移的对象，或 [退出(E)/放弃(U)] <退出>:       (单击直线)
指定要偏移的那一侧上的点，或 [退出(E)/多个(M)/放弃(U)] <退出>:
                                                  (单击直线上方一点)
选择要偏移的对象，或 [退出(E)/放弃(U)] <退出>:       (按【Enter】键)
命令:
命令:
命令: _offset
当前设置: 删除源=否  图层=源  OFFSETGAPTYPE=0
指定偏移距离或 [通过(T)/删除(E)/图层(L)] <5.0000>: 6
```

选择要偏移的对象,或[退出(E)/放弃(U)] <退出>:
指定要偏移的那一侧上的点,或[退出(E)/多个(M)/放弃(U)] <退出>:
选择要偏移的对象,或[退出(E)/放弃(U)] <退出>:

结果如图 3.7-7 所示。

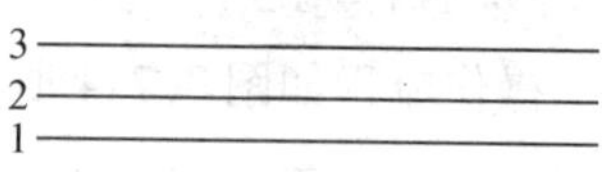

图 3.7-7 偏移直线

③ 单击"状态栏"中的"极轴"追踪按钮,使其处于按下状态→鼠标放在"极轴"按钮上,右击,弹出"快捷菜单"→单击"设置"选项,弹出"草图设置"对话框→单击"极轴追踪"选项卡,"增量角"选择"30°"→单击"确定"按钮。

④ 单击"绘制"工具栏中"直线"图标,在直线 1 下方单击,向右上方移动十字光标,出现与水平方向成 60°的虚线时,沿着这条虚线,在直线 3 的上方单击,按【Enter】键,如图 3.7-8 所示。

⑤ 单击"绘制"工具栏中"直线"图标,完成如图 3.7-9 所示。

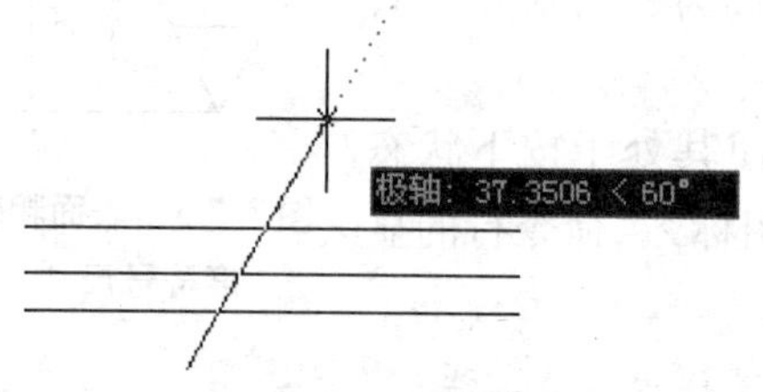

图 3.7-8 绘制与水平线成 60°的斜线

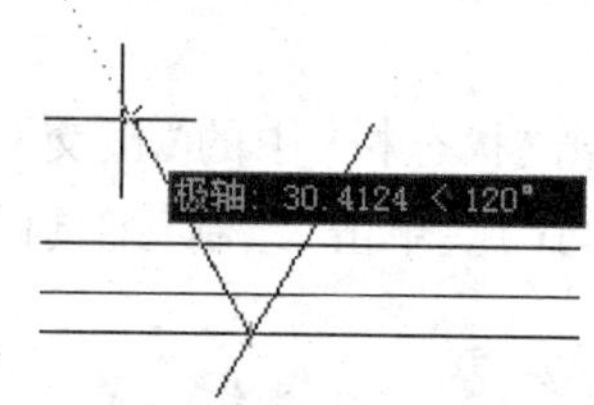

图 3.7-9 绘制与水平线成 120°的斜线

⑥ 单击"修改"工具栏中"修剪"图标,单击"修改"工具栏中"删除"图标,完成表面粗糙度符号的绘制。

(2) 创建粗糙度符号的属性定义

单击"绘图"→"块"→"定义属性",系统打开"属性定义"对话框,如图 3.7-10 所示。

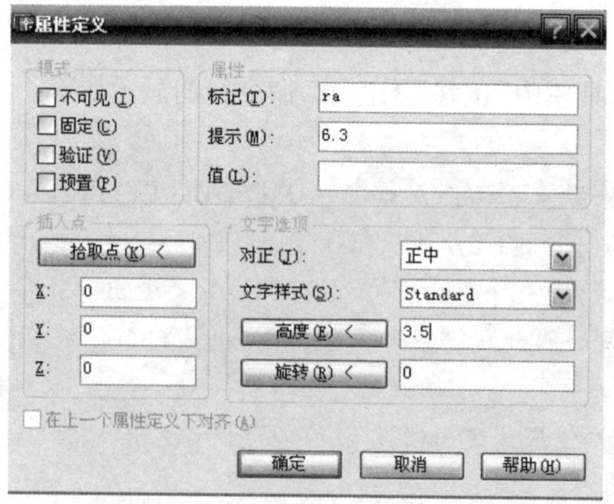

图 3.7-10 "属性定义"对话框

在"属性"选项区域中的"标记"文本框中输入"ra",在"提示"文本框中输入"6.3";在"文字选项"区域中的"对正"下拉列表中选择"正中",在"高度"文本框中,默认文字高度为"3.5",单击"确定"按钮完成设置。

(3) 创建带属性的粗糙度块

① 单击“绘图”工具栏中的按钮，系统打开“块定义”对话框，如图 3.7-11 所示。

图 3.7-11 “块定义”对话框

② 在“名称”文本框中输入新建图块的名称“粗糙度”。

③ 单击“选择对象”左侧的按钮，系统切换到绘图窗口，选择带属性的粗糙度符号，单击右键，弹出“块定义”对话框。

④ 单击“拾取点”左侧的按钮，系统切换到绘图窗口，并提示“指定插入基点”，捕捉端点。

⑤ 单击“确定”按钮，系统生成带属性图块。

(4) 插入带属性的块

标注粗糙度如图 3.7-12 所示。

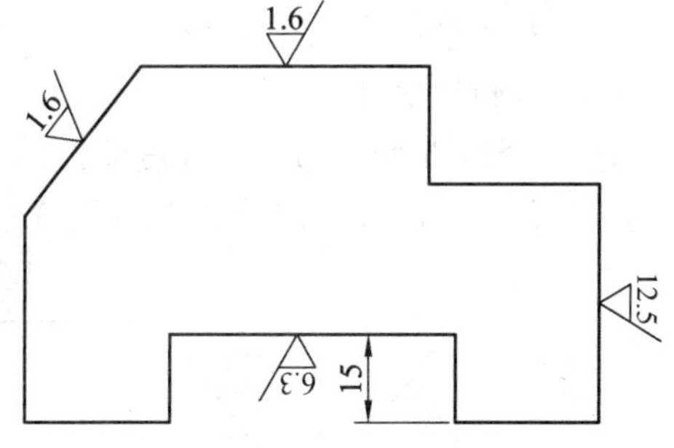

图 3.7-12 标注粗糙度

单击“绘图”工具栏中的按钮，启动“插入块”命令，系统打开“插入”对话框，在“名称”下拉列表中选择“粗糙度”，选中“旋转”选项区域中的“在屏幕上指定”复选框，单击“确定”按钮，系统提示：

```
命令: _insert
指定插入点或 [比例(S)/X/Y/Z/旋转(R)/预览比例(PS)/PX/PY/PZ/预览旋转(PR)]:
输入属性值
6.3: 1.6
命令:
命令: _insert
指定插入点或 [比例(S)/X/Y/Z/旋转(R)/预览比例(PS)/PX/PY/PZ/预览旋转(PR)]:
指定旋转角度 <0>:
```

```
输入属性值6.3：6.3
自动保存到 C:\Documents and Settings\Administrator\Local
Settings\Temp\Drawing1_1_1_8467.sv$ ...
命令：
命令：_insert
指定插入点或[比例(S)/X/Y/Z/旋转(R)/预览比例(PS)/PX/PY/PZ/预览旋转(PR)]：
指定旋转角度 <0>：
输入属性值
6.3：12.5
命令：
命令：_insert
指定插入点或[比例(S)/X/Y/Z/旋转(R)/预览比例(PS)/PX/PY/PZ/预览旋转(PR)]：
指定旋转角度 <0>：
输入属性值
6.3：1.6
```

（5）编辑块属性

把 *EF* 及 *GH* 两条边的粗糙度颠倒的参数值调到正确的位置上，把 *CB* 边上粗糙度参数的错误值1.6改为正确值3.2，如图3.7-13所示。

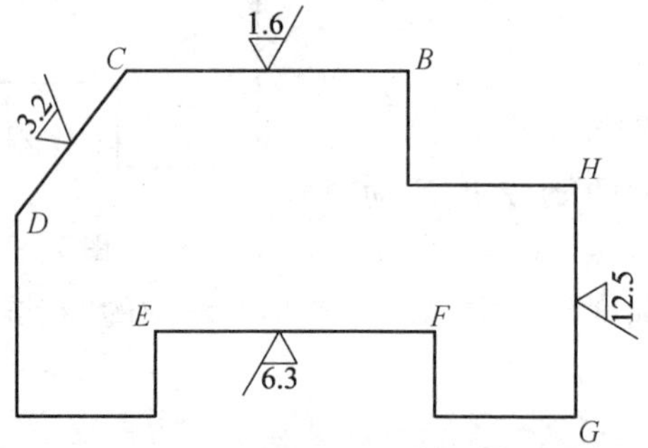

图3.7-13　修改后的粗糙度

单击菜单"修改"→"对象"→"属性"→"单个"(或者双击需要更改的属性参数值)，启动命令。单击 *EF* 边上的粗糙度参数，系统打开"增强属性编辑器"对话框，如图3.7-14所示。

选择"文字选项"选项卡，选中"反向"和"倒置"复选框，单击"确定"按钮，*EF* 边上的粗糙度参数6.3调到正确的位置上了。用同样的方法，把 *GH* 边上的颠倒的粗糙度参数值调到正确的位置。双击 *CD* 边上的粗糙度参数值，启动"属性"编辑命令，系统打开"增强属性编辑器"对话框，选择"属性"选项卡，把"值"文本框内的数值"1.6"改为"3.2"，完成更改参数值3.2的操作，如图3.7-15所示。

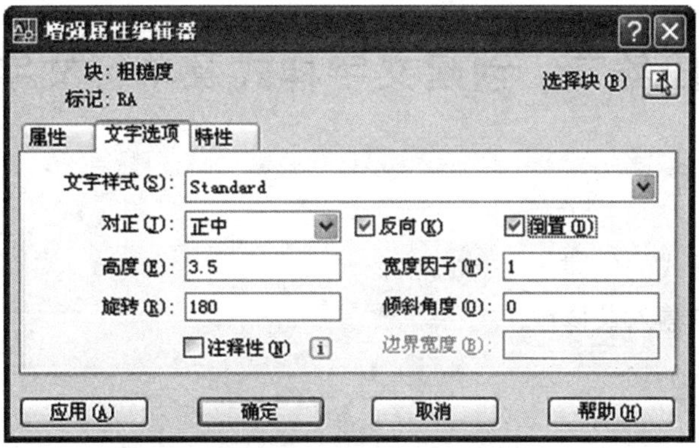

图 3.7-14 更改粗糙度符号中的文字方向

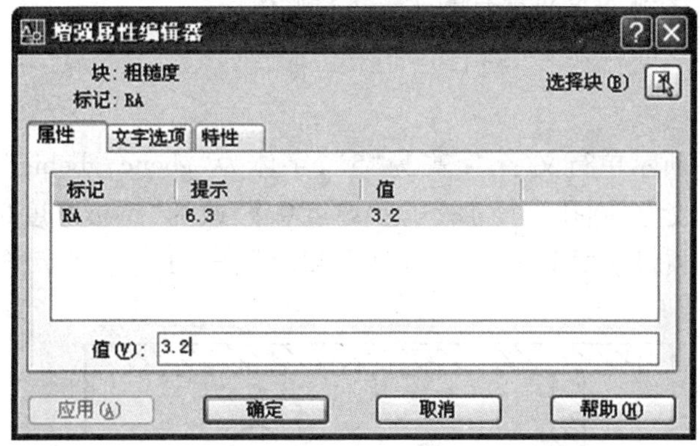

图 3.7-15 更改粗糙度符号中的数值

(6) 写“粗糙度”图块

命令行输入“WBLOCK”,启动“写块”命令,弹出“写块”对话框,如图 3.7-16 所示,选中源选项区域的“块”复选框,并在下拉列表中选择“粗糙度”单击“确定”按钮,完成块的存储。

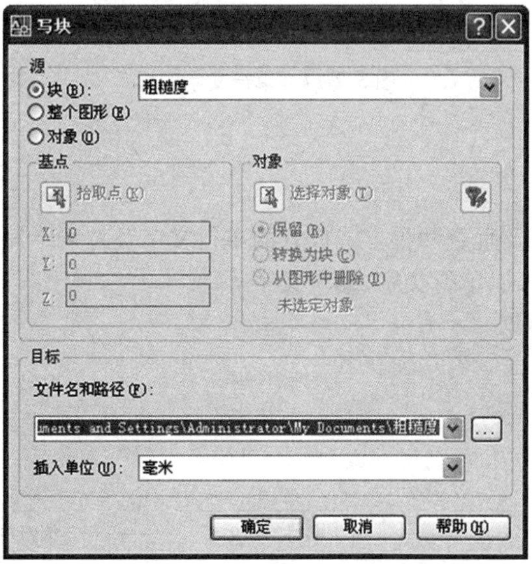

图 3.7-16 “写块”对话框

任务二　创建文字样式及单行文字

◎ 知识要点

1. 掌握文字样式的创建。
2. 掌握文字的输入及修改。

◎ 技能要点

1. 能够创建新的文字样式。
2. 能够进行文字输入及对现有的文字进行修改。

任务描述

输入图 3.7-17 所示单行文字,字高为"5",字体为"gbeitc,gbcbig";再进行编辑单行文字,把"直径 $\phi8$"改为"圆孔直径 $\phi8$",把"厚度 0.8"改为"钢板厚度 0.8",把"倾斜角度 115°"改为"矩形孔倾斜角度 115°",字高改为"3.5",学习创建文字样式,书写及编辑单行文字的方法。

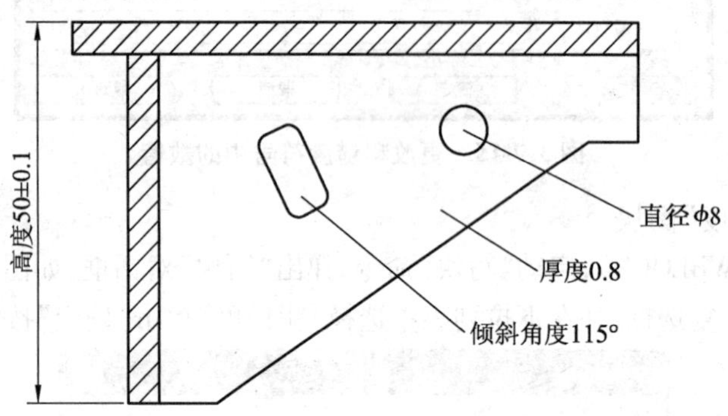

图 3.7-17　单行文字图样

任务分析

图形特点:由水平及垂直两种方式放置的单行文字及特殊字符所构成。

使用命令:文字样式、单行文字、编辑文字等。

任务实施

1. 操作流程

操作流程如图 3.7-18 所示。

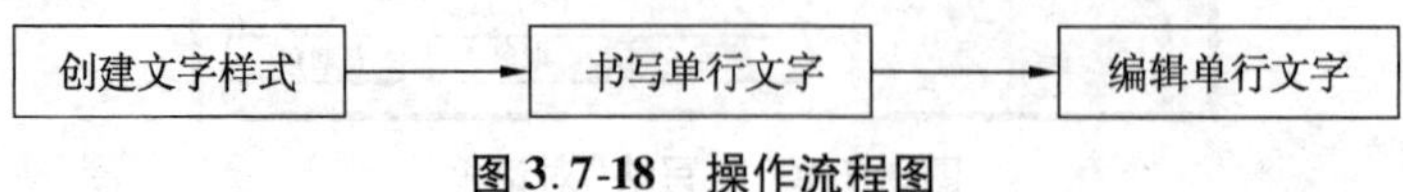

图 3.7-18　操作流程图

2. 操作步骤

(1) 创建文字样式

文字样式主要控制与文本链接的字体、字符宽度、文字倾斜角度及高度等项目。另外,用户还可以通过它设计出相反的、颠倒的或竖直方向的文本。用户可以针对不同风格的文字创建对应的文字样式,这样在输入文本时就可以用相应的文字样式来控制文本的外观。

下面介绍创建符合国标规定的文字样式的方法。

① 单击“样式”工具栏中的A按钮,打开“文字样式”对话框,如图3.7-19所示。

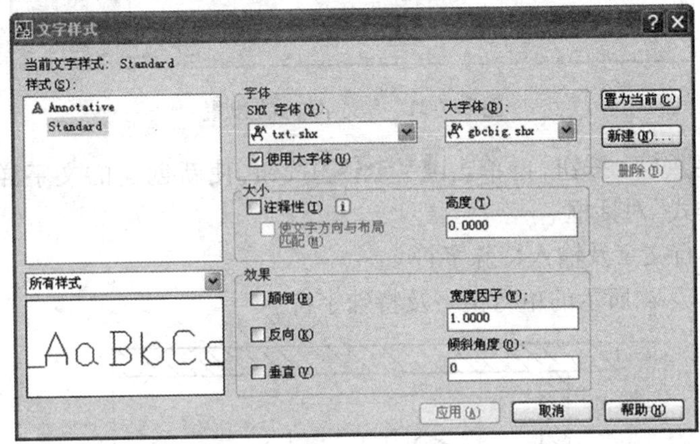

图3.7-19 “文字样式”对话框

② 单击新建(N)...按钮,弹出“新建文字样式”对话框,在“样式名”文本框内输入“机械”,如图3.7-20所示。

图3.7-20 “新建文字样式”对话框

③ 单击确定按钮,返回“文字样式”对话框,在“字体”下拉列表中选择“gbeitc.shy”选项,再选中“使用大字体”复选框,然后在“大字体”下拉列表中选择“gbcbig.shy”选项,在“大小”区域中的“高度”文框中输入“5”,如图3.7-21所示。

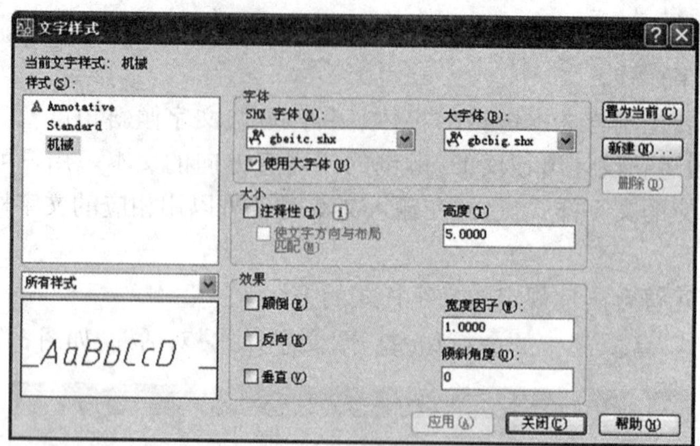

图 3.7-21 "文字样式"设置

④ 单击 应用(A) 按钮，再单击 置为当前(C) 按钮，使新创建的文字样式成为当前样式，退出"文字样式"对话框。

(2) 书写单行文字及输入特殊字符

输入如图 3.7-24 所示的单行文字及特殊字符。

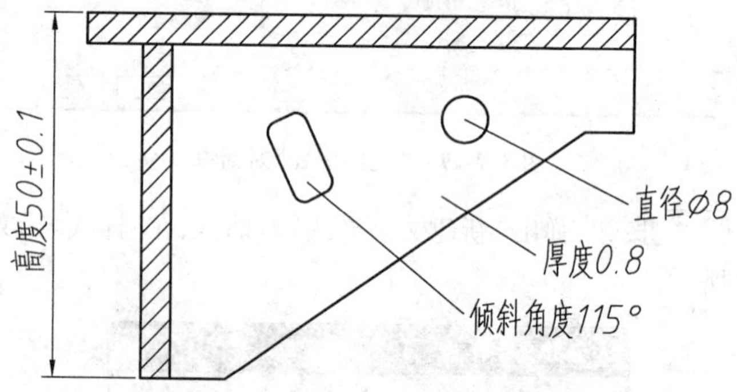

图 3.7-22 书写单行文字及特殊字符

提示

特殊符号"ϕ""°""±"在 CAD 中分别用"%%C""%%D""%%P"输入。

单击菜单"绘图"→"文字"→"单行文字"，启动"单行文字"命令，系统提示：

命令：_dtext
当前文字样式："机械" 文字高度：5.0000 注释性：否
指定文字的起点或［对正(J)/样式(S)］：
指定文字的旋转角度 <0>：
命令：
命令：
命令：_dtext
当前文字样式："机械" 文字高度：5.0000 注释性：否

```
指定文字的起点或[对正(J)/样式(S)]:
指定文字的旋转角度 <0>:
命令:
命令:
命令:_dtext
当前文字样式: "机械"  文字高度: 5.0000  注释性: 否
指定文字的起点或[对正(J)/样式(S)]:
指定文字的旋转角度 <0>:
命令:
命令:
命令:_dtext
当前文字样式: "机械"  文字高度: 5.0000  注释性: 否
指定文字的起点或[对正(J)/样式(S)]:
指定文字的旋转角度 <0>:90
```

(3) 编辑单行文字

将图3.7-22中的"直径 $\phi8$"改为"圆孔直径 $\phi8$",把"厚度 0.8"改为"钢板厚度 0.8",把"倾斜角度 115°"改为"矩形孔倾斜角度 115°",并把它们的字高改为"3.5",如图3.7-23所示。

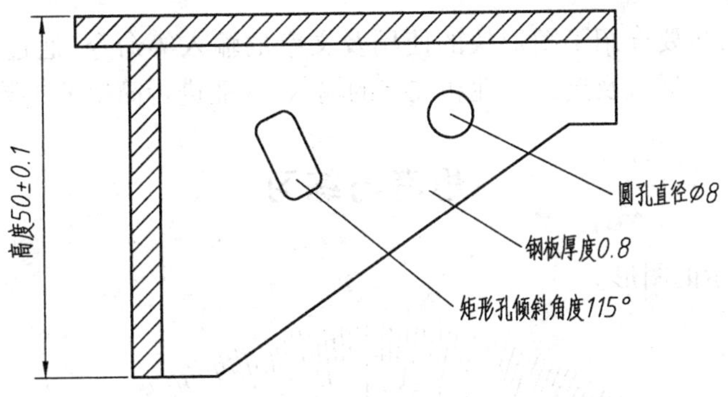

图3.7-23 修改文字内容及文字高度

① 修改单行文字内容。

单击菜单"修改"→"对象"→"文字"→"编辑",启动编辑单行文字命令。

② 修改单行文字字高,把原来的字高"5"改为"3.5"。

单击"标准"工具栏中的 按钮,打开"特征"对话框,将"文字高度"中的"5"改为"3.5",如图3.7-24所示。

图 3.7-24 “特征”对话框

项目小结

在本项目中,主要介绍了图形块的使用及文字的输入等命令,通过本项目的学习应掌握图形块的创建、插入及定义属性和文字的输入,并能进行简单的参数设置。

思考与练习

绘制下图所示的图形。

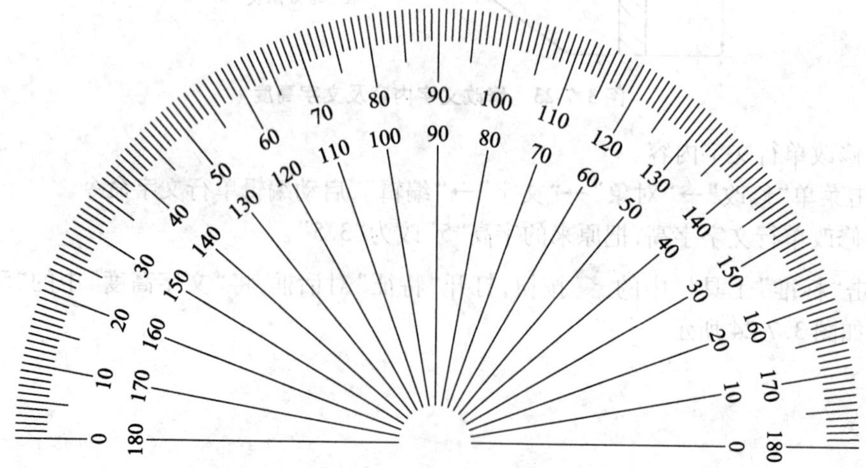

思考与练习图

项目八 尺寸标注

本项目包含两个任务，通过完成这些任务，读者可以学会创建和编辑线性、角度、直径及半径等类型的尺寸标注。

任务一 标注样式创建及线性标注

◎ 知识要点

1. 创建标注样式。
2. 标注尺寸。

◎ 技能要点

1. 掌握创建标注样式的方法。
2. 掌握线性尺寸标注。

任务描述

本任务是新建尺寸标注样式，并且标注图 3.8-1 所示尺寸。标注样式中的参数设置如下：样式名为“新建”；尺寸线中的基线距离为“2”；尺寸界限中超出尺寸线“1.5”，起点偏移量为“0”；箭头大小为“3”；文字样式为“机械”；文字高度为“3.5”；尺寸线偏移“1”；文字对齐为“ISO 标准”；调整选项中选择根据图形需要自定义，标注时手动放置文字。

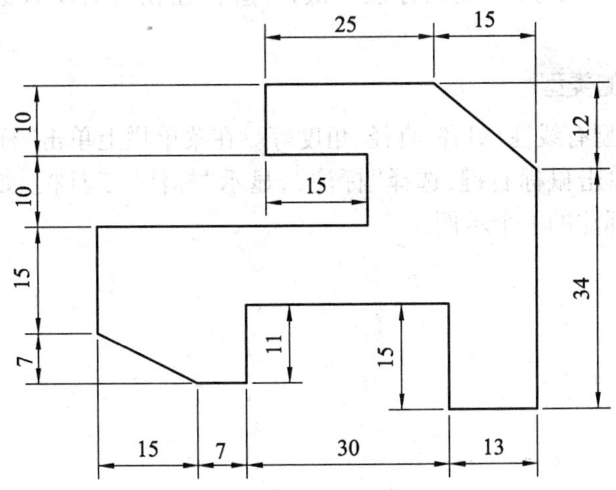

图 3.8-1 线性标注图样

任务分析

图形特点:所有尺寸均是线性尺寸,其中包含连续标注。

使用命令:尺寸样式、线性标注、连续标注。

相关知识

1. 尺寸标注的组成

一个完整的尺寸标注由尺寸界线、尺寸线、箭头和标注文字组成,如图 3.8-2 所示。

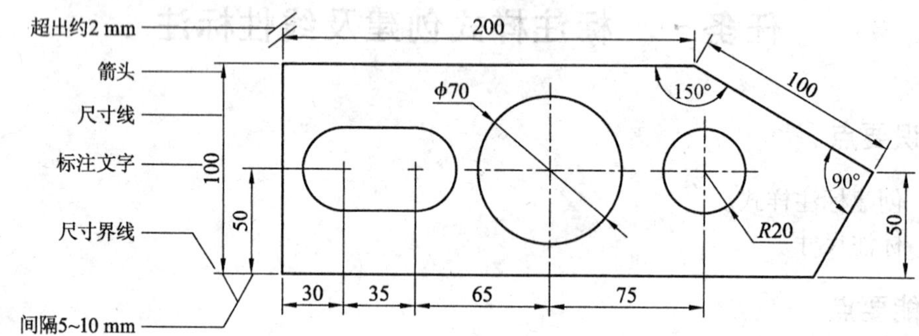

图 3.8-2 尺寸标注的组成

2. 尺寸标注的规则

(1) 物体的真实大小应以图样上所标注的尺寸数值为依据,与图形的大小及绘图的准确度无关。

(2) 图样中的尺寸以毫米为单位时,不需要标注计量单位。

(3) 图样中所标注的尺寸为该图样所表示的物体的最后完工尺寸,否则应另加说明。

(4) 物体的每一尺寸,一般只标注一次,并应标注在最后反映该物体最清晰的图形上。

3. 尺寸标注的类型

尺寸标注的类型有线性、对齐、直径、角度等。在菜单栏上单击“标注”,如图 3.8-3 a 所示;在工具栏上单击鼠标右键,选择“标注”,显示“标注”工具栏,如图 3.8-3 b 所示。图 3.8-3 c 为尺寸标注的一个示例。

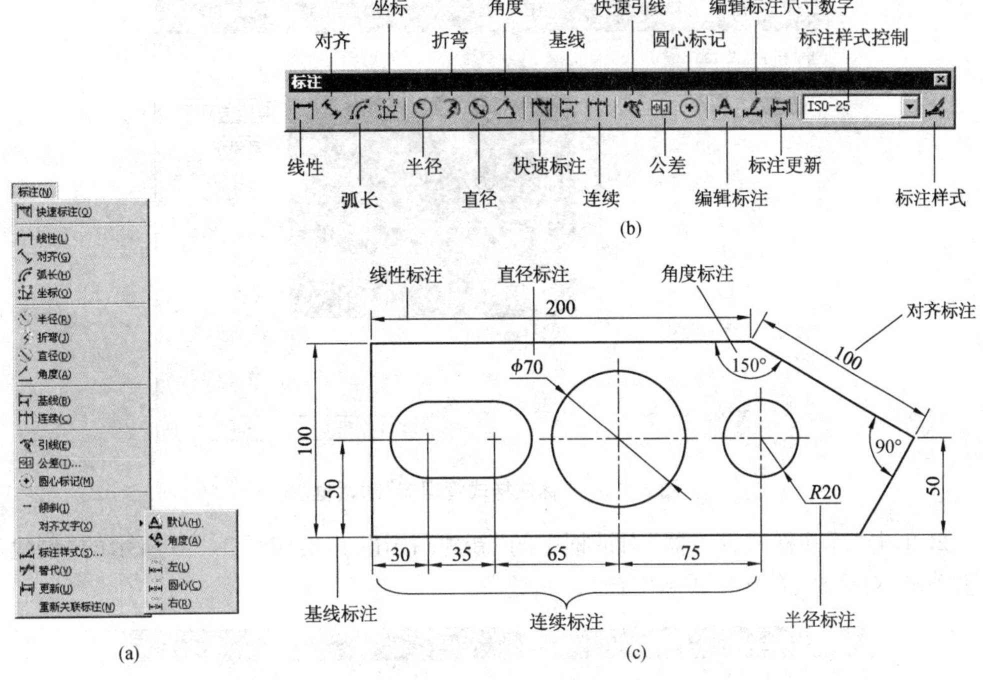

图 3.8-3 尺寸标注的类型

任务实施

1. 操作流程

操作流程如图 3.8-4 所示。

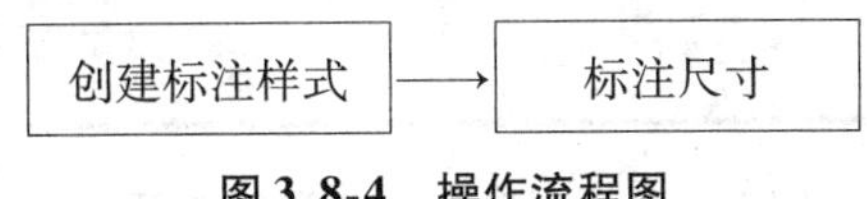

图 3.8-4 操作流程图

2. 操作步骤

(1) 创建标注样式

① 打开“标注样式管理器”对话框，如图 3.8-5 所示。该对话框的调用方法有以下几种：

★ 单击“样式”工具栏上的“标注样式”按钮。

★ 在菜单栏选择“格式”→“标注样式”命令。

★ 在命令行输入“D”，确定。

★ 按快捷键【Ctrl + M】。

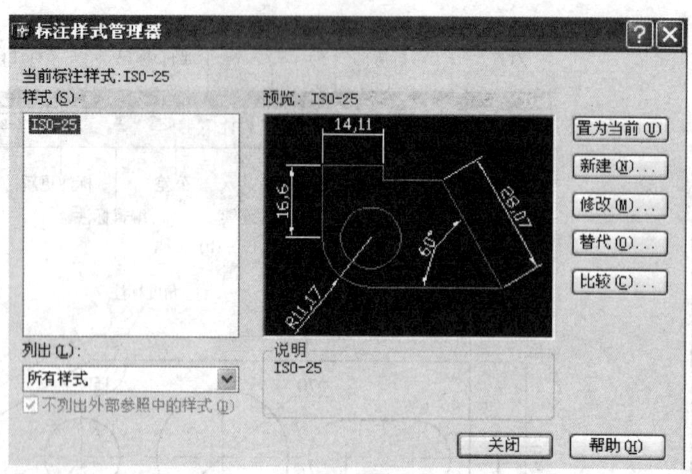

图 3.8-5 “标注样式管理器”对话框

② 单击“标注样式管理器”对话框中的“新建”按钮,弹出如图 3.8-6 所示的“创建新标注样式”对话框,在新样式名中输入“新建”。

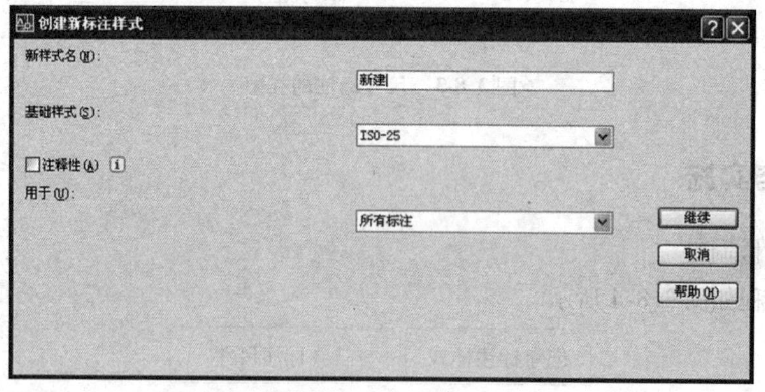

图 3.8-6 “创建新标注样式”对话框

③ 单击继续按钮,弹出“新建标注样式:新建”对话框。

a. 在“线”选项卡中将“基线间距”设置为“2”,将“超出尺寸线”设置为“1.5”,“起点偏移量”设置为“0”,如图 3.8-7 所示。

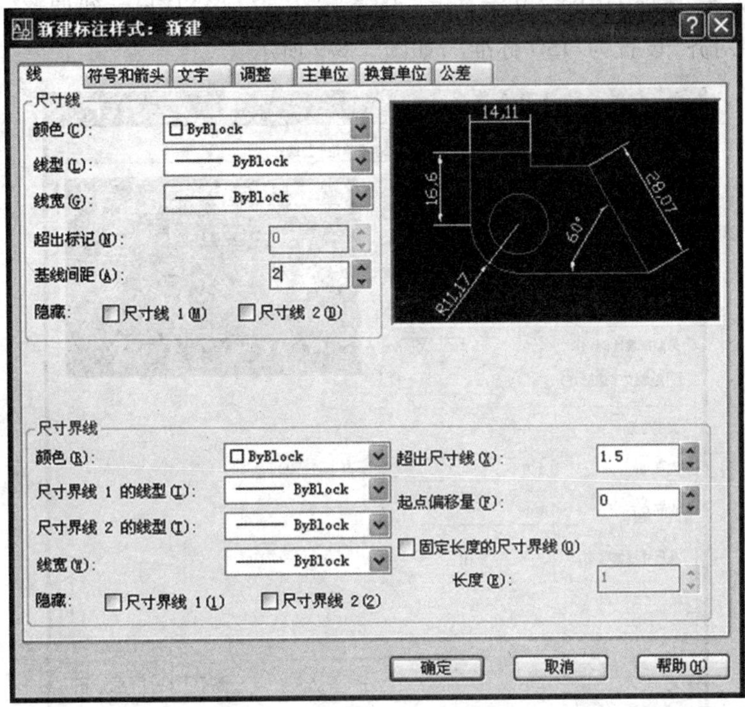

图 3.8-7 “线”选项卡中的参数设置

b. 在“符号和箭头”选项卡中将“箭头大小”设置为“3.5”，如图 3.8-8 所示。

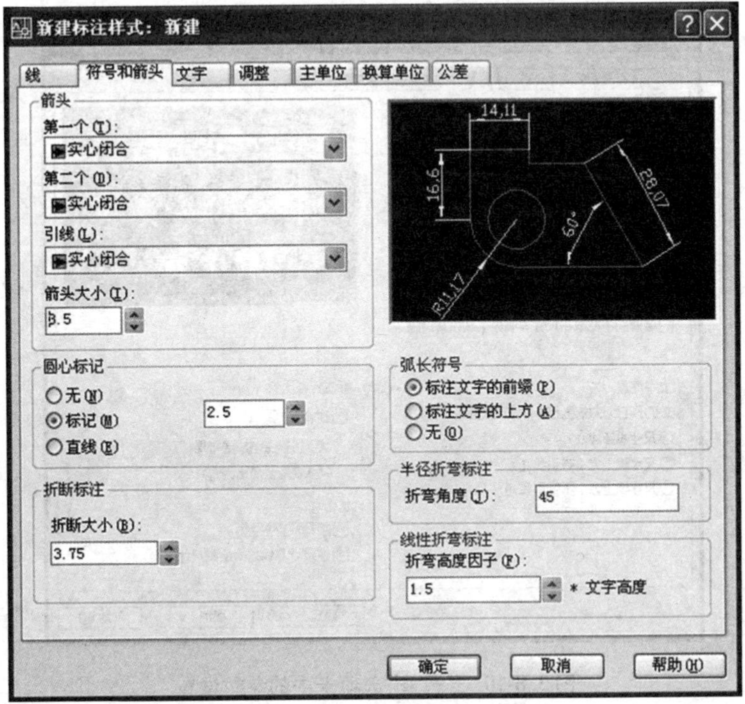

图 3.8-8 “符号和箭头”选项卡中的参数设置

c. 在“文字”选项卡中将“文字高度”设置为“3.5”,将“从尺寸线偏移”设置为“1”,然后将“文字对齐”设置为“ISO 标准”,如图 3.8-9 所示。

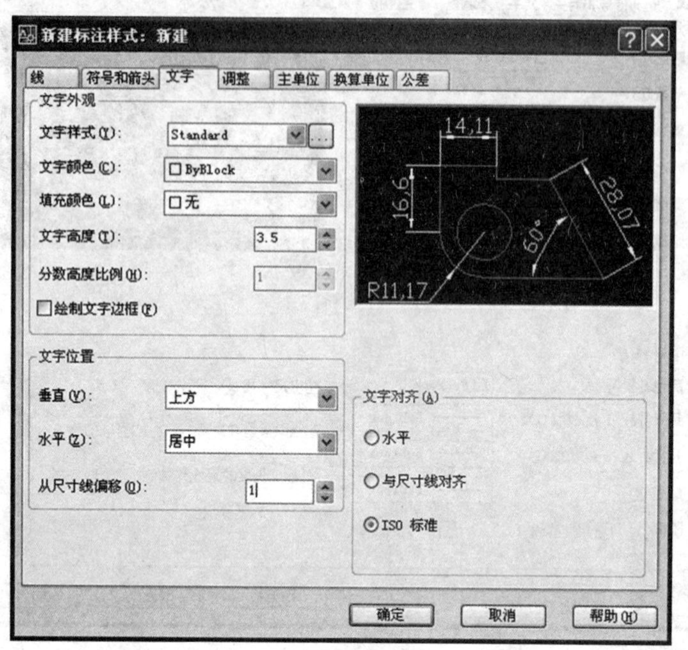

图 3.8-9 “文字”选项卡中的参数设置

d. 在“调整”选项卡中勾选“手动放置文字”复选框,如图 3.8-10 所示。

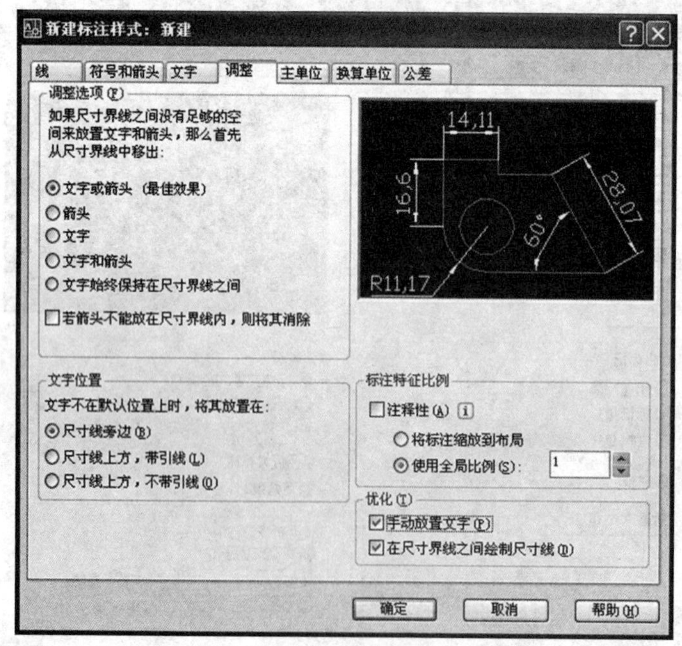

图 3.8-10 “调整”选项卡中的参数设置

④ 在图 3.8-10 所示的对话框中单击 确定 按钮,完成标注样式的创建。

(2) 标注尺寸

① 创建线标注。单击菜单“标注”→“线性”,启动线性尺寸标注命令,系统提示:

```
命令:_dimlinear
指定第一条尺寸界线原点或 <选择对象>:
指定第二条尺寸界线原点:
```

在指定尺寸位置之前,可以编辑文字或修改文字角度:

要使用多行文字编辑文字,输入“M”,在多行文字编辑器中修改文字然后单击“确定”;要使用单行文字编辑文字,输入“T”,修改命令行中的文字,然后确定;要旋转文字,输入“A”,然后输入角度。

② 创建连续线性标注。

a. 单击菜单“标注”→“连续”,启动连续尺寸标注命令,系统提示:

```
命令:_dimcontinue
指定第二条尺寸界线原点或[放弃(U)/选择(S)] <选择>:
标注文字 = 15
指定第二条尺寸界线原点或[放弃(U)/选择(S)] <选择>:
```

注意:AutoCAD 使用现有标注的第二条尺寸界线的原点作为第一条尺寸界线的原点。

b. 使用对象捕捉指定其他尺寸界线原点。

c. 按两次【ENTER】键结束命令。

任务二　圆弧的标注

◎ 知识要点

1. 直径尺寸标注。
2. 半径尺寸标注。

◎ 技能要点

1. 掌握直径尺寸标注的方法。
2. 掌握半径尺寸标注的方法。

任务描述

本任务是绘制图 3.8-11 所示图形并标注尺寸。

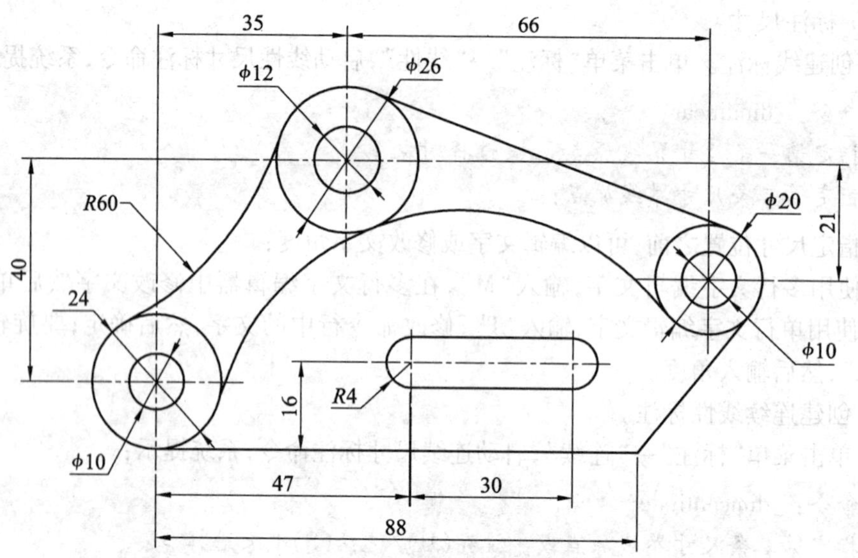

图 3.8-11　圆弧标注图样

任务分析

图形特点:图形尺寸包含线性、直径和半径尺寸。

使用命令:直径标注,半径标注。

相关知识

1. 创建直径标注的步骤

① 从“标注”菜单中选择“直径”或单击“标注”工具栏中的。

② 选择要标注的圆或圆弧。

③ 根据需要输入选项:要编辑标注文字内容,输入“T”(文字)或“M”(多行文字);要改变标注文字角度,输入“A”(角度)。

④ 指定引线的位置。

2. 创建半径标注的步骤

同创建直径标注的步骤。

任务实施

1. 操作流程

操作流程如图 3.8-12 所示。

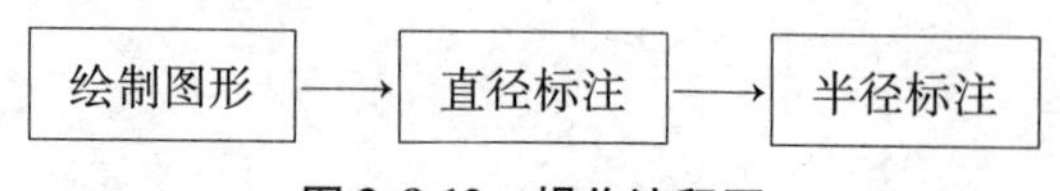

图 3.8-12　操作流程图

2. 操作步骤

(1) 绘制图形

绘制图 3.8-11 所示的图形。

(2) 直径标注

单击菜单"标注"→"直径",启动直径标注命令,系统提示:

```
命令: _dimdiameter
选择圆弧或圆:
标注文字 = 26
指定尺寸线位置或[多行文字(M)/文字(T)/角度(A)]:
```

(3) 半径标注

单击菜单"标注"→"半径",启动半径标注命令,系统提示:

```
命令: _dimradius
选择圆弧或圆:
标注文字 = 4
指定尺寸线位置或[多行文字(M)/文字(T)/角度(A)]:
```

项 目 小 结

在本项目中,主要介绍了尺寸标注样式的创建及编辑,通过本项目的学习应掌握线性、直径及半径等类型的尺寸标注。

思考与练习

完成下图的绘制并标注尺寸。

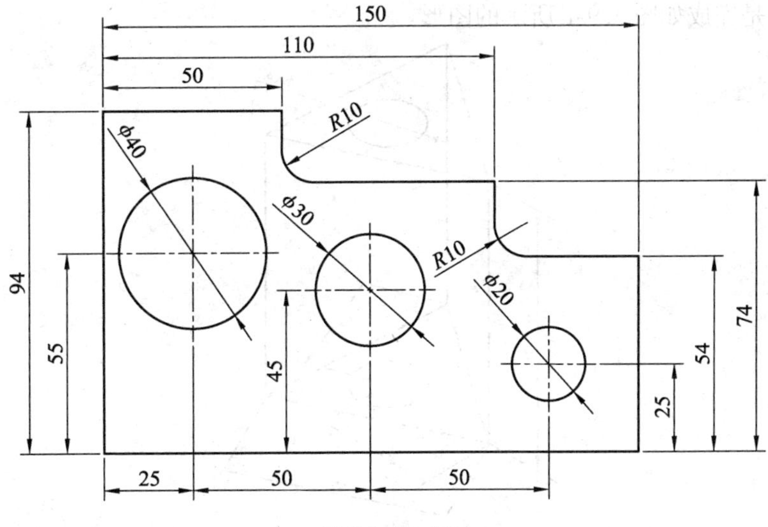

思考与练习图

项目九 绘制线框模型

本项目包含两个绘图任务,通过完成这些任务,读者可以学会绘制三维线框模型的绘制,掌握 UCS、视图及视口工具条相关命令的使用方法。

任务一 绘制带孔的直三棱柱线框模型

◎ 知识要点

1. 掌握线框模型、实体模型的特点及用途。
2. 了解用户坐标系 UCS。
3. 学会设置三维图形的观察方向。
4. 掌握绘制线框模型的一般方法。

◎ 技能要点

1. 学会建立和管理用户坐标系(UCS),并利用它进行绘图。
2. 学会用标准视图改变构图面的方法。
3. 学会绘制三维线框模型。

任务描述

本任务是完成如图 3.9-1 所示的图形。

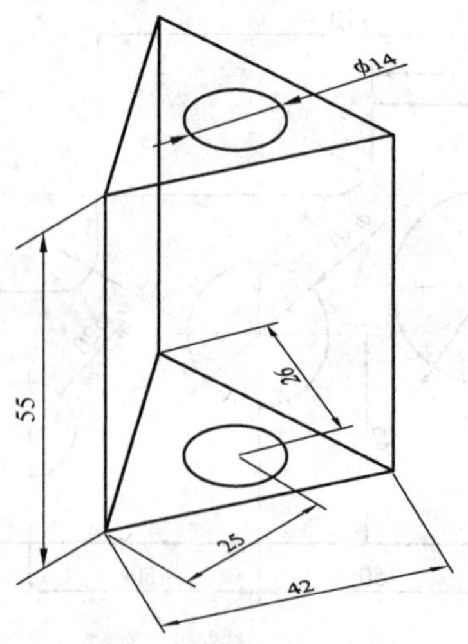

图 3.9-1 带孔的直三棱柱图样

任务分析

图形特点:由两个相同大小、不同构图面的带孔正三边形垂直连接而成。

使用命令:视图、正多边形、圆、直线、复制等。

相关知识

1. 三维模型分类

(1) 线框模型

由点、直线、曲线等对象构成,不具备面、体特征。建模很麻烦,不能消隐、渲染。

(2) 实体模型

具有线、面、体的特征,可进行消隐、渲染等操作。可直接创建长方体、圆柱体、球体等基本体,三维体间可进行布尔运算。

2. 用户坐标系"UCS"

(1) "UCS"命令的调用

★ 在菜单栏选择"工具"→"新建 UCS"。

★ 在任一工具条的按钮上右击→选择"UCS"。

★ 在命令行输入"UCS"。

"UCS"工具栏如图 3.9-2 所示。

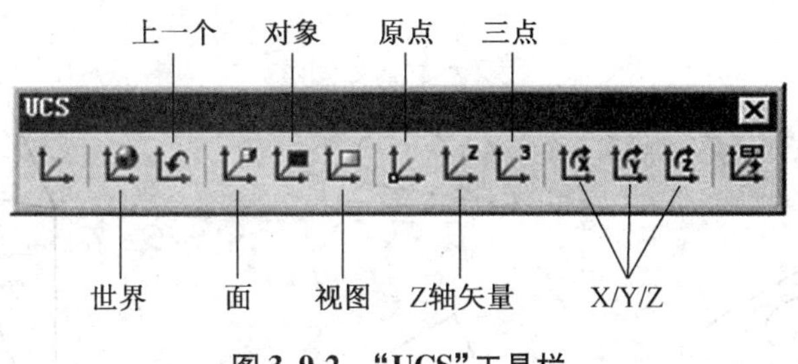

图 3.9-2 "UCS"工具栏

(2) 各功能的含义

◎ 对象:选择对象之后,命令行提示"选择对齐 UCS 的对象",选择对象后,系统会根据选定的三维对象重新定义新的坐标系。

◎ 面:将 UCS 与实体对象的选定面对齐。

◎ 视图:将垂直于观察方向(平行于屏幕)的平面设置为 *XY* 平面,建立新的坐标系。

◎ 原点:选择原点时,命令行显示提示信息"指定新原点 <0,0,0>",此时输入坐标值,可以相对于当前 UCS 的原点指定新原点。

◎ *Z* 轴矢量:选择后,命令行显示提示信息"指定新原点 <0,0,0>",输入新原点的坐标值之后,命令行显示提示信息"在正 *Z* 轴范围上指定点 <0.0000,0.0000,0.0000>",也就是要求用户指定 *Z* 轴上一个点的坐标位置,或捕捉并单击一点,原点位置和 *Z* 轴点之间产生了一条直线,该直线的方向就是新的 *Z* 轴方向,此时 *XY* 平面会垂直

于新的 Z 轴。

◎ 三点:该选项可以通过指定新三维空间中的任意 3 个点位置,来确定新的 UCS。

◎ X/Y/Z:选择时,系统将 UCS 绕指定轴旋转指定的角度,从而创建新的 UCS。

3. 三维视图的设置

快速设置视图的方法是选择预定义的三维视图。可以根据名称或说明选择预定义的标准正交视图和等轴测视图。常用的正交视图有俯视、仰视、主视、左视、右视、后视;等轴测视图有 SW(西南)等轴测、SE(东南)等轴测、NE(东北)等轴测和 NW(西北)等轴测。

任务实施

1. 操作流程

操作流程如图 3.9-3 所示。

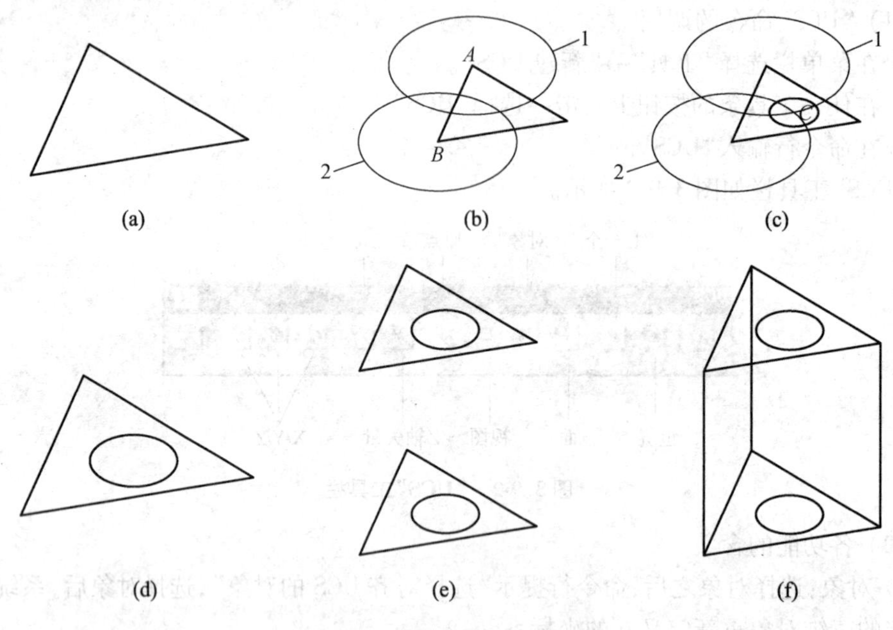

图 3.9-3 操作流程图

2. 操作步骤

① 新建一个 CAD 文件。

② 单击“视图”工具栏上的按钮,切换到西南等轴测图。

③ 单击“绘图”工具栏上的按钮,绘制边长为 42 mm 的正三角形,如图 3.9-3 a 所示。

④ 单击“绘图”工具栏上的按钮,以点 A 为圆心,绘制半径为 25 mm 的辅助圆 1,以点 B 为圆心,绘制半径为 26 mm 的辅助圆 2,如图 3.9-3 b 所示。

⑤ 单击“绘图”工具栏上的按钮，以辅助圆 1，2 的交点 C 为圆心，绘制半径为 7 mm 的圆，如图 3.9-3 c 所示。

⑥ 单击“修改”工具栏上的按钮，删除辅助圆，如图 3.9-3 d 所示。

⑦ 单击“修改”工具栏上的按钮，复制带孔三角形向 $+Z$ 轴方向移动 55 mm，如图 3.9-3 e 所示。

⑧ 单击“绘图”工具栏上的按钮，捕捉端点画棱线，完成带孔直三棱柱的绘制，如图 3.9-3 f 所示。

⑨ 单击“视口”工具栏上的按钮，系统弹出“视口”对话框(图 3.9-4)。在“新名称”文本框中输入“视口设置 -1”，选择“标准视口”列表中的“四个：相等”选项，在“设置”下拉列表中选取“三维”，然后分为选择“预览”分组框中的窗口，在“修改视图”下拉列表中对默认的视图进行修改，4 个视口分别修改为主视、左视、俯视和西南等轴测，如图 3.9-4 所示，然后单击 确定 按钮，关闭对话框。此时绘图区域显示 4 个视图，如图 3.9-5 所示。

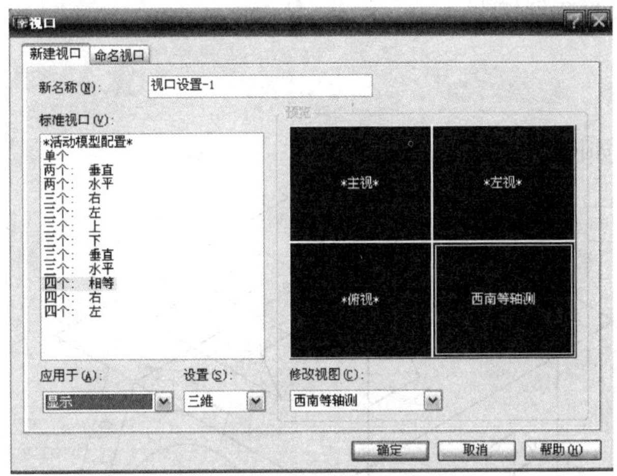

图 3.9-4 “视口”对话框

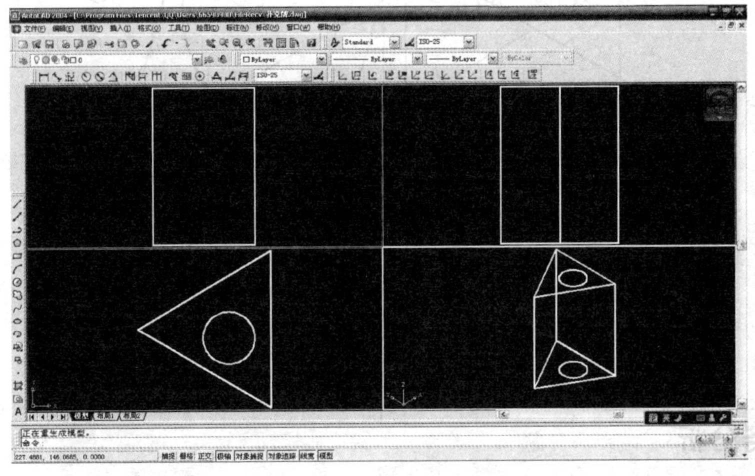

图 3.9-5 “视口”设置后效果图

任务二　绘制带孔的梯形线框模型

◎ 知识要点

1. 掌握线框模型、实体模型的特点及用途。
2. 了解用户坐标系 UCS。
3. 学会设置三维图形的观察方向。
4. 掌握绘制线框模型的一般方法。

◎ 技能要点

1. 学会建立和管理用户坐标系(UCS),并利用它进行绘图。
2. 学会用标准视图改变构图面的方法。
3. 学会绘制三维线框模型。

任务描述

本任务是完成如图 3.9-6 所示的图形。

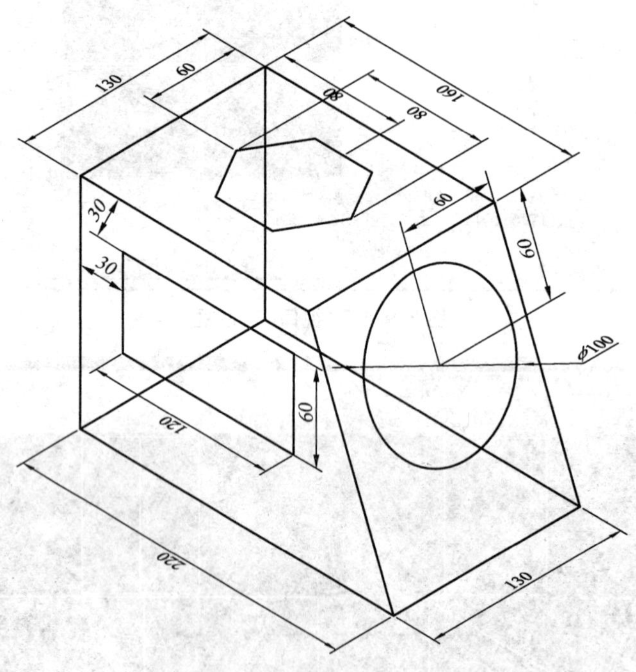

图 3.9-6　带孔的梯形体图样

任务分析

图形特点:梯形体的各个面上分布着不同形状的孔。

使用命令:视图、矩形、正多边形、圆、直线、UCS、相对点等。

任务实施

1. 操作流程

操作流程如图 3.9-7 所示。

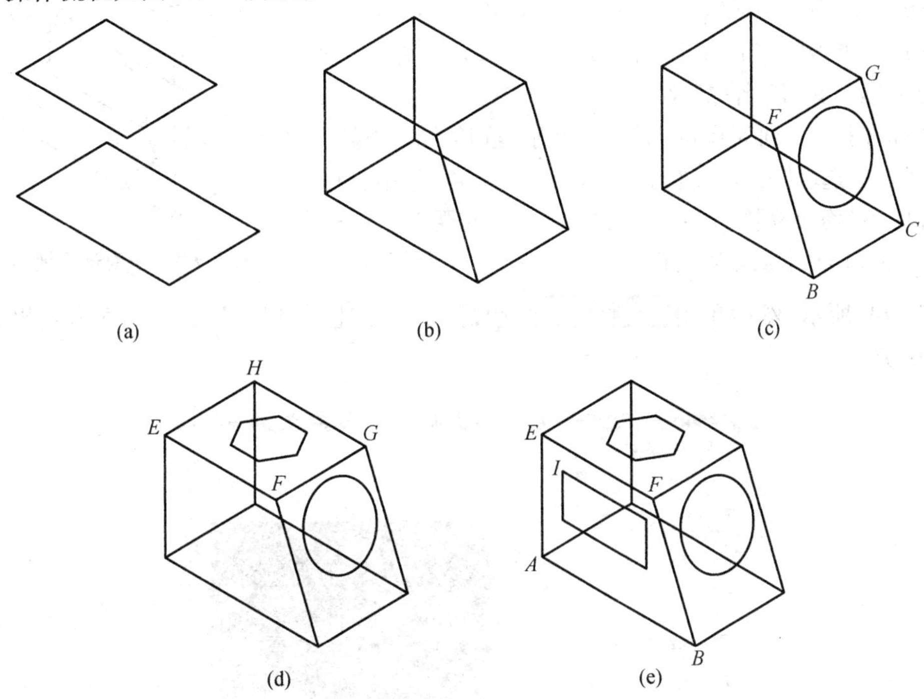

(a) (b) (c) (d) (e)

图 3.9-7 操作流程图

2. 操作步骤

(1) 单击“视图”工具栏上的按钮,切换到西南等轴测图。

(2) 单击“绘图”工具栏上的按钮,绘两矩形端面,如图 3.9-7 a 所示。

(3) 单击“绘图”工具栏上的按钮,捕捉端点画棱侧线,如图 3.9-7 b 所示。

(4) 单击“UCS”工具栏上的按钮,依次捕捉点 *B*,*C*,*F* 建立用户坐标系。

(5) 单击“绘图”工具栏上的按钮,在面 *BCGF* 内画一个圆,此处指定圆心时可单击“对象捕捉”工具栏上的按钮,捕捉点 *G* 为基准点,输入圆心与基准点的相对坐标值(@-60, -60)。完成后如图 3.9-7 c 所示。

(6) 单击“UCS”工具栏上的按钮,再单击“UCS”工具栏上的按钮,捕捉点 *E*,在平面 *EFGH* 内建立用户坐标系。

(7)单击“绘图”工具栏上的按钮,在面 *EFGH* 内绘制正六边形。指定正六边形内接圆圆心时可单击“对象捕捉”工具栏上的按钮,捕捉点 *H* 为基准点,输入圆心与基准点的相对坐标值(@80, -60)。完成后如图 3.9-7 d 所示。

(8) 单击“UCS”工具栏上的按钮,将当前用户坐标系绕 *X* 轴旋转 90°或 -90°,在

平面 *ABFE* 内建立用户坐标系。

(9) 单击“绘图”工具栏上的按钮,在面 *ABFE* 内绘制矩形。指定矩形的第一个角点 *I* 时可单击“对象捕捉”工具栏上的按钮,捕捉点 *E* 为基准点,输入角点与基准点的相对坐标值(@30, -30)。完成后如图 3.9-7 e 所示。

(10) 单击“视图”工具栏上的按钮,切换到东南轴测视图,从东南方向观察立体图,如图 3.9-8 所示。

(11) 单击“视口”工具栏上的按钮,系统弹出“视口”对话框。在“新名称”文本框中输入“视口设置-1”,选择“标准视口”列表中的“四个:相等”选项,在“设置”下拉列表中选取“三维”,然后分为选择“预览”分组框中的窗口,在“修改视图”下拉列表中对默认的视图进行修改,4 个视口分别修改为主视、左视、俯视和西南等轴测,如图 3.9-9 所示,然后单击 确定 按钮,关闭对话框。此时绘图区域显示效果如图 3.9-10 所示。

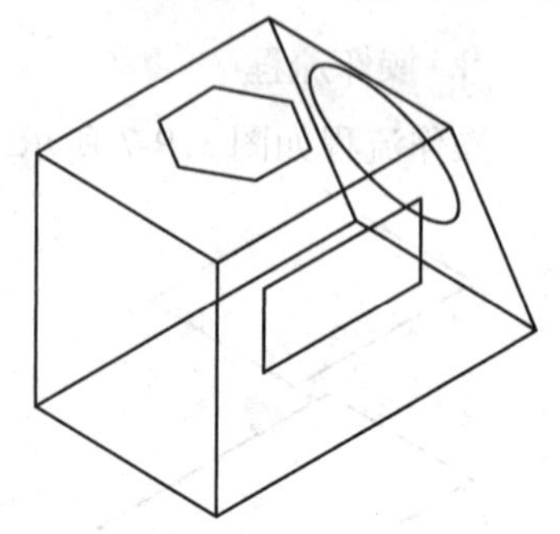

图 3.9-8 东南轴测视图

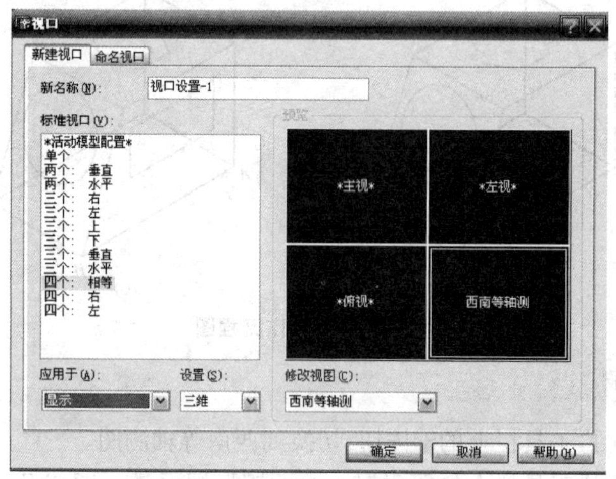

图 3.9-9 视口设置

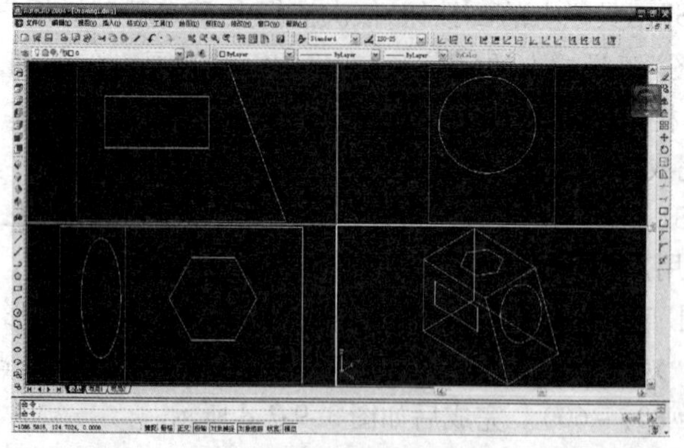

图 3.9-10 4 视口视图

项目小结

在本项目中，主要介绍了 UCS、视图等工具条相关命令的使用，通过本项目的学习应掌握三维线框模型的绘制。

思考与练习

完成下图所示图形的绘制。

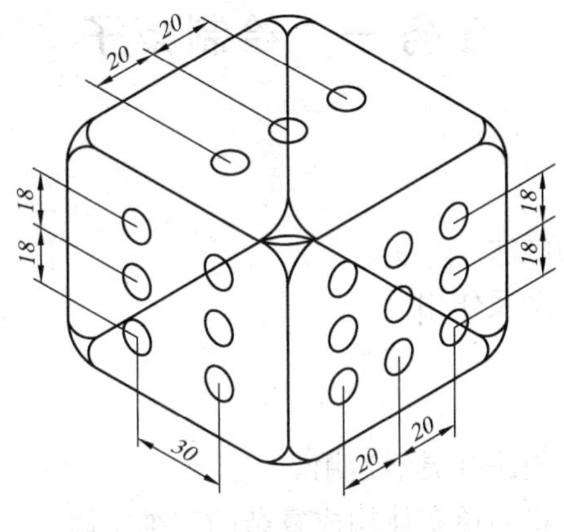

思考与练习图

项目十 绘制基本实体模型

本项目包含两个绘图任务,通过完成这些任务,读者可以学会基本几何体的绘制方法,掌握基本体等命令的使用方法。

任务一 绘制桌子

◎ 知识要点

1. 掌握各种基本体的画法。
2. 了解布尔运算的概念及作用。

◎ 技能要点

1. 熟练掌握基本体的画法并灵活运用。
2. 学会利用布尔运算将简单实体构成复杂的三维实体。
3. 培养学生的观察能力和严谨的求实精神。

任务描述

本任务是绘制图3.10-1所示的桌子。

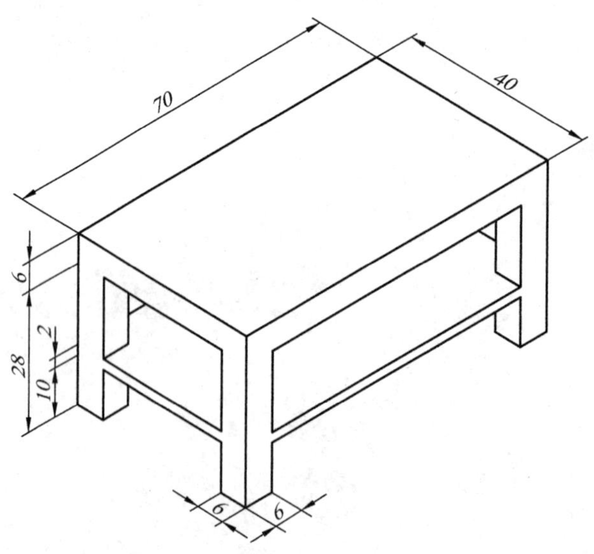

图3.10-1 桌子图样

任务分析

图形特点:由茶几面、茶几脚及隔板 3 种尺寸不同的长方体构成。

使用命令:视图、直线、长方体、阵列和视点预置。

相关知识

1. 基本实体

在 AutoCAD 中,使用"绘图"→"实体"子菜单中的命令,或使用"实体"工具栏,可以绘制长方体、球体、圆柱体、圆锥体、楔体及圆环体等基本实体模型,如图 3.10-2 所示。

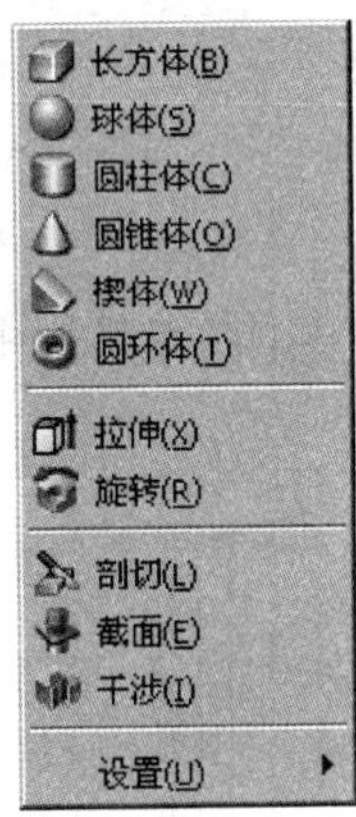

图 3.10-2 "实体"子菜单和"实体"工具栏

(1) 长方体

选择"绘图"→"实体"→"长方体"命令(BOX),或在"实体"工具栏中单击"长方体"按钮,都可以绘制长方体,此时命令行显示如下提示:

指定长方体的角点或 [中心点(CE)] <0,0,0>:

绘制结果如图 3.10-3 所示。

在创建长方体时,其底面应与当前坐标系的 *XY* 平面平行,方法主要有指定长方体角点和中心两种。

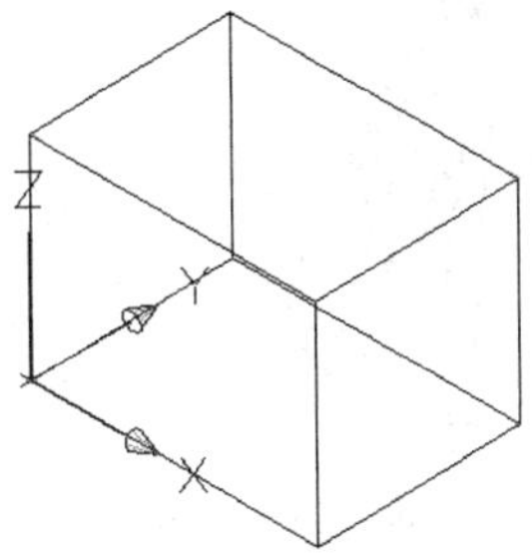

图 3.10-3 长方体

(2) 楔体

选择“绘图”→“实体”→“楔体”命令(WEDGE),或在“实体”工具栏中单击“楔体”按钮,都可以绘制楔体,如图 3.10-4 所示。由于楔体是长方体沿对角线切成两半后的结果,因此可以使用与绘制长方体同样的方法来绘制楔体。

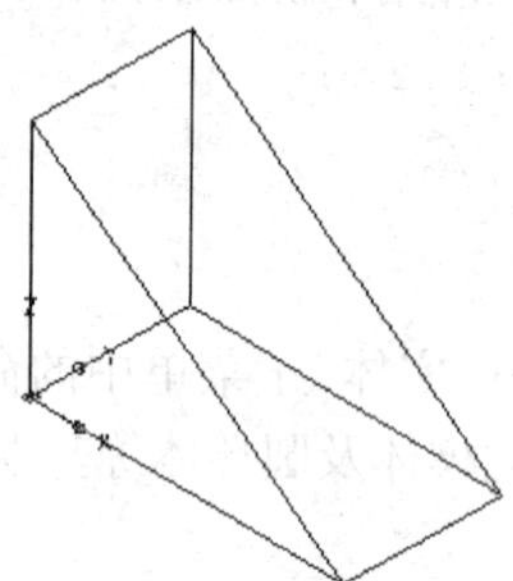

图 3.10-4 楔体

(3) 圆柱体

选择“绘图”→“实体”→“圆柱体”命令(CYLINDER),或在“实体”工具栏中单击“圆柱体”按钮,可以绘制圆柱体或椭圆柱体,如图 3.10-15 所示。

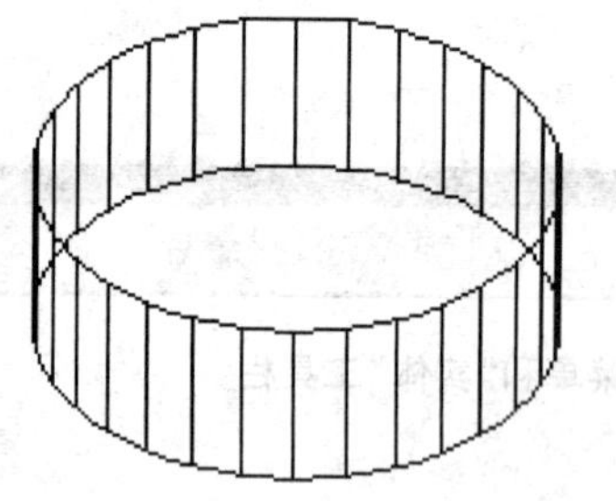

图 3.10-5 圆柱体

(4) 圆锥体

选择“绘图”→“实体”→“圆锥体”命令(CONE),或在“实体”工具栏中单击“圆锥体”按钮,即可绘制圆锥体或椭圆形锥体,如图 3.10-6 所示。

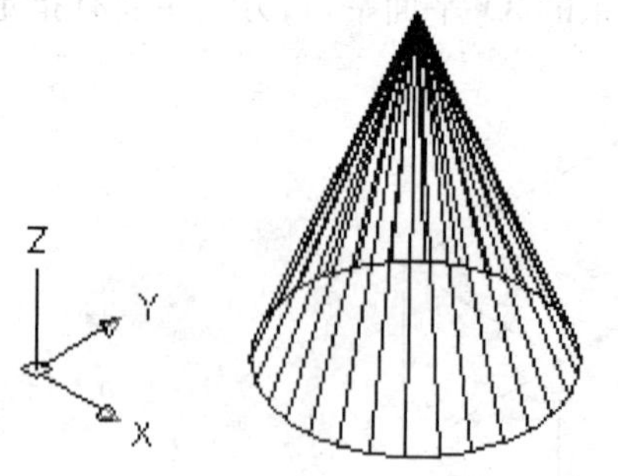

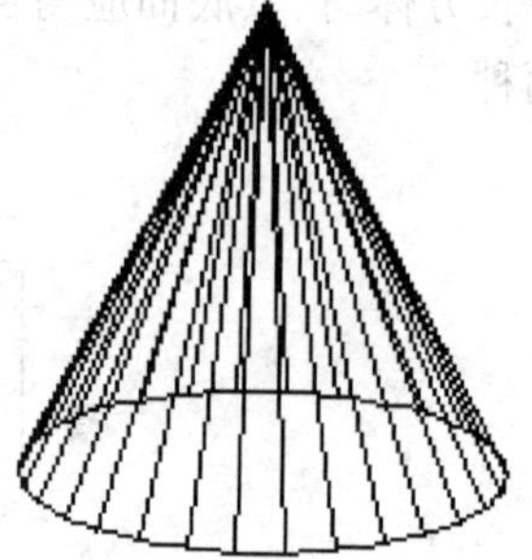

图 3.10-6 锥体

(5) 球体

选择“绘图”→“实体”→“球体”命令(SPHERE),或在“实体”工具栏中单击“球体”

按钮,都可以绘制球体,如图 3.10-7 所示。

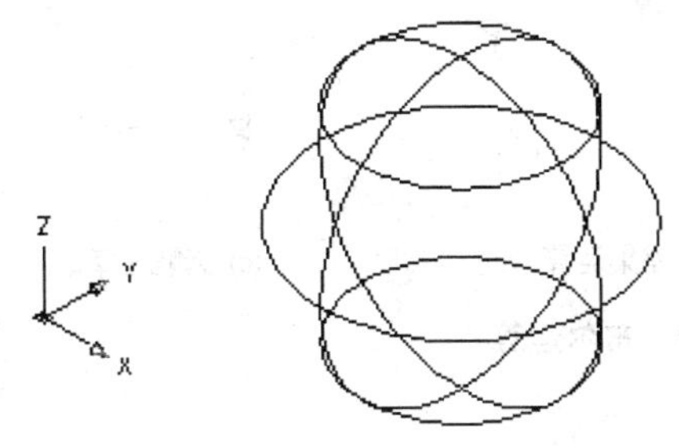

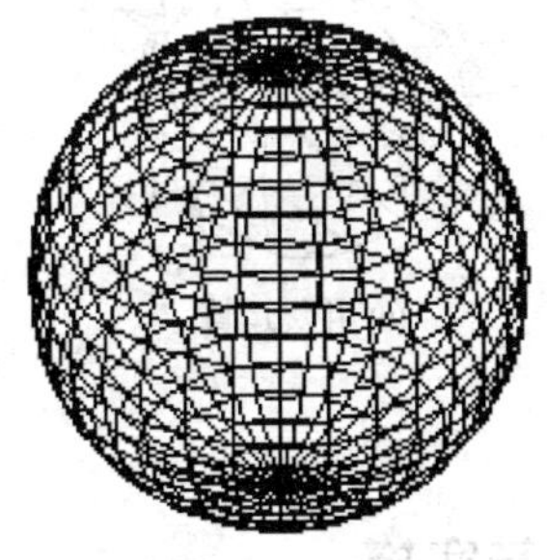

图 3.10-7 球体

(6) 圆环体

选择“绘图”→“实体”→“圆环体”命令(TORUS),或在“实体”工具栏中单击“圆环体”按钮,都可以绘制圆环实体,此时需要指定圆环的中心位置、圆环的半径或直径,以及圆管的半径或直径。绘制结果如图 3.10-8 所示。

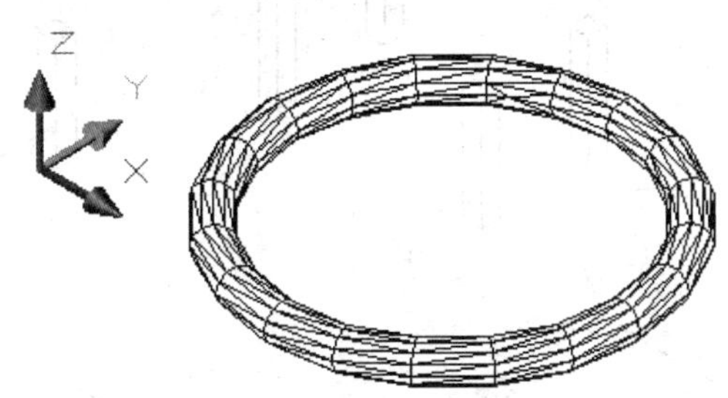

图 3.10-8 圆环体

2. 布尔运算

在 AutoCAD 中,用于实体的布尔运算有并集、差集和交集 3 种。

(1) 并集运算

选择“修改”→“实体编辑” →“并集”命令 (UNION),或在“实体编辑”工具栏中单击“并集”按钮,就可以通过组合多个实体生成一个新实体。该命令主要用于将多个相交或相接触的对象组合在一起。当组合一些不相交的实体时,其显示效果看起来还是多个实体,但实际上却被当作一个对象。在使用该命令时,只需要依次选择待合并的对象即可。图 3.10-9 a 所示为球体和五角体并集运算的结果。

(2) 差集运算

选择“修改” →“实体编辑”→“差集”命令 (SUBTRACT),或在“实体编辑”工具栏中单击“差集”按钮,即可从一些实体中去掉部分实体,从而得到一个新的实体。图 3.10-9 b 所示为球体与五角体差集运算的结果。

(3) 交集运算

选择“修改”→“实体编辑”→“交集”命令 (INTERSECT),或在“实体编辑”工具栏中单击“交集”按钮,就可以利用各实体的公共部分创建新实体。图 3.10-9 c 所示为球体与五角体交集运算的结果。

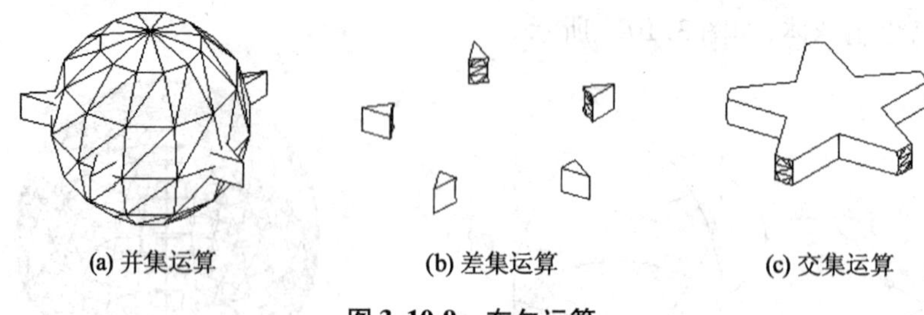

(a) 并集运算　(b) 差集运算　(c) 交集运算

图 3.10-9　布尔运算

任务实施

1. 操作流程

操作流程如图 3.10-10 所示。

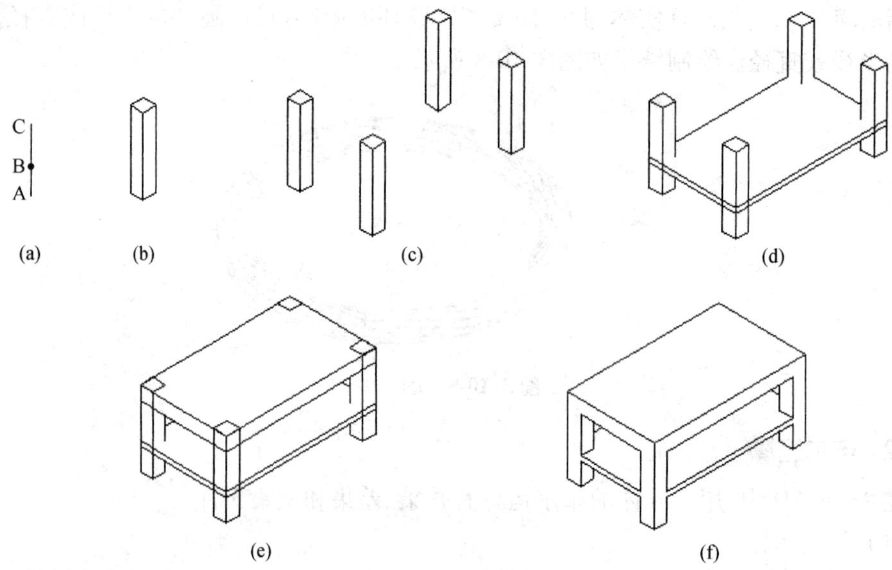

(a)　(b)　(c)　(d)　(e)　(f)

图 3.10-10　操作流程图

2. 操作步骤

(1) 新建一个 AutoCAD 文件。

(2) 单击“视图”工具栏上的按钮,切换到西南等轴测视图。

(3) 利用直线命令向 +*Z* 轴方向绘制直线 *AB*(长 10)及 *BC*(长 18),得端点 *A*,*B*,*C*,如图 3.10-10 a 所示。

(4) 单击“建模”工具栏上的“长方体”按钮,执行“长方体”命令,系统提示信息如下:

```
命令: _box
指定长方体的角点或[中心点(CE)] <0,0,0>:
指定角点或[立方体(C)/长度(L)]: @6,6
指定高度: 34
```

上述操作，以点 A 为长方体的第一个角点绘制茶几的一个脚，如图 3.10-10 b 所示。

(5) 单击“修改”工具条上的“阵列”按钮，打开“阵列”对话框，进行如图 3.10-11 所示的设置。阵列后的结果如图 3.10-10 c 所示。

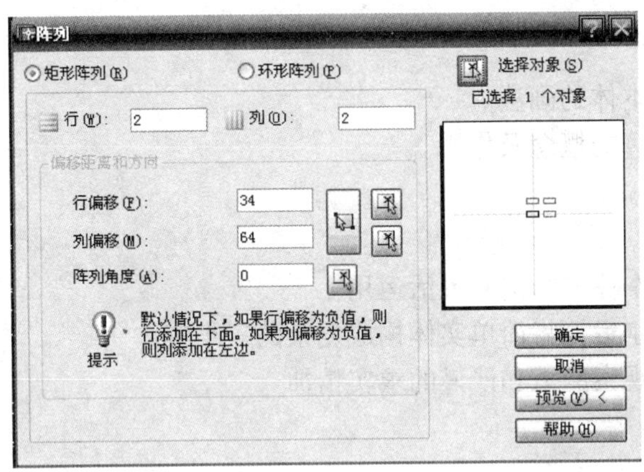

图 3.10-11　阵列参数设置

(6) 单击“建模”工具栏上的按钮，执行“长方体”命令，系统提示信息如下：

```
命令：_box
指定长方体的角点或［中心点(CE)］<0,0,0>:
指定角点或［立方体(C)/长度(L)］：@70,40
指定高度：2
```

完成上述操作，以 B 点为长方体的第一个角点绘制茶几的隔板，如图 3.10-10 d 所示。

(7) 单击“建模”工具栏上的“长方体”按钮，执行“长方体”命令，系统提示信息如下：

```
命令：_box
指定长方体的角点或［中心点(CE)］<0,0,0>:
指定角点或［立方体(C)/长度(L)］：@70,40
指定高度：6
```

完成上述操作，以点 C 为长方体的第一个角点绘制长方体的面板，如图 3.10-10 e 所示。

(8) 单击“实体编辑”工具栏上的“并集”按钮，执行并集运算，系统提示信息如下：

```
命令：_union
选择对象：指定对角点：找到 9 个
选择对象：
```

完成上述操作，创建茶几的实体模型，如图 3.10-10 f 所示。

任务二　绘制圆珠笔

◎ 知识要点

1. 掌握各种基本体的画法。
2. 了解布尔运算的概念及作用。

◎ 技能要点

1. 熟练掌握基本体的画法并灵活运用。
2. 学会利用布尔运算将简单实体构成复杂的三维实体。
3. 培养学生的观察能力和严谨的求实精神。

任务描述

本任务是绘制图 3. 10-12 所示的圆珠笔。

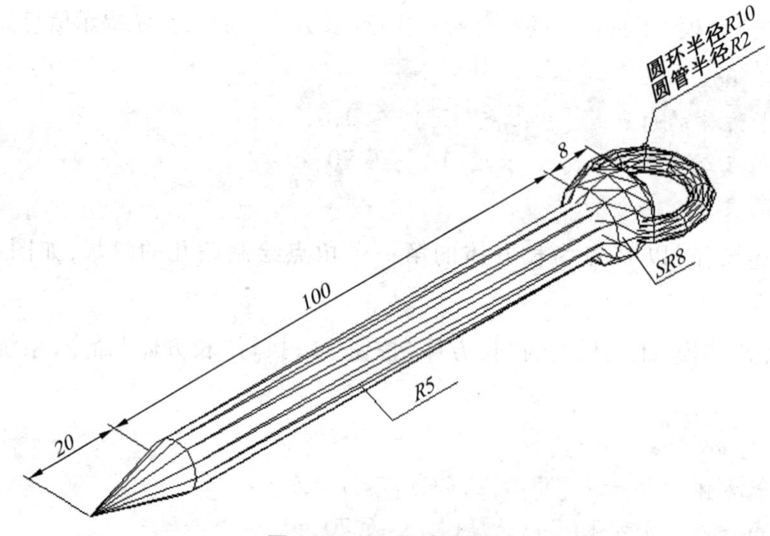

图 3. 10-12　圆珠笔图样

任务分析

图形特点:由一个球体、一个圆柱体、一个圆锥体和一个圆环体构成。
使用命令:视图、圆柱体、球体、圆锥体、圆环体、并集、系统变量和重生成等。

任务实施

1. 操作流程

操作流程如图 3. 10-13 所示。

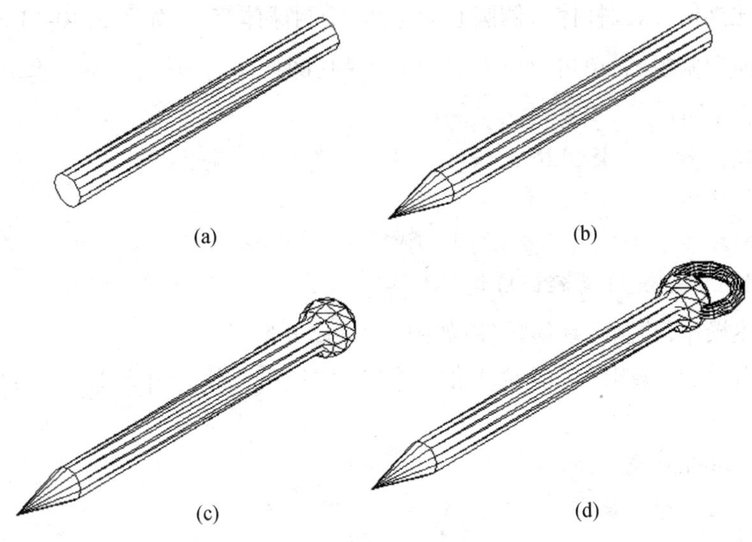

图 3.10-13 操作流程图

2. 操作步骤

(1) 新建一个 AutoCAD 文件。

(2) 单击“视图”工具栏上的按钮,切换到左视图。

(3) 单击“视图”工具栏上的按钮,切换到西南等轴测视图。

(4) 单击“建模”工具栏上的“圆柱体”按钮,系统提示信息如下:

```
命令: _cylinder
当前线框密度: ISOLINES =4
指定圆柱体底面的中心点或 [椭圆(E)] <0,0,0>:
指定圆柱体底面的半径或 [直径(D)]: 5
指定圆柱体高度或 [另一个圆心(C)]: 100
```

完成上述操作,绘制圆柱体笔身,如图 3.10-13 a 所示。

(5) 单击“建模”工具栏上的“圆锥体”按钮,系统提示信息如下:

```
命令: _cone
当前线框密度: ISOLINES =4
指定圆锥体底面的中心点或 [椭圆(E)] <0,0,0>:
指定圆锥体底面的半径或 [直径(D)]: 5
指定圆锥体高度或 [顶点(A)]: 20
```

完成上述操作,绘制圆锥体笔尖,如图 3.10-13 b 所示。

(6) 单击“建模”工具栏上的“球体”按钮,系统提示信息如下:

```
命令: _sphere
当前线框密度: ISOLINES =4
指定球体球心 <0,0,0>:
指定球体半径或 [直径(D)]: 8
```

完成上述操作,以圆柱体右侧圆心为球心,绘制球体笔头,如图 3.10-13 c 所示。

(7) 切换到俯视图,单击“建模”工具栏上的“圆环体”按钮,系统提示信息如下:

```
命令:_torus
当前线框密度: ISOLINES =4
指定圆环体中心 <0,0,0>:
指定圆环体半径或[直径(D)]:10
指定圆管半径或[直径(D)]:2
```

完成上述操作,绘制圆环体挂件,如图 3.10-13 d 所示。

(8) 单击“实体编辑”工具栏上的“并集”按钮,执行并集运算,系统提示信息如下:

```
命令:_union
选择对象:指定对角点:找到 4 个
选择对象:
P131
命令:_region
选择对象:指定对角点:找到 8 个
选择对象:
已提取 1 个环。
已创建 1 个面域。
```

项目小结

在本项目中,主要介绍了基本体的绘制命令,通过本项目的学习应掌握简单基本体的创建,能通过布尔运算创建较复杂的形体。

思考与练习

完成下图所示图样的绘制。

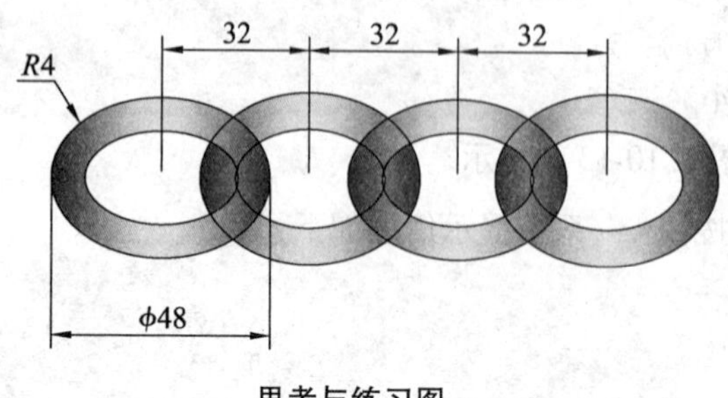

思考与练习图一

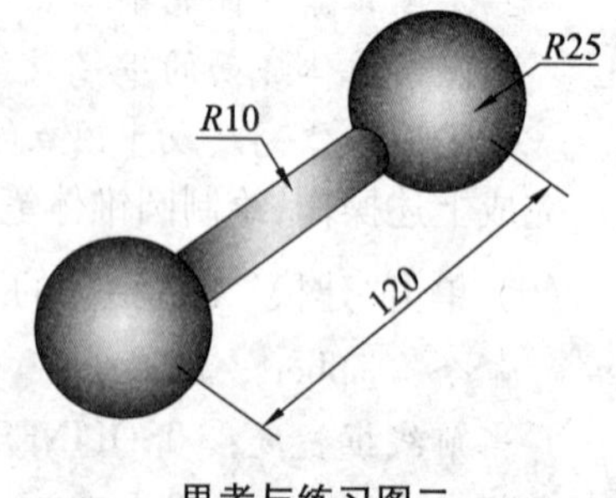

思考与练习图二

项目十一 三维建模——拉伸实体

本项目包含两个绘图任务，通过完成这些任务，读者可以学会三维建模的绘制方法之一，掌握拉伸、拉伸面、抽壳及剖切的操作方法。

任务一 绘制沙发

◎ 知识要点

1. 了解拉伸的概念及拉伸实体形成的原理。
2. 了解面域的概念及作用。
3. 掌握抽壳、面拉伸、剖切等编辑命令在建模中的作用。

◎ 技能要点

1. 掌握绘制拉伸实体的方法及步骤。
2. 学会创建面域的方法。
3. 灵活运用实体编辑命令编辑实体。

任务描述

本任务是绘制如图 3.11-1 所示的沙发。

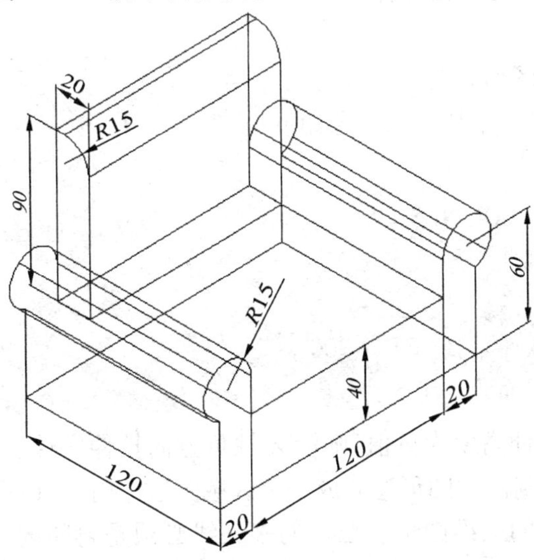

图 3.11-1 沙发图样

任务分析

图形特点:根据沙发的结构特点,先在主视构图面上画出座椅的断面,再在左视构图面上绘出靠背的断面,然后创建面域,再进行拉伸,分别绘制底座和靠背,最后将两部分进行装配,通过布尔运算,形成一个完整的沙发模型。

使用命令:视图、直线、圆、圆角、面域、拉伸、移动、并集。

相关知识

1. 拉伸实体

对封闭的二维实体通过“拉伸”命令沿指定的高度进行拉伸,可形成复杂的三维实体,如图 3.11-2 所示。

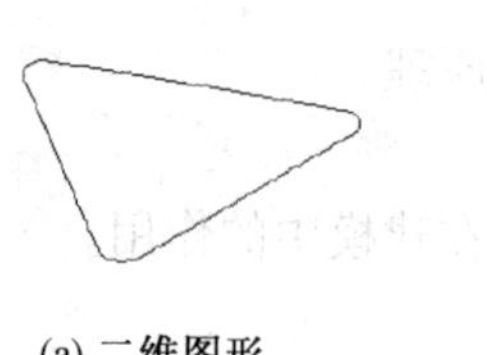

(a) 二维图形　　(b) 三维实体

图 3.11-2　拉伸

(1) 命令执行方式

启动“拉伸”命令的方法有如下几种:

★ 在命令行输入“Extrude”或“Ext”。

★ 在菜单栏选择“绘图”→“建模”→“拉伸”。

★ 在“建模”工具栏上单击图标。

(2) 步骤

① 绘制二维平面图形。

② 拉伸成三维实体,系统提示信息如下:

```
命令: _extrude
当前线框密度: ISOLINES =4
选择对象: 找到 1 个
选择对象:
指定拉伸高度或 [路径(P)]: 300
指定拉伸的倾斜角度 <0>:
```

注意:若输入的拉伸高度为负值,则沿 Z 轴负方向拉伸实体。用户可以在二维图形中,用“Region”命令将封闭的图形建立成一个区域图形。用“Extrude”命令对整个区域进行拉伸,最终形成复杂的三维图形。拉伸的多义线必须是封闭的。一个块中的实体、不封闭的多义线或各相交的段是自成一节的多义线,不能作为拉伸的实体。当拉伸多义线时,多义线包含的顶点数不能少于 3 个,但也不能大于 500 个。AutoCAD 不能拉伸自交叉或重叠的实体。

(3) 相关说明

"Extrude"命令是通过沿指定的方向将对象或平面拉伸出指定距离来创建三维实体或曲面。该命令的相关选项功能如下:

◎ 指定拉伸高度:用于确定对象的拉伸高度。如果输入正值,将沿对象所在坐标系的 Z 轴正方向拉伸对象;如果输入负值,将沿 Z 轴负方向拉伸对象。

◎ 方向(D):用于通过指定两点确定对象的拉伸长度和方向。

◎ 路径(P):用于选择拉伸路径。拉伸路径可以是直线、圆、圆弧、椭圆、椭圆弧、多段线或样条曲线。路径既不能与轮廓共面,又不能具有高曲率的区域。拉伸实体始于轮廓所在的平面,终于路径端点处与路径垂直的平面。路径的一个端点应该在轮廓平面上,否则,AutoCAD 将移动路径到轮廓的中心。

◎ 倾斜角(T):用于确定对象拉伸的倾斜角度。正角度表示从基准对象逐渐变细地拉伸,而负角度则表示从基准对象逐渐变粗地拉伸。过大的斜角,将导致对象或对象的一部分在到达拉伸高度之前就已经汇聚到一点。

2. 拉伸面

(1) 命令执行方式

★ 在菜单栏选择"修改"→"实体编辑"→"拉伸面"。

★ 在"实体编辑"工具栏单击按钮。

(2) 相关说明

该命令是将选定的三维实体对象的面拉伸到指定的高度或沿一路径拉伸。一次可以选择多个面。

3. 分割

(1) 命令执行方式

★ 在菜单栏选择"修改"→"实体编辑"→"分割"。

★ 在"实体编辑"工具栏单击按钮。

(2) 相关说明

该命令是将一个体积不连续的三维实体对象分割成几个相互独立的三维实体对象。

4. 抽壳

(1) 命令执行方式

★ 在菜单栏选择"修改"→"实体编辑"→"抽壳"。

★ 在"实体编辑"工具栏单击按钮。

(2) 相关说明

该命令是将一个实心的三维实体生成一个空心的薄壳体。在使用抽壳功能时,需先指定壳体的厚度,如果输入正值,就在实体内部创建新的表面,否则,就在实体的外面创建新的表面。另外,在抽壳的操作过程中还能将实体某些表面去除,以形成薄壳体的开口。

任务实施

1. 操作流程

操作流程如图 3.11-3 所示。

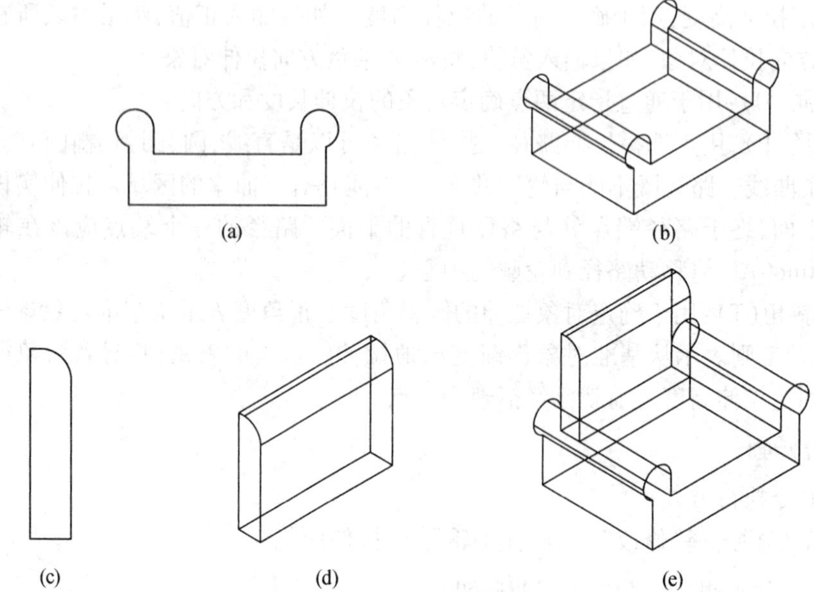

图 3.11-3 操作流程图

2. 操作步骤

(1) 新建一个文件。

(2) 单击“视图”工具栏上的按钮,切换到主视图构图面上。

(3) 利用直线和圆命令,按图 3.11-1 中的尺寸绘制座椅断面图,如图 3.11-3 a 所示。

(4) 单击“绘图”工具栏上的“面域”按钮,系统提示如下:

```
命令:_region
选择对象:指定对角点:找到 8 个
选择对象:
已提取 1 个环。
已创建 1 个面域。
```

(5) 单击“视图”工具栏上的按钮,切换到西南等轴测视图。单击“建模”工具栏中的“拉伸”按钮,系统提示信息如下:

```
命令:_extrude
当前线框密度: ISOLINES = 4
选择对象:找到 1 个
选择对象:
```

```
指定拉伸高度或［路径(P)］：120
指定拉伸的倾斜角度 <0>：
```

完成上述操作,创建座椅实体模型,如图 3.11-3 b 所示。

(6) 利用矩形及圆角命令绘制靠背断面,如图 3.11-3 c 所示。

(7) 单击“视图”工具栏上的按钮,切换到西南等轴测视图。单击“建模”工具栏中的“拉伸”按钮,系统提示信息如下:

```
命令：_extrude
当前线框密度： ISOLINES =4
选择对象：找到 1 个
选择对象：
指定拉伸高度或［路径(P)］：120
指定拉伸的倾斜角度 <0>：
```

完成上述操作,创建椅背实体模型,如图 3.11-3 d 所示。

(8) 单击“绘图”工具栏中的“移动”按钮,移动靠背安装到座椅上(注意:移动时要找准定位点),如图 3.11-3 e 所示。

(9) 单击“实体编辑”工具栏中的“并集”按钮,将靠背与座椅合并。

任务二 绘制羽毛球拍

◎ 知识要点

1. 了解拉伸的概念及拉伸实体形成的原理。
2. 了解面域的概念及作用。
3. 掌握抽壳、面拉伸、剖切等编辑命令在建模中的作用。

◎ 技能要点

1. 掌握绘制拉伸实体的方法及步骤。
2. 学会创建面域的方法。
3. 灵活运用实体编辑命令编辑实体。

任务描述

本任务是绘制如图 3.11-4 所示的羽毛球拍。

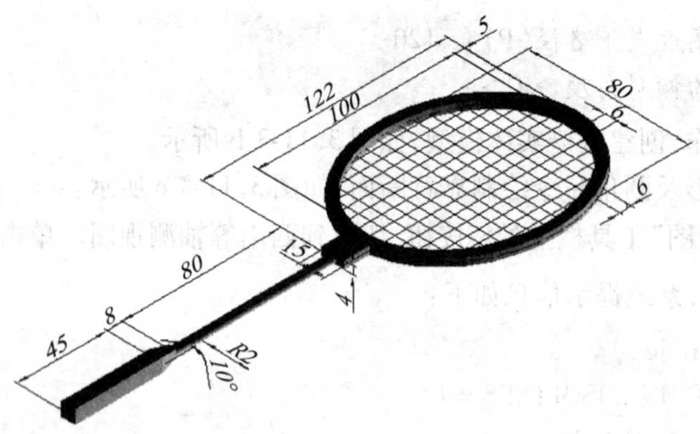

图 3.11-4 羽毛球拍图样

任务分析

图形特点:球拍由圆柱和长方体手柄、椭圆形的球面及网格面构成。

使用命令:视图、椭圆、正多边形、圆、拉伸、直线、移动、面拉伸等。

任务实施

1. 操作流程

操作流程如图 3.11-5 所示。

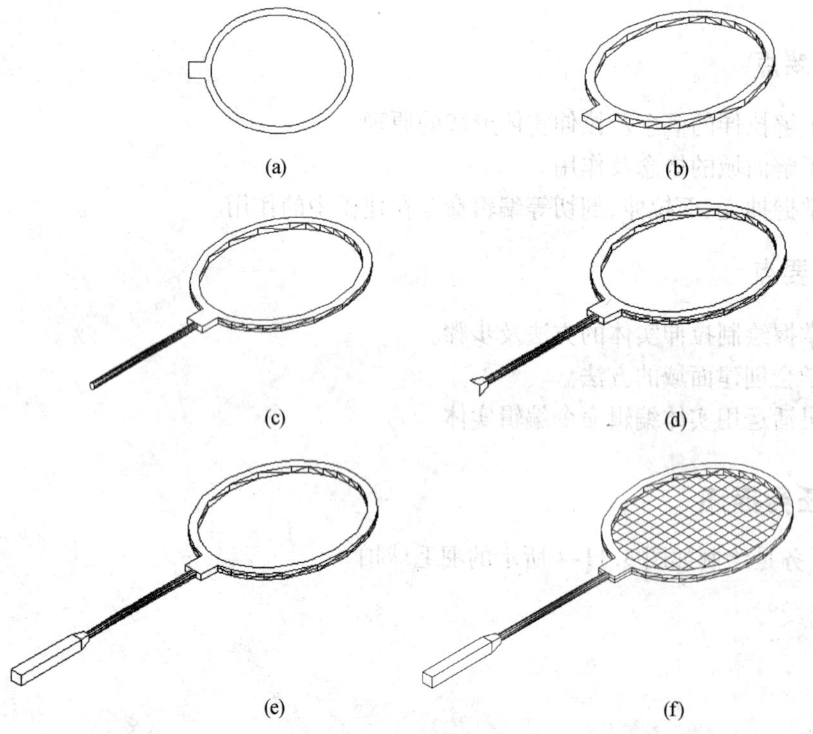

图 3.11-5 操作流程图

2. 操作步骤

(1) 在俯视构图面上,按图 3.11-4 中尺寸绘制两个同心椭圆,在大椭圆的左端绘制凸出部分,并建面域,如图 3.11-5 a 所示。

(2) 拉伸椭圆和面域,然后进行差集运算,完成球拍的主要部分,如图 3.11-5 b 所示。

(3) 切换到左视构图面上,在凸出部分的中心处绘制 $R2$ 的圆柱,如图 3.11-5 c 所示。

(4) 在圆柱的左端面绘制外切于圆的正四边形,外切圆的半径为 3 mm。

(5) 按图 3.11-4 中尺寸沿角度拉伸四边形,形成棱台。

(6) 将棱台的左端面进行拉伸面的操作,完成手柄的模型,如图 3.11-5 e 所示。

(7) 利用偏移命令绘制网格线,移动到合适的位置。

(8) 进行并集运算完成全图,如图 3.11-5 f 所示。

项 目 小 结

在本项目中,主要介绍了拉伸的操作命令,通过本项目的学习应掌握拉伸、拉伸面、抽壳及剖切的操作方法。

思考与练习

1. 将任务一中图 3.11-1 所示沙发改为双人沙发。
2. 绘制以下图形。

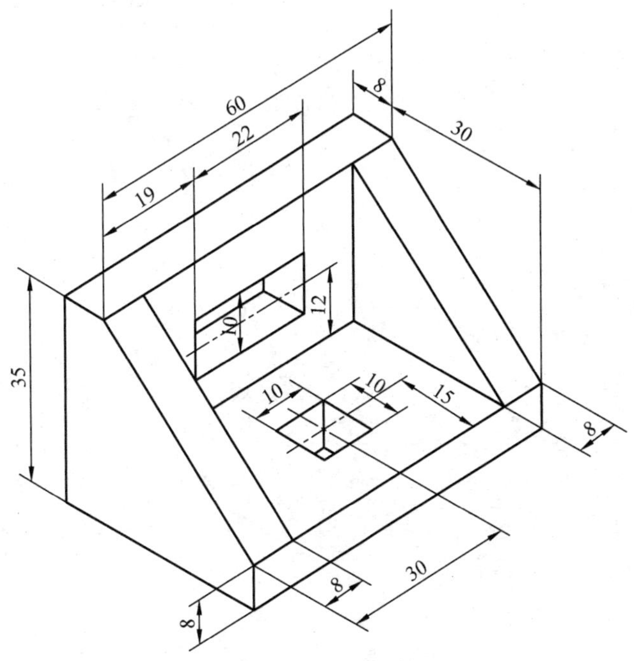

思考与练习图一

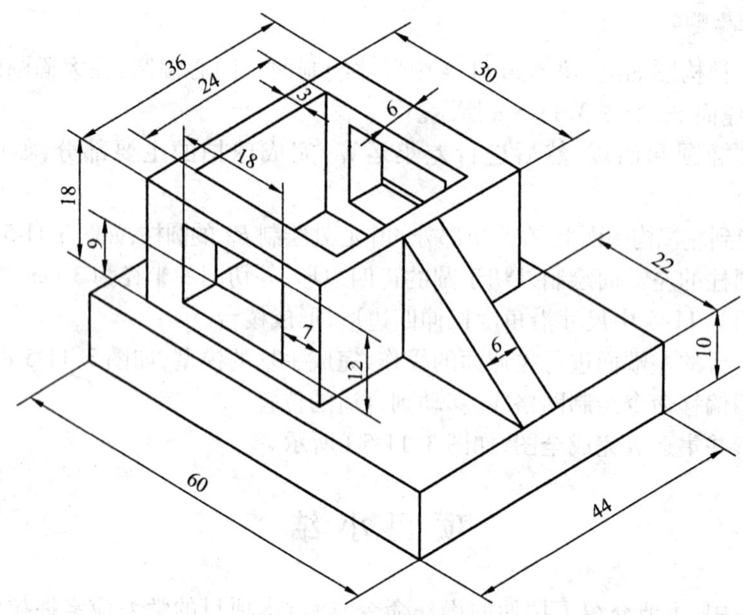

思考与练习图二

项目十二 二维图形创建实体——旋转

本项目包含两个绘图任务，通过完成这些任务，读者可以学会三维建模的绘制方法之一，掌握旋转实体、剖切及切割的操作方法。

任务一 绘制旋转实体

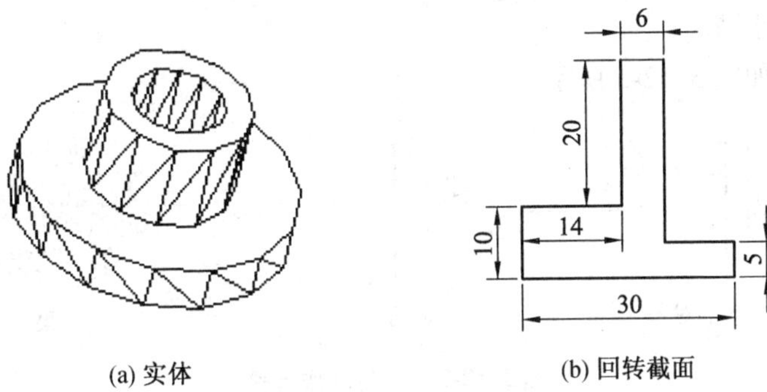

(a) 实体 (b) 回转截面

图 3.12-1 旋转实体

◎ 知识要点

1. 掌握旋转实体的概念及形成原理。
2. 掌握三维旋转的操作。
3. 掌握剖切、切割等编辑命令在建模中的作用。

◎ 技能要点

1. 掌握绘制旋转实体的方法及步骤。
2. 学会三维旋转的操作。
3. 灵活运用实体编辑命令编辑实体。

任务描述

本任务是绘制如图 3.12-1 所示旋转实体。

任务分析

图形特点：根据旋转零件的特点，先在俯视构图面上画出零件的旋转二维图形，然后创建面域,再进行旋转。

使用命令:视图、直线、面域、旋转等。

相关知识

(1)“旋转”命令(REVOLVE)的调用

可以通过绕轴旋转开放或闭合对象来创建实体或曲面。旋转对象定义实体或曲面的轮廓。

调用旋转命令:

★ 在“实体”工具栏单击“旋转”按钮。

★ 在菜单栏选择“绘图”→“实体”→“旋转”。

★ 在命令行输入“REVOLVE”。

(2)旋转的步骤

旋转的步骤如图 3.12-2 所示。

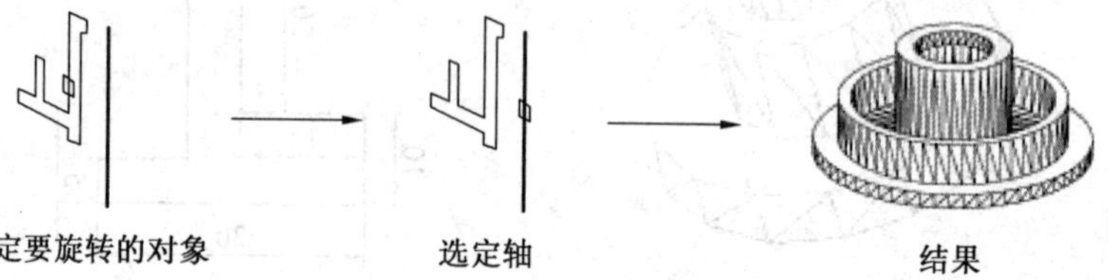

图 3.12-2 旋转操作步骤

如果旋转闭合对象,则生成实体。如果旋转开放对象,则生成曲面。

任务实施

1. 操作流程

操作流程如图 3.12-3 所示。

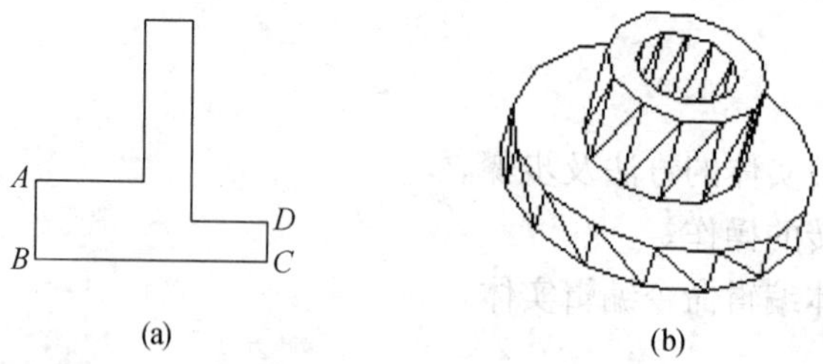

图 3.12-3 操作流程图

2. 操作步骤

(1)画回转截面。

新建一张图,视图方向调整到俯视图方向,调用“直线”命令,绘制图 3.12-3 a 所示的封闭图形。

(2) 创建面域。

(3) 旋转生成实体,结果如图 3.12-3 b 所示。

AutoCAD 提示:

```
命令: _revolve
当前线框密度:  ISOLINES = 4
选择对象:选择封闭线框 找到 1 个
选择对象:↙                                                    (结束选择)
指定旋转轴的起点或
定义轴依照[对象(O)/X 轴(X)/Y 轴(Y)]:选择端点 C          (按定义轴旋转)
指定轴端点:选择端点 D
指定旋转角度 <360>:↙                              (接受默认,按 360°旋转)
```

3. 补充知识

(1) 命令选项

定义轴依照:捕捉两个端点指定旋转轴,旋转轴方向从先捕捉点指向后捕捉点。

对象(O):选择一条已有的直线作为旋转轴。

X 轴(X)或 Y 轴(Y):选择绕 *X* 或 *Y* 轴旋转。

(2) 旋转轴方向

捕捉两个端点指定旋转轴时,旋转轴方向从先捕捉点指向后捕捉点。

选择已知直线作为旋转轴时,旋转轴的方向从直线距离坐标原点较近的一端指向较远的一端。

(3) 旋转方向

旋转角度正向符合右手螺旋法则,即用右手握住旋转轴线,大拇指指向旋转轴正向,四指指向为旋转角度方向。

(4) 旋转角度

旋转角度的范围为 0° ~ 360°,图 3.12-4 所示为旋转角度为 180°和 270°时的情况。

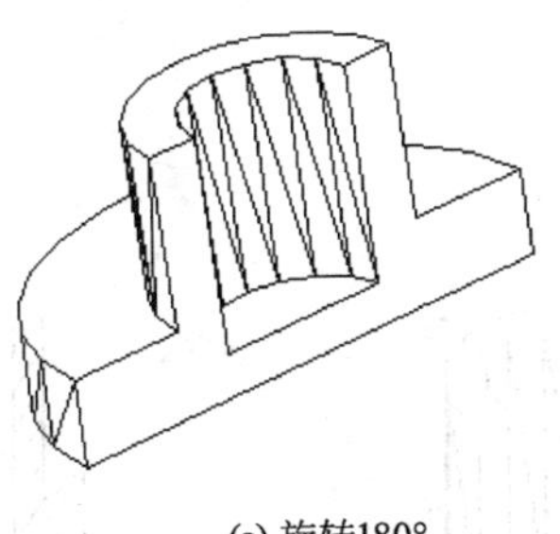

(a) 旋转180°

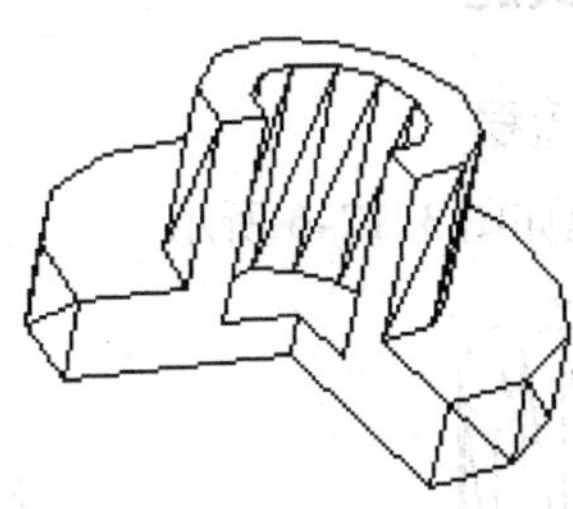

(b) 旋转270°

图 3.12-4 180°和 270°旋转

任务二 编辑实体——剖切、切割

◎ 知识要点

1. 掌握剖切、切割等编辑命令在建模中的作用。
2. 了解剖切、切割的区别。

◎ 技能要点

灵活运用实体编辑命令编辑实体。

任务描述

本任务是完成如图 3.12-5 所示的剖切面。

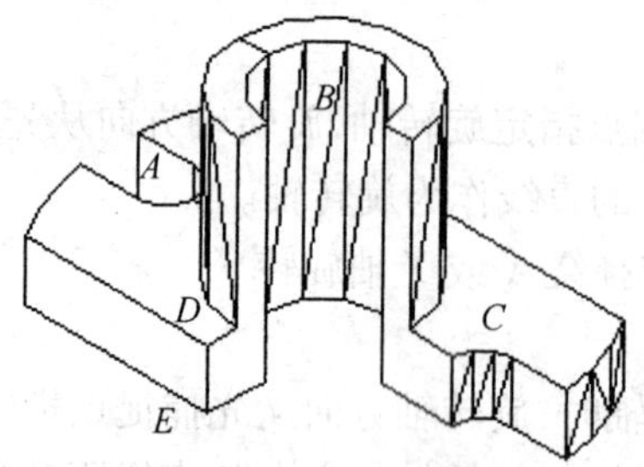

图 3.12-5 剖切面图样

任务分析

图形特点:根据所学建模方法构建三维图,然后对所示零件进行剖切。

使用命令:视图、直线、面域、拉伸、剖切、切割等。

任务实施

1. 操作流程

操作流程如图 3.12-6 所示。

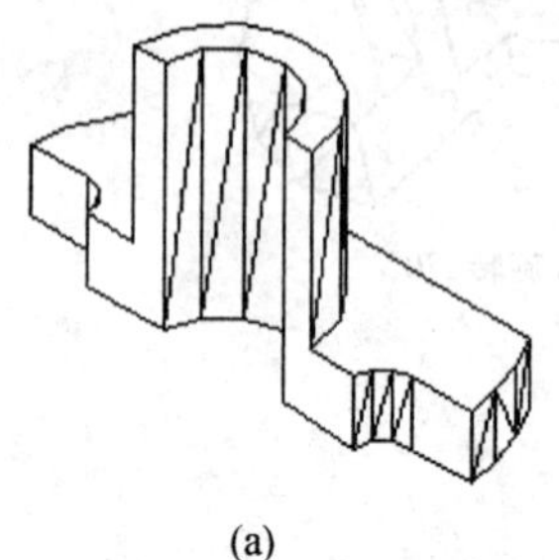

(a)

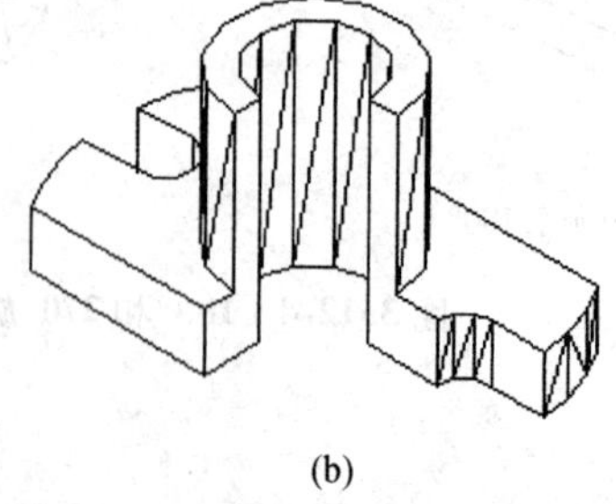

(b)

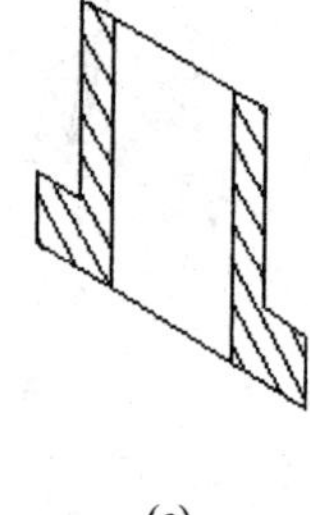

(c)

图 3.12-6 操作流程图

2. 操作步骤

(1) 绘制底板实体

① 按图 3.12-7 所示尺寸绘制底板的轮廓。

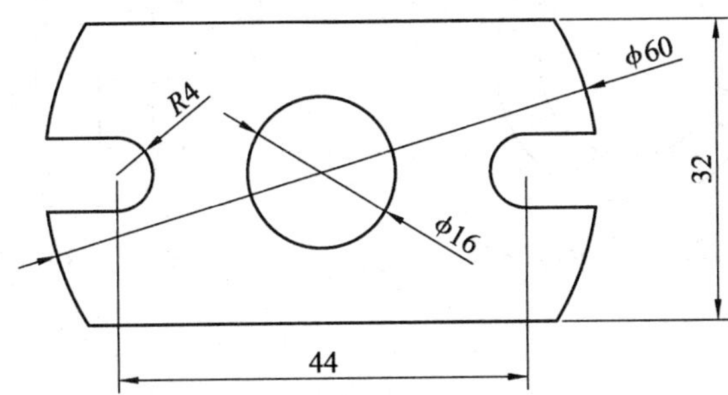

图 3.12-7 底板轮廓

② 创建面域。

调用“面域”命令,选择所有图形,生成两个面域。

再调用“差集”命令,用外面的大面域减去中间圆孔面域,完成面域创建。

③ 拉伸面域。

单击“实体”工具栏上的“拉伸”按钮,调用拉伸命令:

```
命令: _extrude
当前线框密度: ISOLINES =4
选择对象: 选择图形 找到 1 个
选择对象: ↙
指定拉伸高度或 [路径(P)]: 8↙
指定拉伸的倾斜角度 <0 >:↙
```

结果如图 3.12-8 所示。

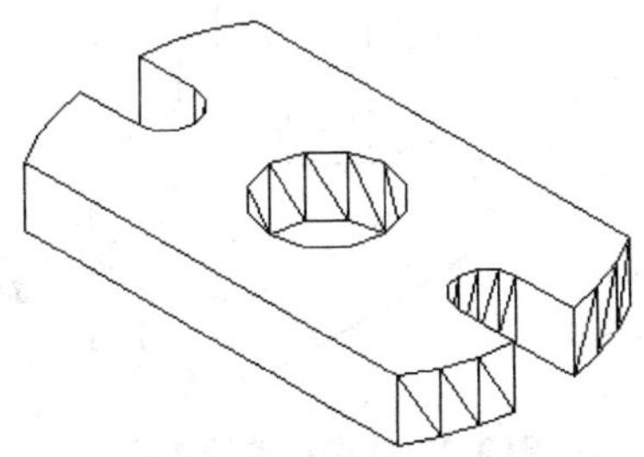

图 3.12-8 底板实体

(2) 创建圆筒

① 调用“圆”命令,绘制如图 3.12-9 所示的图形。

② 创建环形面域。

③ 拉伸实体。

调用“实体”工具栏上的“拉伸”命令,选择环形面域,以高度为 22、倾斜角度为 0°拉伸面域,生成圆筒,如图 3. 12-10 所示。

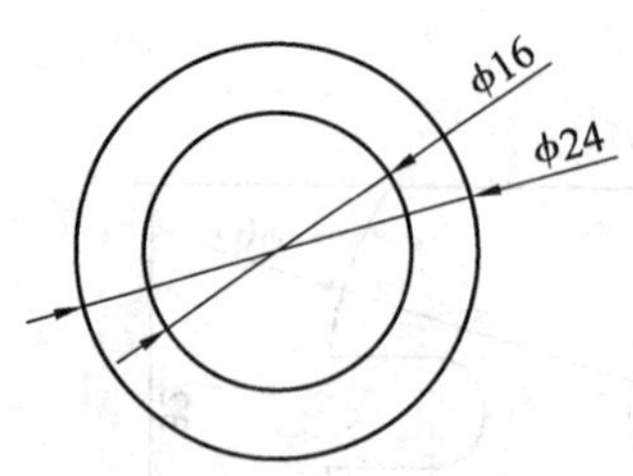

图 3. 12-9 圆筒端面

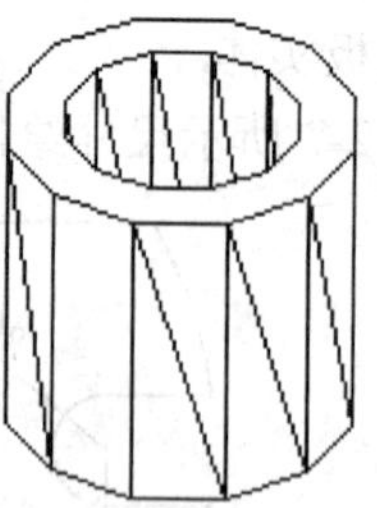

图 3. 12-10 圆筒

(3) 合成实体

① 组装模型。

调用“移动”命令,组装模型,系统提示如下:

命令: _move
选择对象: 选择圆筒 找到 1 个
选择对象: ↙ (结束选择)
指定基点或位移: (此处选择圆筒下表面圆心)
指定位移的第二点或 <用第一点作位移>: (此处选择底板上表面圆孔圆心)

② 并集运算。

选择“实体编辑”工具栏上的“并集”按钮,调用并集命令,选择两个实体,合成一个。完成图如图 3. 12-11 所示。

将创建的实体复制两份备用。

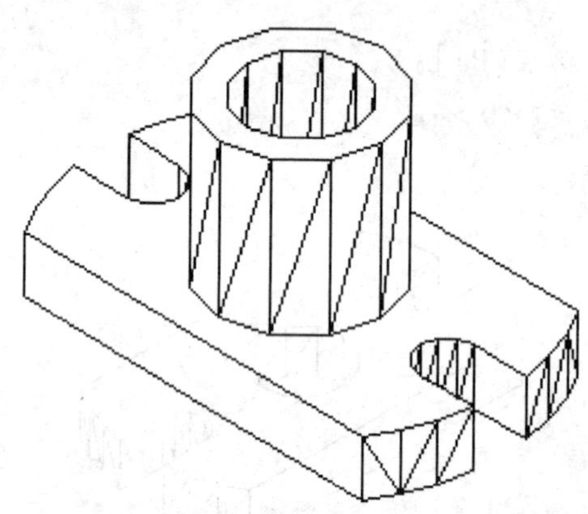

图 3. 12-11 完整的实体

(4) 创建全剖实体模型

① 调用“剖切”命令:

★ 在“实体”工具栏单击按钮。

★ 在菜单栏选择“绘图”→“实体”→“剖切”。

★ 在命令行输入“SLICE”。

② 剖切。

AutoCAD 提示：

命令：_slice
选择对象：选择实体模型 找到 1 个
选择对象：↙
指定切面上的第一个点，依照［对象(O)/Z 轴(Z)/视图(V)/XY 平面(XY)/YZ 平面(YZ)/ZX 平面(ZX)/三点(3)］<三点>： （选择左侧 U 形槽上圆心 A）
指定平面上的第二个点： （选择圆筒上表面圆心 B）
指定平面上的第三个点： （选择右侧 U 形槽上圆心 C）
在要保留的一侧指定点或［保留两侧(B)］：（在图形的右上方单击，后侧保留）

(5) 创建半剖实体模型

① 选择前面复制的完整轴座实体，重复剖切过程，当系统提示"在要保留的一侧指定点或［保留两侧(B)］："时，选择"B"选项，则剖切的实体两侧全保留。结果如图 3.12-12 所示，虽然看似一个实体，但已经分成前后两部分，并且在两部分中间过 ABC 已经产生一个分界面。

② 将前部分左右剖切。

再调用"剖切"命令：

命令：_slice
选择对象：选择前部分实体 找到 1 个
选择对象：↙ （结束选择）
指定切面上的第一个点，依照［对象(O)/Z 轴(Z)/视图(V)/XY 平面(XY)/YZ 平面(YZ)/ZX 平面(ZX)/三点(3)］<三点>： （选择圆筒上表面圆心 B）
指定平面上的第二个点： （选择底座边中心点 D）
指定平面上的第三个点： （选择底座边中心点 E）
在要保留的一侧指定点或［保留两侧(B)］： （在图形左上方单击）

结果如图 3.12-13 所示。

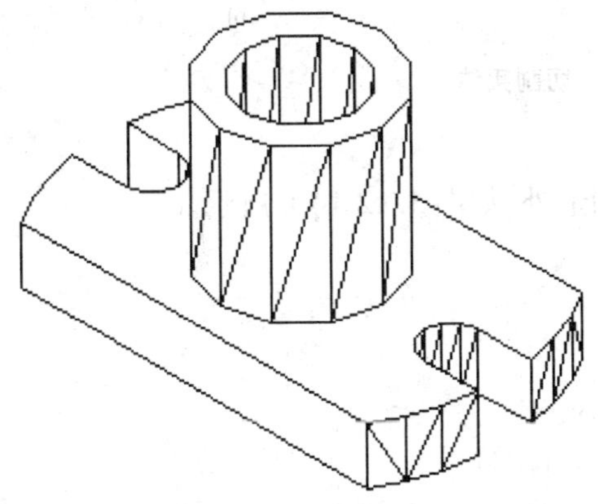

图 3.12-12 切割成两部分的实体

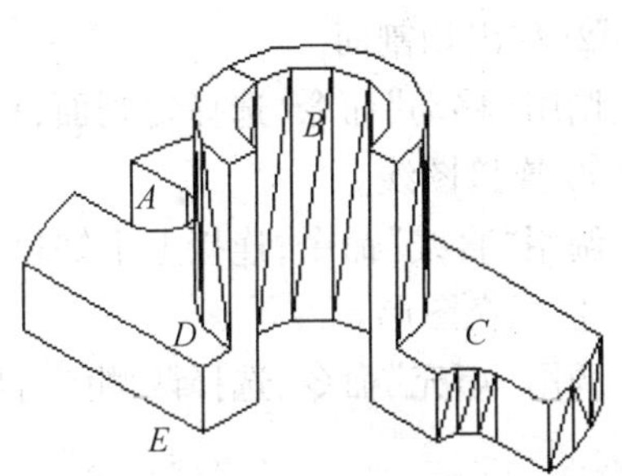

图 3.12-13 半剖的实体

③ 合成。

调用“并集”运算命令,选择两部分实体,将剖切后得到的两部分合成一体。

(6) 创建断面图

选择备用的完整实体操作。

① 切割。

调用“切割”命令:

★ 在“实体”工具栏单击按钮。

★ 在菜单栏选择“绘图”→“实体”→“切割”。

★ 在命令行输入“SECTION”。

AutoCAD 提示:

命令: _section

选择对象: 选择实体　找到 1 个

选择对象: ↙　　(选择结束)

指定截面上的第一个点,依照 [对象(O)/Z 轴(Z)/视图(V)/XY 平面(XY)/YZ 平面(YZ)/ZX 平面(ZX)/三点(3)] <三点>:　　(选择左侧 U 形槽上圆心 A)

指定平面上的第二个点:　　(选择圆筒上表面圆心 B)

指定平面上的第三个点:　　(选择右侧 U 形槽上圆心 C)

结果如图 3.12-14 a 所示(在线框模式下)。

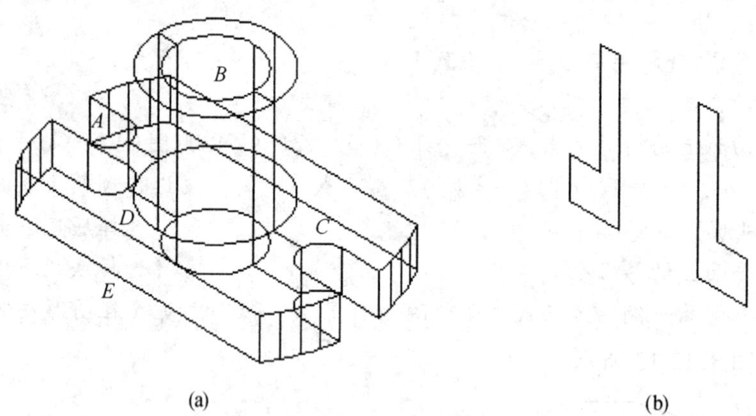

图 3.12-14　切割实体

② 移出切割面。

调用“移动”命令,选择切割面,移动到图形外,如图 3.12-14 b 所示。

③ 连接图线。

调用“直线”命令,连接上下缺口。

④ 填充图形。

调用“填充”命令,选择两侧闭合区域填充。

项目小结

在本项目中，主要介绍了旋转生成实体的命令，通过本项目的学习应掌握剖切、切割等三维操作命令的运用。

思考与练习

根据下图所给尺寸及外形绘制羽毛球。

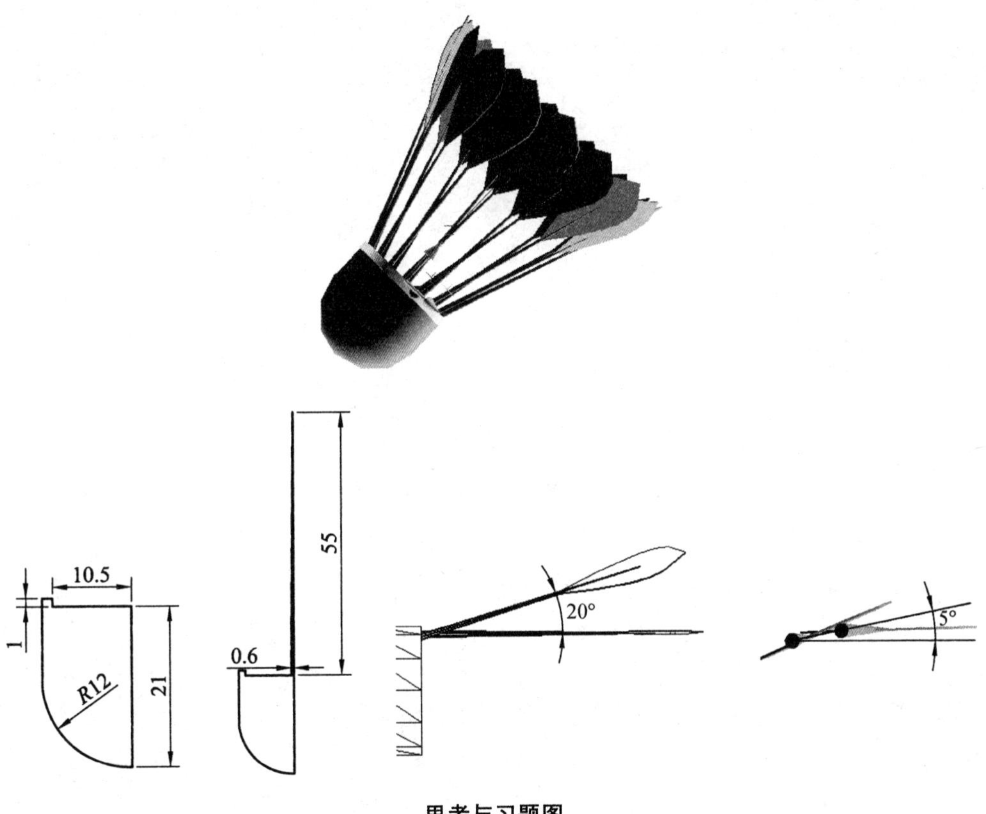

思考与习题图